Lienert/von Eye · Erziehungswissenschaftliche Statistik

Gustav A. Lienert/Alexander von Eye

Erziehungswissenschaftliche Statistik

Eine elementare Einführung für pädagogische Berufe

Beltz Verlag · Weinheim und Basel

Gustav A. Lienert, Jg. 1920, Prof. Dr. med. et phil. Dr. Sc. h.c., Dr. rer. nat. h.c., Professor emeritus an der Erziehungswissenschaftlichen Fakultät der Universität Erlangen-Nürnberg.

Alexander von Eye, Jg. 1949,
Professor of Psychology and Family Child Ecology, Program Director an der Michigan State University, East Lansing.

Die Deutsche Bibliothek – CIP-Einheitsaufnahme

Lienert, Gustav A.:
Erziehungswissenschaftliche Statistik : eine elementare Einführung für pädagogische Berufe / Gustav A. Lienert ; Alexander von Eye. – Weinheim ; Basel : Beltz 1994
ISBN 3-407-25144-0
NE: Eye, Alexander von:

Lektorat: Peter E. Kalb

Satz (DTP): Satz- und Reprotechnik GmbH, Hemsbach
Druck: Druck Partner Rübelmann GmbH, Hemsbach
Umschlaggestaltung: Dieter Vollendorf, München
Printed in Germany

ISBN 3-407-25144-0

Inhaltsverzeichnis

Vorwort des Erstautors

In den letzten 12 Jahren meiner Tätigkeit als Hochschullehrer hatte ich Grund- und Hauptschullehrer an der Universität Erlangen – Nürnberg in Psychologie zu unterweisen, nachdem ich zuvor in Marburg, Hamburg und Düsseldorf Diplom-Psychologen auszubilden gehabt hatte, insbesondere im Bereich der Statistik und Methodenlehre. Schon in der Hauptfachausbildung gab es für Absolventen sprachlicher und sozialwissenschaftlicher Zweige von allgemeinbildenden höheren Schulen Schwierigkeiten, ein tieferes Verständnis für statistische Methoden und Denkweisen zu vermitteln. Diese Schwierigkeiten wuchsen, als es – auf Wunsch der erziehungswissenschaftlichen Fakultät – darum ging, auch Lehramtsstudenten die Grundlagen der für die schulische Leistungsbewertung erforderlichen Methoden der erziehungs- und sozialwissenschaftlichen Statistik nahezubringen. Vor allem mußte der Statistikkurs (1) mehr auf Anschaulichkeit und (2) mehr auf schulische Relevanz abgestellt werden, um überhaupt »anzukommen«.

Leider habe ich weder im deutsch- noch im englischsprachigen Raum ein diesem Anspruch genügendes Lehrbuch vorgefunden. Daher mußte ich unter Benutzung des bewährten Lehrbuchs von Clauß und Ebner (1992) den Lehrstoff für Lehramtsstudenten reduzieren und reorganisieren. Der vorliegende Text ist eine *Synopsis meiner Kurse*, die jeweils einen anderen Akzent setzten, um Langeweile meiner- und Routinebehandlung studentischerseits zu vermeiden.

Während meines Kursangebots als Emeritus im Sommersemester 1990 habe ich, auf Wunsch meiner Teilzeitmitarbeiterin, Frau Dipl.-Hdl. Margot Schraft, einen Satz von Epidiaskop-Folien erstellt, um ihrem Systematisierungswunsch als Mithelferin bei diesem Kurs Genüge zu tun. Die Folien trugen im wesentlichen die Überschriften der Kapitel und Abschnitte des vorliegenden Textes. Es war daher nur das Engagement von wenigen Wochenenden, Kapitel und Abschnitte textlich so auszufüllen, wie ich das in jetzigen und/oder vorangegangenen Kursen getan hatte.

Erst als ich die Niederschrift wieder gelesen hatte und damit halbwegs zufrieden war, dachte ich daran, das Manuskript einem jüngeren Kollegen für eine Koautorenschaft anzubieten. Nachdem mein langjähriger Koautor Prof. Dr. Alexander von Eye (The Pennsylvania State University) ein didaktisch gut organisiertes Textbuch zur Konfigurationsfrequenzanalyse (bei Cambridge University Press, 1990) herausgebracht hat, habe ich ihn – zögerlich – gefragt, ob er denn nach einer wissenschaftlich anspruchsvollen Monographie einen didaktisch herausfordernden, aber wissenschaftlich anspruchslosen Grundkurs zur statistischen Methodik mitverantworten möchte. Das war am 1.7.1991. Und bereits am 30.9.1992 lag ein von ihm bearbeiteter Einführungstext vor, der ganz in seine Verantwortung fällt, und zu dem er sich nachfolgend selbst äußern wird.

Nürnberg, den 1.12.1992 *Gustav A. Lienert*

Vorwort des Zweitautors

Lehrbücher der sozialwissenschaftlichen Statistik gibt es wie Sand am Meer. Warum sollten wir – Herr Lienert und ich – noch ein weiteres Sandkorn beitragen? Aus unserer Sicht haben wir dafür zwei gute Gründe. Der erste ist, daß wir mit diesem Text Lehrer ansprechen wollen. Aus dieser Wahl der Zielgruppe ergeben sich zwei Konsequenzen, die dieses Buch maßgeblich gestalten. Die erste betrifft den Präsentationsstil. Wir versuchen, mit diesem Buch einen Text vorzulegen, der auch solche Leser anspricht, die wenig Interesse an mathematischen Darstellungen finden; Formeln und formale Ableitungen nehmen daher nur geringen Raum ein. Die zweite Konsequenz betrifft die Themenwahl. Nachdem in der Schule die meisten Prüfungsaufgaben nach wie vor »handgestrickt« sind, ist es wichtig, neben den klassischen Themen der deskriptiven und hypothesenprüfenden Statistik auch solche Probleme abzuhandeln, die sonst der Testtheorie und der Teststatistik zugeordnet werden. Es ergibt sich damit eine Themenwahl, die in keinem anderen Lehrbuch der Statistik zu finden ist.

Der zweite Grund, aus dem wir dieses Buch anbieten, liegt darin, einen besonderen Zugang zu den eher theoretischen Passagen zu finden. Statt Stichprobenverteilungen und Prüfmethoden theoretisch herzuleiten, erklären wir sie Schritt für Schritt mit Hilfe von Simulationsexperimenten. Diese Experimente sind so angelegt, daß der Leser, z.B. der erziehungswissenschaftliche Kursleiter oder der studentische Lehramtskandidat, sie ohne viel Aufwand selbst nachvollziehen kann. Leiter von Statistikkursen können diese Simulationen in den Übungen zu ihren Kursen spielerisch durchführen lassen. Dabei wird in keinem Fall ein Computer benötigt. Es kann allerdings reizvoll sein, diese Übungen auch in Gruppen mit Computer durchzuführen, da eine Computerausbildung für den Lehramtskandidaten der Zukunft unentbehrlich, ja selbstverständlich sein wird. Wir hoffen, mit diesem Zugang zum besseren Verständnis statistischer Begriffe beizutragen.

An dieser Stelle möchte ich mich bei all denen bedanken, die mich bei meiner Arbeit an diesem Buch unterstützt haben. Davor möchte ich jedoch Herrn Lienert für das ehrenvolle Angebot danken, mich an diesem Buch zu beteiligen. Weiterhin danke ich Frau Margot Schraft, die sich als Meisterin der transatlantischen Kommunikation erwiesen hat. Mein Dank gilt auch dem Beltz Verlag, namentlich Herrn Dr. Manfred Beltz Rübelmann und Herrn Peter Kalb, für das Interesse an diesem Projekt und die gute Zusammenarbeit. Ganz besonders herzlich danke ich Donata, Maxine, Valerie und Julian, die mich so in ihre Aktivitäten einbezogen, daß ein Unternehmen wie dieses ermöglicht wurde.

State College, den 30.9.1992 *Alexander von Eye*

Dankesworte beider Autoren

Zu danken haben beide Autoren den Kollegen Dr. Otto Ludwig (Max-Planck-Institut Bad Nauheim) und Dr. Siegfried Schmerling (Martin-Luther-Universität Halle – Wittenberg) dafür, daß sie als Mathematiker unabhängig voneinander die Fahnenkorrektur gelesen, Fehler und Unzulänglichkeiten entdeckt und Textformulierungen präzisiert haben. Dank gesagt sei auch cand. psych. Marcus Ising (Universität Würzburg), der den Textinhalt in toto auf Verständlichkeit und Plausibilität beurteilt und einige Formulierungsredundanzen mit eingebracht hat. Schließlich hat Frau Dr. Anne-Rose Barth (Universität Erlangen – Nürnberg) aus Lehrersicht die Benutzung des Textes für die Lehramtsausbildung an den Erziehungswissenschaftlichen Fakultäten beurteilt und in einigen Abschnitten modifiziert.

Lese- und Arbeitshinweis

Dieses Buch kann mit Gewinn gelesen werden, auch wenn das zur Verfügung stehende Hintergrundwissen in Mathematik und Informatik minimal ist. Sämtliche Konzepte werden anhand von typischen Problemstellungen und Illustrationsbeispielen erklärt. Viele dieser Beispiele sind mit einem Taschenrechner nachvollziehbar.

Dieses Buch enthält jedoch eine besondere Art von Beispielen, die *Urnensimulationen*, die mit Taschenrechnern nicht nachvollzogen werden können. Diese Simulationen können auf zwei Weisen nachvollzogen werden. Die erste ist »die konkrete Weise«: Die Leser oder Kursteilnehmer greifen, wie im Text erklärt, in eine Urne und ziehen »Ereignisse«. Um dies zu ermöglichen, kann man sich eine Urne leicht selbst herstellen. Dies kann in den folgenden beiden Schritten geschehen:

1. Anschaffung von 100 Styroporkügelchen (alternativ: 100 Chips aus Pappe oder Plastik). Kügelchen oder Chips sind in Geschäften und Abteilungen für Bastelbedarf erhältlich.
2. Beschriftung der Kügelchen oder Chips mit Zahlen von Null bis Zehn nach folgendem Schema (siehe Tabelle 2.1.1):

- eine Null
- drei Einser
- sieben Zweier
- zwölf Dreier
- siebzehn Vierer
- zwanzig Fünfer
- siebzehn Sechser
- zwölf Siebener
- sieben Achter
- drei Neuner
- ein Zehner

Wie im Text (Kapitel 2.1) noch einmal betont werden wird, ist bei der Beschriftung darauf zu achten, daß Sechser und Neuner gut voneinander unterschieden werden können. Dies ist am besten dadurch zu erreichen, daß Nachpunkte verwendet werden. Man schreibt also 6. und 9.. Als Urne können, je nach Größe der Styroporkügelchen oder der Chips, Dessertschalen, Hüte oder Salatschüsseln verwendet werden.

Die zweite, die »elektronische Weise«, in der die Simulationen nachvollzugen werden können, erfordert einen Computer, z.B. einen PC, und ein Statistikprogrammpaket, das einen Zufallszahlengenerator enthält. Im Anhang wird beschrieben, wie die Befehle aussehen, die in SYSTAT, derzeit eines der leistungsfähigsten Programmpakete, eingegeben werden müssen. Leser und Kursteilnehmer sind eingeladen, die Simulationen auf die konkrete, die elektronische oder beide Weisen nachzuvollziehen.

Den Lesern wird sogleich auffallen, daß die wichtigen und speziell für den Anfänger notwendigen Teile des Textes mit seitlichen Vertikalstrichen versehen sind. Als Strategie kann daher empfohlen werden, zunächst diesen Teil des Buches gründlich zu bearbeiten. Danach können die nicht angestrichenen Teile des Inhalts bearbeitet werden.

Einleitung

Mit der zunehmenden europaweiten Vereinheitlichung des Erziehungs- und Ausbildungssystems werden in den kommenden Jahren Erfolgskontrollen des Ausbildungsstandes immer dringlicher, um die einzelnen Nationen und ihre Regionen über objektive Erfolgskriterien der Ausbildung, d.h. *kurrikulare Leistungstests*, vergleichbar zu machen. Der Umgang mit Tests und Testwerten setzt aber ein Minimum an Kenntnissen in erziehungswissenschaftlicher und psychologischer Statistik voraus. Diese Voraussetzungen bereits jetzt zu schaffen, ist Anliegen dieses Statistikkurses, der für Lehramtskandidaten der Grund- und Hauptschule in mehreren Varianten durch den Seniorautor für Gruppen freiwilliger Teilnehmer an einer Erziehungswissenschaftlichen Fakultät angeboten worden ist. Inhalt und Schwierigkeit des Kurses orientieren sich daher an den Voraussetzungen, die werdende Grund- und Hauptschullehrer vom Abitur her mitbringen.

Von den gängigen Einführungskursen in die Statistik für Nichtmathematiker wie dem über Jahrzehnte genutzten Lehrbuch von Clauß und Ebner (1992) unterscheidet sich der vorliegende Kurs hauptsächlich dadurch, daß er jene Aspekte der Statistik heraushebt, die im Zusammenhang mit der Benutzung, Anwendung und Auswertung von Schulleistungs- und Schulfortschrittstests benötigt werden. Die deskriptiven (beschreibenden) Aspekte der Statistik dominieren die der inferentiellen (schließenden) Statistik, da letztere mehr der Forschung in den Erziehungswissenschaften dienen. Weiter unterscheidet sich dieser Kurs von den bislang angebotenen Kursen dadurch, daß alle Konzepte durch einfache Übungen in Form von *Urnenexperimenten* nachvollzogen und damit plausibel gemacht werden können.

1. Messung von Schülermerkmalen

In den folgenden Abschnitten wird behandelt, wie man zu Aussagen über Schülermerkmale kommen kann, die auf *Messungen* beruhen. Solche Aussagen beziehen sich entweder auf einzelne Schüler oder auf einen oder mehrere Schüler in bezug auf eine Vergleichsgruppe. Beispiele für Vergleichsgruppen sind die Klasse, der Jahrgang oder die Population.

Eine *Grundgesamtheit* oder *Population* ist definiert durch die »Gesamtheit aller Elemente, über die im Rahmen einer Untersuchung Aussagen gemacht werden sollen« (Kriz & Lisch, 1988, S. 108). Alle Elemente (Individuen) einer Grundgesamtheit sind durch Merkmale zu beschreiben, z.B. *physikalische Merkmale* wie Größe und Gewicht, *physiologische Merkmale* wie Pulsfrequenz und Blutdruck oder *Verhaltensmerkmale* wie Motorik und Intelligenz. An Schülern als Individuen einer Population gleichaltriger Schüler ist insbesondere deren *Leistungsverhalten* gegenüber den Anforderungen der Institution Schule ein Merkmal, das nicht nur ihre schulische Laufbahn, sondern auch die Berufswahl bestimmt.

Das Leistungsverhalten gegenüber Lehrzielen und schulspezifischen oder lehrerbezogenen Anforderungen ist nicht gleichzusetzen mit dem, was man als kognitive Leistungsfähigkeit (oder *psychometrische*, d.h. durch Tests meßbare *Intelligenz*) bezeichnet. In der pädagogischen Psychologie unterscheidet man zwischen der gezeigten Leistung, anglisiert auch *Performanz* genannt, und der möglichen, maximalen Leistung, oft auch *Kapazität* oder *Kompetenz* genannt. Es wird angenommen, daß der Unterschied zwischen diesen beiden Niveaus der Leistung und damit der schulische Erfolg zu gewissen Teilen mit der *Leistungsmotivation* eines Schülers, diesen Anforderungen zu genügen, erklärt werden kann.

Es ist zwar für die Lehrer nützlich, auch die individuellen Leistungskapazitäten, gemessen über die *Intelligenzquotienten*, von Schülern zu kennen. Dies ist jedoch nur insoweit von Bedeutung, als grobe Diskrepanzen zwischen tatsächlicher schulischer Leistung und möglicher Leistung zu einer gewissenhaften Überprüfung der *Leistungsbeurteilung* veranlassen. Insbesondere der Fall schulischer Leistungsschwäche, die mit hoher oder zumindest mittlerer Leistungskompetenz einhergeht – dies wird oft als »underachievement«, als relatives Schulversagen, bezeichnet –, ist einer Nachforschung der Ursachen wert. Es geht um ein *gerechtes Messen* schulischer Leistung.

Seit es Schulen gibt, werden die Leistungen von Schülern – als Merkmale – durch Schulnoten »gemessen« und das Verhalten von Schülern, besonders hinsichtlich ihres Betragens, klassifiziert. Messen wird hierbei definiert als Zuordnung von Zahlen zu Individuen (Schüler) oder Objekten (Aufsätze, Werkstücke). Dabei werden vorher festgelegte Regeln angewendet. Diese Regeln bestehen im wesentlichen darin, daß ein sogenanntes *empirisches Relativ* (eine Klasse von Schülern) einem sogenannten *numerischen Relativ* (einer Auswahl von Zahlen) so zugeordnet wird, daß die Beziehungen zwischen den Schülern (ihre Leistungsrelationen) durch die Beziehungen zwischen den Zahlen (ihren Leistungstestwerten) bestmöglich abgebildet werden (Stevens, 1946). Einfacher und kürzer formuliert: Messen ist die Zuordnung von Zahlen zu Individuen (Schülern) gemäß bestimmten Regeln.

1.1 Messung als Klassifikation

Die niedrigste (elementarste) Stufe des Messens besteht darin, daß man jedem Schüler ein *Nomen* (Buchstaben oder Zahl) zuordnet, wobei die k Nomina die k *Klassen eines Merkmals* bezeichnen. Die Konfessionen der Schüler mögen z.B. als 1 = evangelisch, 2 = katholisch und 3 = andersgläubig bezeichnet werden. Die Zahlen f_1, f_2 und f_3 mögen die Häufigkeiten evangelischer, katholischer und andersgläubiger Schüler einer Schulklasse indizieren. Eine Messung, die das Niveau einer Klassenzuordnung besitzt, heißt *nominale Messung*. Die Zahlen, die wir den Klassen zuordnen, haben die Eigenschaften von Namen. Von den numerischen Eigenschaften der Zahlen, z.B. daß $3 > 1$, sehen wir in diesem Zusammenhang ab. Wir nutzen lediglich, daß die Zahlen sich voneinander unterscheiden.

Die Konstruktion einer Skala, die zur Messung geeignet ist, nennt man *Skalierung* (oder Bonitur). Unter *nominaler Skalierung* versteht man die Konstruktion einer *Nominalskala* wie der Konfessionsskala mit k = 3 Merkmalsausprägungen.

1.2 Messung als Rangordnung

Sind die Ausprägungen nicht nur als einander ausschließende, verschiedene Klassen definiert, sondern als Intensitäts- oder Häufigkeitsabstufungen eines Schülermerkmals, dann spricht man von einer *ordinalen Messung*. Ein Beispiel für eine *Ordinalskala (Rangskala)* ist die *Schulnotenskala*. Hierbei werden die Schüler in Gruppen gleicher Leistung in einem Schulfach zusammengefaßt. Dabei wird, wie bei der nominalen Messung, jeder Schüler einer und nur einer Leistungsstufe zugeordnet. Es wird eine *gruppierte Rangordnung* dadurch hergestellt, daß man die Schulnoten eins, zwei usw. bis sechs vergibt.

Die sechs im deutschen Notensystem zeigt eine Leistung an, die nach oben offen ist. Das Lehrziel kann knapp oder völlig verfehlt worden sein. Deshalb ist diese Notenstufe *eine halb-offene Rangstufe*. Die Noten von eins bis fünf stellen *geschlossene Rangstufen* dar. Sie haben eine untere und eine obere Stufengrenze. Man kann daher der sechs als der nominalen Klasse des Versagens die Klassen eins bis fünf als die Ränge des schulischen Erfolges gegenüberstellen. Dadurch wird das System der sechs Noten auf die zwei Klassen *Erfolg* (Noten eins bis fünf) und *Mißerfolg* (Note sechs) nominal zurückführbar. Ein anderer Zugang würde der fünf eine Zwischenstufe zwischen den Erfolgsstufen eins bis vier und der Mißerfolgsstufe sechs einräumen. Eine solche Mischung aus ordinalen und nominalen Skalenstufen wird als *Hybridskalierung* bezeichnet.

Eine der wesentlichen Eigenschaften der Ordinalskala ist, daß die *Abstände zwischen den Notenstufen* nicht festgelegt sind. So kann es sein, daß die Leistungsdifferenz zwischen einer Eins und einer Zwei größer ist als die Leistungsdifferenz zwischen einer Zwei und einer Drei. Ebenso kann z.B. die Notenstufe Drei ein breiteres Leistungsband abdecken als die Notenstufe Zwei.

Der Zuordnung von Schulnoten zu Schülern in einem Schulfach liegt eine Skalierung seitens des Lehrers zugrunde, die unterschiedliche *Bezugssysteme* verwenden mag. Beispiele solcher Bezugssysteme sind (1) die *soziale Norm*, wobei ein Schüler nach seinem Stand innerhalb einer spezifischen Population benotet wird, (2) die *individuelle Norm*, wonach ein Schüler relativ zu seiner Kompetenz benotet wird (es erhält dann z.B. ein schwacher Schüler eine drei, wenn er nach (1) eine vier verdient hätte), und (3) die *kurrikulare Norm*, nach der jeder Schüler nach dem Grad, zu dem er das Lehrziel erreicht hat, benotet wird.

Noten werden oft nach freiem Ermessen des Lehrers zugeordnet (*free choice grading*); oder es werden die Noten anteilsmäßig vergeben, wobei die Anteile vorher festgelegt werden, z.B. 10% Einsen, 15% Zweien, 25% Dreien, 25% Vieren, 15% Fünfen und 10% Sechsen. Bei den Anteilsfestlegungen von Noten (*forced choice grading*) ist darauf zu achten, daß die Summe der Anteile genau 100% beträgt. Durch geeignete Wahl der Benotungsgrundlage kann der Lehrer erreichen, daß die Abstände zwischen aufeinanderfolgenden Notenstufen gleich sind. In diesem Fall geht die Ordinalskala in eine Intervallskala einer echt *metrischen Benotung* über. Wir werden auf diese Benotungsstrategie noch zu sprechen kommen (siehe Kapitel 4.8).

1.3 Messung als Metrifizierung

Im Sportunterricht werden Schülern Zahlen des physikalischen Systems zugeordnet, z.B. beim Hochsprung (cm), beim Gewichtheben (kg) und beim 50-m-Lauf (sec). Das *physikalische Maßsystem* garantiert oft nicht nur gleiche Intervalle zwischen aufeinanderfolgenden Maßeinheiten, sondern auch den Bezug auf einen *natürlichen Skalennullpunkt*. Skalen mit gleichen Intervallen *und* einem natürlichen Nullpunkt heißen *Verhältnisskalen* (sie werden auch Rationalskalen genannt), weil ihre Maßzahlen zueinander ins Verhältnis gesetzt werden dürfen. So darf man mit Recht und Sinn feststellen, daß ein Kind mit 90 cm Körpergröße halb so groß ist wie sein Vater mit 180 cm Körpergröße. Dies geht nur deshalb, weil die cm-Skala nicht nur gleich lange Zentimeterabstände garantiert, sondern auch einen natürlichen Nullpunkt besitzt. Der Nullpunkt bezeichnet das Nicht-Vorhandensein einer Eigenschaft. So ist die Differenz zwischen zwei 180 cm großen Personen gleich 0, d.h., es besteht keine Größendifferenz. Es handelt sich hier um eine Messung im eigentlichen und engeren Sinn, um eine *Metrifizierung*.

Fehlt bei einer Metrifizierung ein echter Nullpunkt, so konstituieren die Messungen eine *Intervallskala*. Bekannte Beispiele für Intervallskalen sind die Temperaturskalen Celsius und Fahrenheit. Messungen entlang einer Intervallskala dürfen zueinander nicht in Beziehung gesetzt werden, und zwar wegen des fehlenden oder nur konventionell festgesetzten Nullpunkts. Z.B. ist der Nullpunkt der Celsiusskala bei der Temperatur festgelegt, bei der Eis gerade schmilzt, und der Nullpunkt der Fahrenheitskala liegt bei der Temperatur, bei der Quecksilber gerade schmilzt. Man darf nun nicht behaupten, daß Wasser von 40°C doppelt so warm ist wie Wasser von 20°C. Der Grund dafür ist, daß 0°C kein echter, sondern ein *vereinbarter Nullpunkt* der Celsiusskala ist. Der echte Nullpunkt liegt bei –273.15°C. Nur wenn man die Temperatur in Kelvin-Graden mißt, deren Skala beim echten Temperaturnullpunkt des Weltraums beginnt (es treten keine Molekülbewegungen mehr auf), dann darf man auch Verhältnisse zwischen Temperaturen bilden. Man darf also sagen, daß gespannter Dampf mit 546°K doppelt so warm wie schmelzendes Wasser mit 273°K ist.

Ähnlich ist es mit vielen, ja den meisten Messungen von Leistungen in den sogenannten *standardisierten Tests* in Psychologie und Pädagogik: Die Skalen dieser Tests haben nur angenommene, keine echten Nullpunkte. Daher sind sie nur als Intervallskalen definiert. Auch die Skala des *Intelligenzquotienten* (IQ) hat keinen echten, sondern nur einen angenommenen Nullpunkt. Dies ist der Punkt, der durch die mittlere Leistung einer bestimmten Altersgruppe von Schülern definiert ist. Dieser Nullpunkt ist aus historischen Gründen auf 100 verlegt oder, wie man auch sagt, bei 100 *verankert* worden. Statt von –30 über 0 bis +30 reicht daher die Intelligenzskala von 70 über 100 bis 130. Dabei sind 70 und 130 nur die praktischen Ober- und Untergrenzen. Sie werden theoretisch von einem kleinen Prozentsatz von Schülern unter- bzw. überschritten.

1.4 Messung als Testung

Die meisten Wege zur Messung schulischer oder kognitiver Leistungen gehen über psychologische und pädagogische Tests, in welchen gezählt wird, wie viele der m Aufgaben eines Tests von einem Schüler gelöst worden sind. Diesem Schüler werden durch diese Testung dann X Punkte einer *Testskala* zugeordnet. Wenn ein Schüler drei und ein anderer sechs Aufgaben eines solchen Tests gelöst hat, dann bedeutet dies bekanntermaßen keineswegs, daß der zweite Schüler doppelt so leistungsstark ist wie der erste. Der Grund dafür ist, daß die Testung der beiden Schüler auf eine Skala führt, die zwar gleiche Intervalle (Zahl der Aufgaben) hat, aber keinen echten Nullpunkt.

Wenn Leistungs- und Schulfortschrittstests nach den Regeln der psychologischen und pädagogischen *Testkonstruktion* (Lienert, 1989) erstellt werden, dann bilden die richtigen Lösungen eine Intervallskala, die keinen natürlichen Nullpunkt besitzt (siehe Kapitel 1.2 und 1.3). Von einer bestimmten Reihe von Aufgaben keine zu lösen, mag, je nach Schwierigkeit der Aufgaben, ein sehr niedriges oder ein durchaus noch mäßiges Leistungsniveau bezeichnen, das in keinem Fall als *Null-Leistungsniveau* gewertet werden kann. Das Null-Leistungsniveau ist demnach nicht definiert. Wohl aber sind Intervalle des Leistungsniveaus definiert, so daß man etwa feststellen kann, daß Schüler A mit 20 Testpunkten im gleichen Ausmaß leistungsfähiger ist als Schüler B mit 15 Testpunkten, wie der Schüler B mit 15 Punkten im Vergleich zu einem Schüler C mit 10 Punkten.

1.5 Messung als Normierung

Testet man eine Schülerin in zwei Fächern, z.B. Mathematik und Deutsch, mit je einem geeigneten Test, dann sind die Testskalen auch als Intervallskalen *nicht vergleichbar*. Ein Punktwert von sieben in Mathematik kann mehr an Leistung bezeichnen als ein Punktwert von 13 in Deutsch.

Um Intervallskalen aus verschiedenen Tests vergleichbar zu machen, *normiert* man jede dieser Skalen auf ähnliche Weise, wie man Preise in verschiedenen Währungen normiert. Diese rechnet man in ein und dieselbe Währung um, z.B. US-Dollar. Dies ist bei Preisen einfach, die ja eine Verhältnisskala definieren. Wie geht dies nun aber bei

Testwerten, die nur Intervallskalen definieren? Wie mißt man vergleichbar durch *Normierung*?

Angenommen, im Mathematiktest ergeben sich in einer Schulklasse Testwerte X, deren niedrigster $X_{min} = 3$ und deren höchster $X_{max} = 9$ beträgt. Wir transformieren zum Zweck der Normierung die Skalenwerte von 3 bis 9 auf eine *Normierungsskala* von 80 bis 120, so daß die transformierten Skalenbezugspunkte $Z_{min} = 80$ und $Z_{max} = 120$ betragen. Analog verfahren wir mit den Testwerten in Deutsch. Die sogenannten *Testrohwerte* mögen von $Y_{min} = 11$ bis $Y_{max} = 23$ reichen. Nach der Transformation gilt auch für sie $Z_{min} = 80$ und $Z_{max} = 120$.

Eine solche Transformation heißt *lineare Transformation*. Wir werden später noch darauf zurückkommen. Diese Transformation garantiert, daß die Normwerte in Mathematik mit den Normwerten in Deutsch direkt vergleichbar sind. Dies gilt für alle Schüler, für die diese Transformation durchgeführt wurde.

Eine lineare *Normierungstransformation* entspricht vollkommen einer aus dem Alltag des Reisenden bekannten Transformation: der Transformation von Temperaturwerten. Liest man in den USA eine Temperaturanzeige F° = 90, so transformiert man die Fahrenheit- in Celsiusgrade nach

$$C° = (5/9)(F° - 32°). \qquad (1.5.1)$$

Setzen wir unser Beispiel von 90°F in diese Formel ein, so erhalten wir C° = (5/9) (90 – 32) = 32.22. Wie in Kapitel 1.4 ausgeführt wurde, sind diese beiden Intervallskalen unterschiedlich verankert. Die Celsiusskala verwendet die Temperatur des schmelzenden Eises als Bezugspunkt, während die Fahrenheitskala die Temperatur des schmelzenden Quecksilbers (–32°C) als Bezugspunkt verwendet.

Implizit transformiert der Lehrer ebenfalls linear, wenn er Testpunkte oder Punktbewegungen von Klassenarbeiten auf die als Intervallskala aufgefaßte *Schulnotenskala* abbildet. Auch damit werden die Leistungen von Schülern in mehreren Fächern vergleichbar gemacht. Die Temperaturskalentransformation (oder eine Prozenttransformation) leistet dasselbe.

1.6 Messung als Entscheidung

Kritisch wird das Ergebnis einer Messung durch Benotung dann, wenn es um die Entscheidung geht, ob ein Schüler das Lehrziel erreicht hat oder nicht. Hier geht es darum, *Fehlentscheidungen zu vermeiden*. Eine Fehlentscheidung kann durchaus zustande kommen, wie alle die wissen, die eine Klasse wiederholen mußten. So kann ein Schüler, der seiner Befähigung nach mindestens eine fünf verdient, eine sechs erhalten. Umgekehrt kann es vorkommen, daß ein Schüler, der eine sechs verdient, eine fünf oder besser erhält. Tab. 1.6.1 gibt diesen Sachverhalt des *Messens als Entscheidung wieder.*

Tab. 1.6.1
Richtige und falsche Benotungsentscheidungen aufgrund von schulischen Leistungsmessungen

Leistung	Note	
	<6	6
<6	richtig positiv	falsch negativ
6	falsch positiv	richtig negativ

Tab. 1.6.1 zeigt, daß beim schulischen Messen zwei Arten von Entscheidungsfehlern auftreten können. *Falsch positive Entscheidungen* führen zu ungerechtem Durchkommen, *falsch negative Entscheidungen* führen zu ungerechtem Durchfallen.

Da eine falsch negative Entscheidung hier schwerwiegendere Folgen als eine falsch positive Entscheidung hat, sollte ungerechtes Durchfallen seltener auftreten als ungerechtes Durchkommen. Dies gilt besonders dann, wenn es sich um ein kritisches Hauptfach handelt.

Wir werden im nächsten Kapitel von der Benotungsentscheidung eines Lehrers über die wahre Kompetenz eines Schülers übergehen zur Entscheidung eines statistischen Tests über den wahren Zustand einer Population. Im Unterschied zum Lehrerurteil werden wir nur den *alpha-Fehler* kontrollieren, d.h. ihn möglichst niedrig halten. Der alpha-Fehler, auch zugelassene Irrtumswahrscheinlichkeit genannt, tritt auf, wenn der Test etwas findet, das in Wahrheit nicht existiert, also etwa einen Unterschied zwischen zwei Populationen (Buben und Mädchen) im räumlichen Denken. Dieser Fehler entspricht dem Sinne nach dem ungerechten Durchfallen in Tab. 1.6.1. Ungerechtes Durchkommen, den *beta-Fehler* des Lehrerurteils, werden wir im statistischen Test nicht berücksichtigen, denn er hängt weitgehend vom Stichprobenumfang ab.

2. Populationen und Stichproben von Schülern

Unter einer *Schülerpopulation* versteht man die Gesamtheit aller Schüler, auf die sich eine Aussage beziehen soll (siehe Kapitel 1). Man wird diese Gesamtheit aber nur in den seltensten Fällen auch komplett untersuchen können. Dazu wird entweder die Zeit nicht ausreichen oder der Aufwand zu groß sein. Untersuchen kann oder will man nur eine *Stichprobe* aus dieser Population, die in der Regel mit N Schülern viel kleiner ist als die Population (auch *Grundgesamtheit* genannt).

Um die Stichprobe von N Schülern als Abbild ihrer Population zu gewinnen, muß man sie als *Zufallsstichprobe* aus der Population erheben. Eine Zufallsstichprobe ist dadurch gekennzeichnet, daß jedes Individuum die gleiche Chance hat, der Stichprobe anzugehören. Man spricht von einem *Bias*, d.h. Verzerrung, wenn manche Mitglieder der Population eine höhere und andere eine niedrigere Chance haben, in die Stichprobe aufgenommen zu werden, wie dies bei Stichproben von freiwilligen Testteilnehmern der Fall ist.

Aus erhebungstechnischer Sicht gibt es zwei Wege, eine Zufallsstichprobe zu garantieren:

1. Man erstellt eine *reine Zufallsstichprobe* oder
2. eine *geschichtete Zufallsstichprobe.*

Wir wollen diese Begriffe an einem Beispiel illustrieren: Als Population sollen die Viertklässler der zehn Grundschulen einer Stadt mit 250 Schülern gelten. Unsere Kursteilnehmer seien die m = 10 Lehrer in diesen Grundschulen mit etwa gleich großen Klassen zu je 25 Schülern. Eine *reine Zufallsstichprobe* erhält man aus den 250 Schülern der Population, wenn man die 250 Namen der Schüler so in eine *Urne* legt, daß sie von außen nicht lesbar sind. Aus dieser Urne zieht man dann N = 10 Namen. Dabei können dann aus einer der zehn Klassen zwei oder drei Schüler, aus einer anderen aber kein einziger Schüler in die Stichprobe kommen.

Eine *geschichtete Zufallsstichprobe* gewinnt man, wenn jeder der zehn Lehrer aus seiner Klasse je einen Schüler auslost, so daß wiederum N = 10 Schüler in die Stichprobe kommen.

In beiden Ziehungen hatte jeder Schüler die gleiche Chance, in die Stichprobe aufgenommen zu werden. Es handelt sich damit um Zufallsstichproben. Zudem sind beide Stichproben *repräsentativ*, weil keine der etwa vorhandenen Schülergruppen (z.B. evangelische oder katholische) systematisch unter- oder überrepräsentiert wurde. Weiß man, daß die Schulen in Gebieten liegen, in denen Personen unterschiedlicher sozialer Schichten leben, dann ist evident, daß die geschichtete Stichprobe ein genaueres Abbild der Population zu liefern verspricht als die ungeschichtete, reine Zufallsstichprobe.

2.1 Klassenstichproben von Schülerpopulationen

Im folgenden gehen wir davon aus, daß eine Population von 250 Schülern (Viertkläßlern) in 10 Klassen zu je 25 Schülern einen Mathematiktest abgelegt hat. Der Test hat 10 nach ansteigender Schwierigkeit gereihte Aufgaben. Die erreichbaren Testwerte X gehen daher von X = 0 (keine Aufgabe gelöst) bis X = 10 (alle Aufgaben gelöst). Es wird angenommen, diese Testwerte X seien nach Art einer Glockenkurve normalverteilt (dieser Begriff wird in Kapitel 2.7 genauer erklärt). Wenn die Testwerte X genau einer sog. *Normalverteilung* folgen, erhalten wir die in Tab. 2.1.1 aufgeführten Prozentanteile P% für die Testwerte von 0 bis 10. Die der Tab. 2.1.1 zugrundeliegenden 11-Punkte-Skala heißt auch *Centilskala* (nach Guilford, 1942 Tab. 31) mit einem Wertebereich von X = 0 bis X = 10.

Tab. 2.1.1
Prozentanteile normalverteilter Testwerte X = 0(1)10

P%	1%	3%	7%	12%	17%	20%	17%	12%	7%	3%	1%
X	0	1	2	3	4	5	6	7	8	9	10

In Tab. 2.1.1 repräsentieren wir die Population der 250 Schüler durch eine *Urne* (Schale, Vase). In dieser Urne befinden sich 100 (oder 200) Styroporkügelchen, auf denen zu 1% Nullen (Minimumperformanz des Mathematiktests), zu 3% Einsen usw. bis zu 1% Zehnen (als maximale Performanz) verzeichnet sind.

Die Normalverteilung der testwert-signierten Styroporkugeln in Tab. 2.1.1 ist durch 2 Kennwerte voll zu beschreiben, nämlich durch ihren Populationsmittelwert μ (gesprochen »mü«) und durch die Streuung der einzelnen Testwerte X um ihren Mittelwert μ.

Wir sehen intuitiv aus Tab. 2.1.1, daß die Population der 250 Schüler einen *Mittelwert* von μ = 5 gelösten Aufgaben besitzt, da 20% der Schüler diesen Testwert X = 5 aufweisen, und beiderseits dieses mittleren Testwertes von 5 je 17%, je 12%, je 7%, je 3% und je 1% niedrigere und höhere Testwerte liegen (Symmetrie der Normalverteilung um ihren Mittelwert). Rechnerisch gelangen wir zum Populationsmittelwert mittels der Definitionsformel

$$\mu = \frac{Summe \;\; aller \, P\%(X)}{100\%} = \qquad (2.1.1)$$

$$= \frac{1\%(0) + 3\%(1) + 7\%(2) + \ldots + 1\%(10)}{100\%} = \frac{500\%}{100\%} = 5,$$

wobei die benutzten Symbole aus Tab. 2.1.1 zu entnehmen sind. Man nennt den Populationsmittelwert μ = 5 auch den *Lageparameter* der normalverteilten Testwerte X. Damit ist gemeint, daß μ diejenige Stelle auf der Testskala von 0 bis 10 ist, an welcher die meisten – in Tab. 2.1.1 sind es 20% – Testwerte gelegen sind.

Ein Kennwert dafür, wie weit die einzelnen Testwerte in einer Normalverteilung um ihren Mittelwert streuen, läßt sich aus Tab. 2.1.1 nicht so leicht »erfinden«. Allerdings besteht eine grobe Beziehung zwischen der sog. *Spannweite W* der Testwerte und dem noch zu definierenden Streuungskennwert σ (gesprochen sigma): Wenn man nämlich den Abstand zwischen dem niedrigsten Testwert X = 0 (mit 1% Anteil) und dem höchsten Testwert X = 10 (mit ebenfalls 1% Anteil in Tab 2.1.1) bildet und diesen Abstand W = 10 – 0 = 10 durch 5 dividiert, dann gewinnt man näherungsweise den gesuchten *Streuungsparameter*: σ = W/5 = 10/5 = 2.

Auch hier läßt sich obige Grobschätzung des *Streuungsparameters* σ der normalverteilten Testwerte in Tab. 2.1.1 verifizieren, wenn man in die Definitionsformel einsetzt:

$$\sigma = \sqrt{\frac{Summe\,aller\; P\%(X-\mu)^2}{100\%}} = \qquad (2.1.2)$$

$$= \sqrt{\frac{1\%(0-5)^2 + 3\%(1-5)^2 + \ldots + 1\%(10-5)^2}{100\%}} =$$

$$= \sqrt{\frac{402\%}{100\%}} = 2\,(\text{ganzzahlig gerundet})$$

Unsere normalverteilten Testwerte in Tab. 2.1.1 haben also eine Populationsstreuung von σ = 2. Unter Bezugnahme auf obige Schätzung bedeutet dies, daß der niedrigste Testwert X = 0 genau 2,5 Streuungseinheiten unterhalb des Populationsmittelwertes von μ = 5 und der höchste genau 2,5 Einheiten oberhalb von μ = 5 liegt. Zwischen dem höchsten und dem niedrigsten Testwert liegen – wie oben vorweggenommen – 5 Einheiten der Testwertestreuung.

Oft wird anstelle der Streuung, genauer der *Standardabweichung* einer Population normalverteilter Testwerte, auch deren Quadrat, die *Varianz* als Streuungsmaß angegeben: sie beträgt in Tab. 2.1.1 $\sigma^2 = 2^2 = 4$.

Im folgenden Beispiel gehen wir von der Annahme aus, daß die Schulverwaltung nichts von der Populationsverteilung der Mathematiktestwerte weiß. Sie möchte aber etwas darüber erfahren, ohne daß alle Schüler getestet werden müssen. Sie veranlaßt dazu eine *Stichprobenziehung* derart, daß jeder der zehn Lehrer einen seiner 25 Schüler auslost und testet. Dies entspricht dem Prinzip der geschichteten Zufallsstichprobe. Das Ergebnis ist in Tab. 2.1.2 aufgeführt, wobei f die Frequenz, d.h. die Häufigkeit eines Testwerts X bezeichnet.

Tab. 2.1.2
Häufigkeiten f von N = 10 Testwerten X in einer geschichteten Zufallsstichprobe gezogen aus der normalverteilten Urnenpopulation von Tab. 2.1.1, zugleich Schätzung des Populationsmittelwertes μ auf der Basis von n = 10 Stichproben X, die je *ein* Individuum enthalten.

						x	x				
f		x	x	x	x	x	x	x		x	
X	0	1	2	3	4	5	6	7	8	9	10

Man sieht, daß sich die *Stichprobenverteilung* der zehn Schüler in Tab. 2.1.2 einigermaßen gut jener der Population in Tab. 2.1.1 annähert. Die mittleren Performanzwerte sind am häufigsten und die extremen Performanzwerte sind weniger häufig aufgetreten.

Auch zeigt sich, daß die beobachteten Mathematiktestwerte um den Mittelwert von 5 einigermaßen gut symmetrisch verteilt sind.

2.2 *Mittelwerte aus Klassenstichproben*

Dem Eindruck nach liegt auch der *Mittelwert* der Stichprobe der zehn Schüler in Tab. 2.1.2 in der Nähe von 5. Der Testmittelwert M einer Stichprobe von N Einzeltestwerten ist definiert als

$$M = (\text{Summe aller } X)/N, \qquad (2.2.1)$$

wobei »(Summe aller X)« bedeutet, daß alle zehn Testwerte aus Tab. 2.1.2 zusammenzuzählen sind. Einsetzen ergibt $M = (1 + 2 + 3 + 4 + 5 + 5 + 6 + 6 + 7 + 9)/10 = 4.80$. Dabei wurden die Einzelwerte der Tab. 2.1.2 entnommen. Wir sehen: Der *Stichprobenmittelwert* M = 4.80 kommt dem *Populationsmittelwert* von $\mu = 5$ sehr nahe. M ist der *Erwartungswert*, d.h. eine *erwartungstreue Schätzung* des Populationsmittelwertes.

Wenn man, wie in Tab. 2.1.2 geschehen, je einen Schüler aus jeder Klasse auslost, dann sieht man, daß in fünf Klassen die Testwerte zwischen vier und sechs liegen und damit den Populationsmittelwert 5 recht gut schätzen. Zwei Klassen sind mit ihren Werten von 1 und 9 dagegen weit vom Populationsmittelwert 5 entfernt. Man könnte daraus den Schluß ziehen, daß diese beiden Klassen zu schlechte bzw. zu gute Mathematikleistungen erbracht haben. Dies ist aber nur ein Effekt des Zufalls, da laut Tab. 2.1.1 alle Klassen gleich gut sein sollten.

2.3 *Mittelwerte und Stichprobenumfänge*

Aus Tab. 2.1.2 haben wir ersehen, daß der Mittelwert von $\mu = 5$, der für jede einzelne Klasse erwartet wird, dann nur recht ungenau geschätzt werden kann, d.h. mit extremen Oben- und Untenausreißern, wenn man jeder Klasse nur je *einen* Schüler entnimmt und testet. Der *Stichprobenumfang* in einer jeden von n = 10 Klassen ist damit N = 1.

Die Stichprobenschätzungen des Populationsmittelwertes von $\mu = 5$ werden bereits viel besser, wenn jeder der n = 10 Lehrer aus seiner Klasse N = 2 Schüler als Stichprobe auslost, deren Testwerte bestimmt und sie arithmetisch nach Formel 2.2.1 mittelt. Dies geschieht in unserem *Urnenmodell* dadurch, daß jeder Lehrer seiner Urne *zwei* Styroporkügelchen entnimmt, sie abliest und die abgelesenen Testwerte arithmetisch zu y mittelt. Dies ist im Beispiel in Tab. 2.3.1 geschehen.

Tab. 2.3.1
Schätzung des Populationsmittelwerts μ auf der Basis von n = 10 Stichproben y, die je *N = 2* Individuen enthalten

f				y		y	y y	y y y	y	y	y			
X	0	1	2		3		4	5		6	7	8	9	10

Wir sehen, daß bei Stichprobenumfängen von N = 2 Schülern je Klasse der Populationsmittelwert μ über die *Stichprobenmittel* M schon viel genauer geschätzt wird. Man sieht, daß stark abweichende Schätzungen nicht mehr auftreten. Die Schätzwerte variieren zwischen 2.5 und 7.0 in allen n = 10 Klassen als Stichproben. In acht der zehn Klassen liegen die Schätzwerte sogar zwischen 3.5 und 6.0.

Eine recht genaue Schätzung des Populationsmittelwertes erhalten wir, wenn wir den Stichprobenumfang abermals verdoppeln. Wir gehen also von N = 2 auf N = 4 über und lassen vier Schüler aus jeder Klasse testen. Die Ergebnisse sind in Tab. 2.3.2 zusammengefaßt.

Tab. 2.3.2
Schätzung des Populationsmittelwerts μ auf der Basis von n = 10 Stichproben z, die je N = 4 Individuen enthalten

f					z	z zz zzzzz	z				
X	0	1	2	3	4	5	6	7	8	9	10

Um die Daten in Tab. 2.3.2 zu erhalten, haben die n = 10 Lehrer je N = 4 Styroporkugeln nach Zufall, d.h. ohne die Namen der Schüler zu lesen, aus ihren Urnen gezogen und deren Testwerte arithmetisch zu z gemittelt. Die Stichprobenmittel liegen durchweg zwischen 4 und 6, d.h. in enger Scharung um das Populationsmittel von 5.

Verdoppeln wir den Stichprobenumfang abermals von N = 4 auf N = 8, dann finden wir in diesem *Urnenexperiment* n = 10 Klassenmittel u, die sich schon sehr eng um das Populationsmittel von μ = 5 scharen. Diese Progression ist in Tab. 2.3.3 veranschaulicht.

Tab. 2.3.3
Schätzungen M des Populationsmittelwertes μ auf der Basis unterschiedlich großer Stichprobenumfänge mit N = 1 (Abb. 2.1.2), N = 2 (Abb. 2.3.1), N = 4 (Abb. 2.3.2), N = 8 (neu gezogen im Urnenexperiment)

X	1	2	3	4	5	6	7	8	9
N = 1 f	x	x	x	x	x x	x x	x		x
N = 2 f			y	y y y	y y y	y y	y		
N = 4 f				z	zzz zzzzz	z			
N = 8 f					uuuuu uuuuu				

Wir sehen aus Tab. 2.3.3, daß sich die Schätzungen des Populationsmittelwerts trichterförmig verengen und auf den Populationsmittelwert von μ = 5 zustreben. Zugleich sehen wir, daß im Bereich zwischen N = 2 und N = 4 eine starke Einengung des *Schät-*

zungstrichters erfolgt. Diese Beobachtung erhärtet das Statistikersprichwort, wonach Stichprobenumfänge oberhalb von drei bereits ausreichen, um Populationskennwerte wie den Mittelwert hinreichend genau zu schätzen. Man sagt, »jenseits von drei beginnt unendlich«.

Wenn dieses Sprichwort zutrifft, dann braucht ein Lehrer nur drei oder vier Schüler seiner Klasse nach Los auszuwählen, um das Niveau seiner Klasse in einem Leistungsfach hinreichend gut abzuschätzen.

2.4 Berechnung von Klassenmittelwerten

In Tab. 2.1.2 haben wir eine Stichprobe von N = 10 Schülern nach Los – je einen aus 10 Klassen – ausgewählt und in ihrer Leistung in Mathematik getestet. Den Mittelwert der zehn Einzeltestwerte haben wir bereits in 2.2.1 definiert und berechnet. Das Ergebnis war M = 4.80.

In der Berechnung haben wir doppelt aufgetretene Testwerte, die sogenannten *Testwertbindungen*, auch doppelt beim Einsetzen in die Formel berücksichtigt. Beispiele sind die Testwerte X = 5 und X = 6, die beide je mehr als einmal aufgetreten waren. Häufig treten gleiche Testwerte nicht nur zweimal, sondern mehrfach (f-mal), d.h. *gruppiert* auf. In diesem Fall berechnet man den Mittelwert besser nach der *Bindungsformel*

M = (Summe aller fX)/N. (2.4.1)

Nach 2.4.1 multipliziert man jeden Testwert X zuerst mit der Häufigkeit (Frequenz = f), in der er auftritt, ehe man die Produkte addiert, wie es in 2.4.1 verlangt wird. (Multiplikation geht vor Addition, d.h. Punkt- vor Strichrechnung!)

Um ökonomisch nach 2.4.1 auszuwerten, erstellt man zweckmäßig ein *Rechenschema* nach Art von Tab. 2.4.1.

Tab. 2.4.1
Schema und Beispiel zur Errechnung von Stichprobenmittelwerten M aus X und f nach der Bindungsformel 2.4.1 mit den Daten aus Tab. 2.1.2

X	f	fX
0	0	$0 \cdot 0 = 0$
1	1	$1 \cdot 1 = 1$
2	1	$1 \cdot 2 = 2$
3	1	$1 \cdot 3 = 3$
4	1	$1 \cdot 4 = 4$
5	2	$2 \cdot 5 = 10$
6	2	$2 \cdot 6 = 12$
7	1	$1 \cdot 7 = 7$
8	0	$0 \cdot 8 = 0$
9	1	$1 \cdot 9 = 9$
10	0	$0 \cdot 10 = 0$
Summen	N = 10	$\Sigma fX = 48 \Rightarrow M = \frac{48}{10} = 4.8$

Wie man der Tab. 2.4.1 entnehmen kann, kommen wir über die Bindungsformel 2.4.1, sie heißt auch *Formel für gruppierte Testwerte*, zum gleichen Ergebnis wie mit der *Meßwertformel* 2.2.1.

2.5 Streuung in Klassenstichproben

Neben dem Mittelwert unseres Mathematiktests und seiner Einzeltestwerte interessiert sich der Lehrer und der Forscher stets auch dafür, wie sehr sich die einzelnen Schüler hinsichtlich ihrer Testwerte X unterscheiden. Unterscheiden sie sich wenig, etwa mit Testwerten zwischen drei und sieben, dann spricht man von *homogenen Stichproben.* Unterscheiden sie sich stark, etwa von null bis zehn Testwerten wie in Tab. 2.1.1, dann heißen sie *heterogene Stichproben.*

Das wichtigste Maß für Homogenität versus Heterogenität von Schülern innerhalb einer Klassenstichprobe ist die *Streuung*, genauer die *Standardabweichung* s. Oft wird auch deren Quadrat, die *Varianz* s^2 verwendet. Die Varianz ist für die Einzeltestwerte von N Schülern wie folgt definiert.

$$s^2 = (\text{Summe aller } x^2)/(N - 1), \qquad (2.5.1)$$

wobei x definiert ist als *Abweichung* eines Einzelwertes X vom Mittelwert M: x = X – M. Dies wird in Tab. 2.5.1 numerisch illustriert.

Ohne die Definition von x = X – M hätte man den folgenden Ausdruck für die Varianzberechnung erhalten

$$s^2 = (\text{Summe aller } X^2)/(N - 1) - M \cdot (\text{Summe aller } X)/(N - 1). \qquad (2.5.2)$$

Warum in Formel 2.5.2 der Nenner N – 1 und nicht N beträgt, wird in Kapitel 3.1 erläutert.

Die *Abweichungswerte* in Tab. 2.1.2 betragen x = (–3.8 –2.8 –1.8 –0.8 +0.2 +0.2 +1.2 +1.2 +2.2 +4.2). Einsetzen in 2.5.1 ergibt s^2 = (14.44 + 7.84 + 3.24 + 0.64 + 0.04 + 0.04 + 1.44 + 1.44 + 4.84 + 17.64)/9 = 5.73 als *Schätzung der Varianz.* Zieht man die Quadratwurzel aus diesem Wert, so erhält man einen *Schätzwert* σ *für die Streuung der Schülerpopulation,* s = 2.39.

Setzt man in Formel 2.5.2 die Testwerte X ein, so berechnet sich für den ersten Term nach dem = Zeichen, (Summe aller X^2)/(N – 1) = (1 + 4 + 9 + 16 + 25 + 25 + 36 + 36 + 49 + 81)/9 = 31.33. Der zweite Term wird nach 2.5.2 wie folgt berechnet: 4.8(1 + 2 + 3 + 4 + 5 + 5 + 6 + 6 + 7 + 9)/9 = 4.8 · (48/9) = 25.60. Insgesamt ergibt dies als Schätzung für die Varianz s^2 = 31.33 – 25.60 = 5.73 und s = 2.39. Offenbar sind diese Lösungen identisch. Die Lösung nach 2.5.2 ist etwas einfacher zu berechnen. Sie erspart es uns, die Abweichungswerte x zu errechnen. Die Berechnung des Mittelwerts ist für beide Lösungen erforderlich, wie das Schema der Varianzberechnung nach Tab. 2.5.1 ausweist.

Sind einzelne Testwerte zwei- oder mehrfach aufgetreten, so berechnet man die Varianz analog zu 2.4.1 ökonomischer über die *Formel für gruppierte Testwerte* (*Bindungsformel*)

$$s^2 = (\text{Summe aller } fX^2)/(N - 1) - M \cdot (\text{Summe aller } fX)/(N - 1) \qquad (2.5.3)$$

Tab. 2.5.1
Berechnung der Varianz der N = 10 Meßwerte aus Tab. 2.1.2 nach den Formeln 2.5.1 und 2.5.2

X	x = X – M	x^2	X^2
1	– 3.8	14.44	1
2	– 2.8	7.84	4
3	– 1.8	3.24	9
4	– 0.8	0.64	16
5	0.2	0.04	25
5	0.2	0.04	25
6	1.2	1.44	36
6	1.2	1.44	36
7	2.2	4.84	49
9	4.2	17.64	81
	Summen		
48	0.0	51.60	282
M = 48/10 = 4.8			
s^2 = 51.60/9 = 5.73 (nach Formel 2.5.1) s^2 = 282/9 – 4.8(48/9) = 5.73 (nach Formel 2.5.2)			

Analog zu Tab. 2.4.1 werte man auch Formel 2.5.3 tabellarisch aus. Dies ist in Tab. 2.5.2 geschehen.

Tab. 2.5.2
Schema und Beispiel zur Varianzberechnung nach der Bindungsformel 2.5.3 aus Tab. 2.4.1

X	f	fX	fX^2
0	0	0 · 0 = 0	0 · 0 = 0
1	1	1 · 1 = 1	1 · 1 = 1
2	1	1 · 2 = 2	1 · 4 = 4
3	1	1 · 3 = 3	1 · 9 = 9
4	1	1 · 4 = 4	1 · 16 = 16
5	2	2 · 5 = 10	2 · 25 = 50
6	2	2 · 6 = 12	2 · 36 = 72
7	1	1 · 7 = 7	1 · 49 = 49
8	0	0 · 8 = 0	0 · 84 = 0
9	1	1 · 9 = 9	1 · 81 = 81
10	0	0 · 10 = 0	0 · 100 = 0
Sum	10	48	282
s^2 = 282/9 – 4.8(48/9) = 5.73			

Einsetzen in 2.5.3 ergibt wieder s^2 = 5.73 und s = 2.39 als Maße der *Heterogenität* unserer zehn Testwerte in Mathematik. (Im nächsten Abschnitt wird illustriert, wie man anschaulich zu den Streuungsmaßen s^2 für die Varianz und s für die Standardabweichung gelangt.)

Die *Leistungsheterogenität* bzw. *Leistungshomogenität* einer Schulklasse hat für den Lehrer eine ebensogroße Bedeutung wie das *Leistungsniveau.* Unterscheidet man zwischen hohem und niedrigem Niveau sowie zwischen großer und geringer Streuung der Testwerte in einem Schulfach, dann ergibt die *Kreuztabellierung* der entsprechenden Maße (M, s) die vier Möglichkeiten in Tab. 2.5.3.

Tab. 2.5.3
Kreuztabellierung von Leistungsniveau und Leistungsstreuung in einem Schulfach

		Leistungsstreuung	
		klein (–)	groß (+)
Leistungsniveau	hoch (+)	M+ s–	M+ s+
	niedrig (–)	M– s–	M– s+

Eine Schulklasse mit hohem Niveau und geringer Streuung (links oben in Tab. 2.5.3) ist für den Unterricht ideal, weil der Lehrer ein hohes Anspruchsniveau setzen kann, dem (fast) alle Schüler genügen. Eine Klasse mit ebenfalls hohem Leistungsniveau, aber auch großer interindividueller Leistungsstreuung (rechts oben in Tab. 2.5.3) fordert vom Lehrer zusätzlich, daß er auch den weniger leistungsstarken Schülern gerecht wird. Eine Klasse mit niedrigem Niveau und geringer Streuung ist für Lehrer so günstig wie eine solche mit hohem Niveau. Nur müssen die Ansprüche für alle Schüler vergleichsweise reduziert werden. Die schwierigste Bedingung ist eine Klasse mit niedrigem Niveau und hoher Streuung (rechts unten in Tab. 2.5.3). Hier müssen nicht nur schwache, sondern auch schwächste Schüler didaktisch berücksichtigt werden.

2.6 *Streuung als Trägheitsmaß*

Die didaktische Erfahrung mit Lehramtsstudenten zeigt, daß die Definitionsformeln 2.5.1 und 2.5.3 besonders dann leicht verstanden werden, wenn sie auch *physikalisch* veranschaulicht werden. Zu diesem Zweck betrachten wir eine Stichprobe von N = 4 Testwerten aus der Population von Tab. 2.1.1. Die Werte seien X = {0, 5, 7, 8}. Wir stellen uns diese Testwerte als Bleiperlen vor, die auf einer *Stricknadel* mit cm-Maßstab aufgesteckt sind. Jeder Meßwert (Intervallskala) sei dabei ein Maß des Abstands von 0. Abbildung 2.6.1 stellt dies graphisch dar.

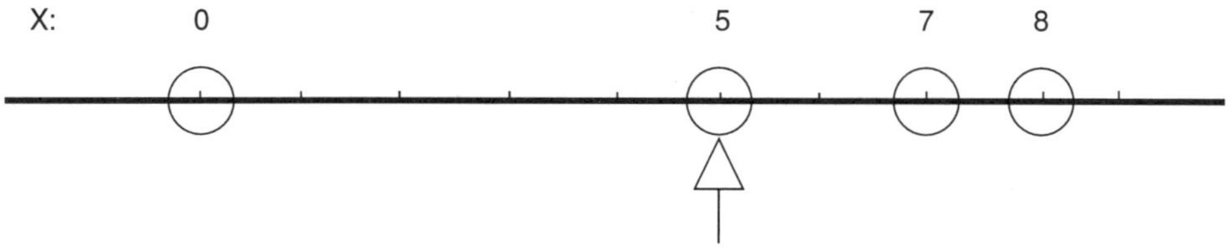

Abbildung 2.6.1: Der Mittelwert als Schwerpunkt der Testwerte

Der Mittelwert von M = (0 + 5 + 7 + 8)/4 = 5 ist als *Schwerpunkt* der Stricknadel definiert. Unterstützt man die Stricknadel in ihrem Schwerpunkt, so bleibt sie in der Waagrechten (etwa vorhandene Gewichtsunterschiede der Sticknadel rechts und links des Schwerpunkts werden in unseren Überlegungen vernachlässigt). Sucht man in Unkenntnis des Mittelwerts nach dem Schwerpunkt, so liest man ihn dort ab, wo die Nadel in der Waagrechten bleibt.

In diesem *Stricknadelmodell* ist die Varianz s^2 ein Maß für die *Trägheit.* Dies ist die Kraft, die man braucht, um die Stricknadel um ihren Schwerpunkt (in der Horizontalebene) rotieren zu lassen.

Abbildung 2.6.2 zeigt zwei Stricknadeln mit je vier Bleiperlen in Balance über ihrem gemeinsamen Schwerpunkt M = 5, aber mit unterschiedlicher Trägheit.

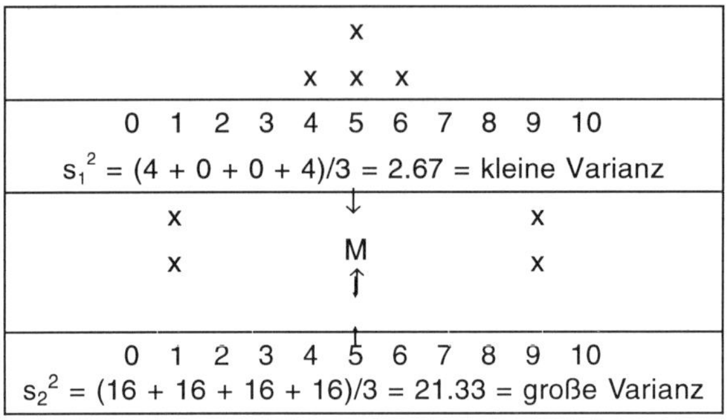

Abbildung 2.6.2: Illustration zweier Varianzen als Trägheitsmaße von je N = 4 Testwerten X

Die vier Testwerte X = {3, 5, 5, 7} im *oberen* Teil der Abbildung 2.6.2 scharen sich eng um ihren Mittelwert M = 5 und sind daher leicht in Rotation zu versetzen. Sie haben eine *geringe Trägheit,* d.h. eine kleine Varianz von $s^2 = 2.67$ Die *unteren* vier Testwerte X = {1, 1, 9, 9} haben dagegen eine Varianz von $s^2 = 21.33$. Auf der Stricknadel sind sie weit vom gemeinsamen Schwerpunkt M = 5 entfernt. Vergleichbar einem Schwungrad haben sie gegenüber dem Versuch, sie mit der gleichen Umdrehungszahl zu rotieren, eine *hohe Trägheit.* Das heißt, man braucht mehr Kraft, sie in Rotation zu versetzen. Anders formuliert heißt dies: Stößt man beide Stricknadeln mit gleicher Kraft an, so rotiert die obere mit der kleinen Varianz schneller, die untere, d.h. die mit der großen Varianz, langsamer.

2.7 Die Streuung im Normalverteilungsmodell

Viele biologische und beliebig genau meßbare Merkmale verteilen sich näherungsweise – dies läßt sich mit dem Modell des *Galton-Brettes* (Abbildung 2.7.1) begründen – nach Art einer *Normalverteilungskurve.* In dieser Kurve treten mittlere Werte häufig und extreme Meßwerte dieses Merkmals selten in Erscheinung. So findet man in einer Schulklasse viele Schüler mittlerer Statur, dagegen nur wenige extrem große oder extrem kleine, die – wie das Galton-Brett in Abbildung 2.7.1 – eine Normalverteilung (NV) »modellieren«.

Das Galton-Brett in Abbildung 2.7.1 besteht aus 14 Reihen versetzter Nägel und 15 Auffangfächern in einem blechumrandeten und mit Glas abgedeckten Kugeltrichter, in dem sich die eingefütterten Kugeln nach Art einer Normalverteilung sammeln. Füttert

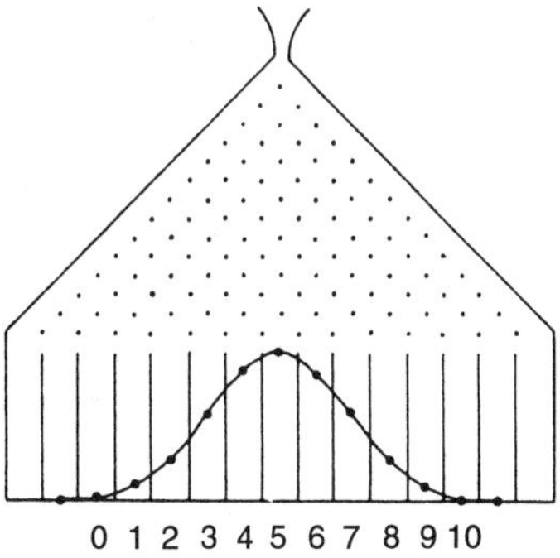

Abbildung 2.7.1: Das Galton-Brett (vgl. Immich, 1974) als Modell einer NV-Erzeugung

man 100 Styroporkugeln ein, so erhält man für die Fächer etwa die in Tab. 2.1.1 angegebenen Anteile von Kugeln.

Im folgenden Beispiel werden *Mathematik-Testleistungen* dargestellt. Es konnten zwischen null und zehn Aufgaben gelöst werden. In Abbildung 2.7.2 treten die extremen Performanzwerte von null und zehn gelösten Aufgaben nur bei 1% der Schüler auf. Mittlere Testwerte von X = 5 werden dagegen bei 20% der Schüler realisiert. Die Prozentanteile, P(X)%, entsprechen einer *Glockenverteilung* mit einem Mittelwert von M = 5 und einer Standardabweichung von s = 2.

In Abbildung 2.7.2 ist die Verteilung der Meßwerte von X = 0 bis X = 10 graphisch veranschaulicht. Verbindet man die zehn Säulen, so resultiert ein *Polygonzug*, der sich einer Normalverteilung (NV) annähert (siehe Kapitel 8).

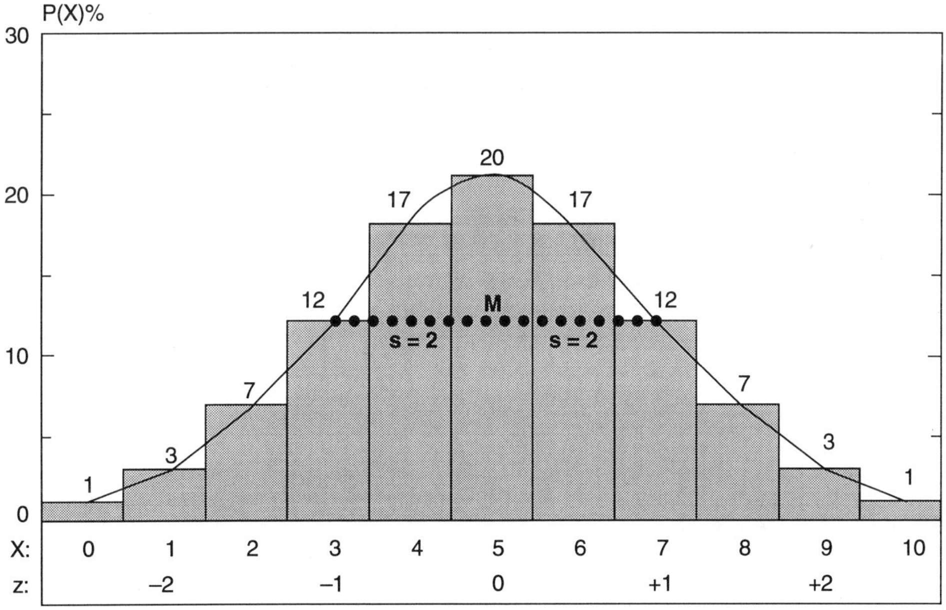

Abbildung 2.7.2: Normalverteilung einer Stichprobe von N = 100 Testwerten X mit standardisierten Abweichungswerten z

Zum besseren Verständnis ist zu diesem Beispiel folgendes anzufügen:

(1) Was man aus Abbildung 2.7.2 nicht sehen, aber mathematisch herleiten kann, ist, daß die Kurve der Normalverteilung, die auch sogenannte *Normalkurve*, von X = 0 bis X = 3 beschleunigt ansteigt und von dort verzögert ihrem Maximalwert, dem Mittelwert M = 5, zustrebt. Danach fällt sie analog symmetrisch ab.

(2) Unterhalb des dargestellten Minimalwerts von X = 0 und oberhalb des dargestellten Maximalwerts von X = 10 nähert sich die Normalkurve in Abbildung 2.7.2 der Abszisse asymptotisch an. Sie erreicht diese aber erst im Unendlichen (mathematisch definiert).

(3) Die Standardabweichung der Normalverteilung (in unserem Beispiel s = 2) ist mathematisch definiert als der Abstand der *Wendepunkte* (X = 3 und X = 7) vom Mittelwert (M = 5). Dabei ist ein Wendepunkt definiert als ein Punkt, an dem der beschleunigte Anstieg in den verzögerten Anstieg übergeht. Die Kurve der Normalverteilung hat zwei Wendepunkte, einen *unteren*, der eine Standardabweichung unterhalb des Mittelwerts M, und einen *oberen*, der eine Standardabweichung oberhalb des Mittelwerts gelegen ist (siehe Abbildung 2.7.2, punktierte Linie).

(4) Die Fläche unter der Normalverteilungskurve kann in Einheiten der Standardabweichung unterteilt werden. Zu diesem Zweck errechnet man die sogenannten *klein-z-Werte* als *standardisierte Abweichungswerte* nach der folgenden Formel:

$$z = (X - M)/s. \qquad (2.7.1)$$

In Abbildung 2.7.2 liegen unterhalb von z = –2, d.h. unterhalb des Testwerts X = 1, dessen Intervall von 0.5 bis 1.5 reicht, 1% der Testwerte bzw. der 100 Schüler sowie die Hälfte jener 3% der Schüler, die genau bei z = –2 liegen, also genau X = 1 Aufgabe gelöst haben. Damit liegen insgesamt unterhalb von z = –2 1% + 3/2% = 2.5% der 100 Schüler. Analog liegen unterhalb von z = –1, d.h. genau unterhalb von X = 2.5 – als unterer Intervallgrenze von X = 3 – insgesamt 1% + 3% + 7% = 11% der Schüler sowie 12/2% = 6% der Schüler, die zwischen 2.5 und 3.0 liegen, so daß insgesamt 11% + 6% = 17% unterhalb von z = –1 gelegen sind. Unterhalb von genau z = 0 liegen 50% der Schüler, ebenso oberhalb von z = 0. Wegen der Symmetriebeziehung liegen oberhalb von z = +1 genau 17% der Schüler und oberhalb von z = +2 genau 2.5% der Schüler.

Nach der *empirischen Normalpopulation* von Tab. 2.7.2 liegen somit in den Grenzen zwischen –2z und +2z genau 100% – 2.5% (links) – 2.5% (rechts) = 95% aller Schüler. Innerhalb der Grenzen zwischen –1z und +1z liegen entsprechend 100% – 17% (links) – 17% (rechts) = 66% aller Schüler.

(5) Tab. 2.7.1 zeigt die Anteile (Prozentwerte) der theoretischen Normalpopulation von N = 100 Schülern mit Testwerten von X = 0 bis X = 10 und z-Werten von z = –2 bis z = +2, die zwischen aufeinanderfolgenden *Streuungs-* bzw. *Standardwertintervallen* liegen.

Tab. 2.7.1

Prozentwerte (f%) der Theoretischen Normalpopulation, die zwischen aufeinanderfolgenden Streuungsintervallen liegen

f%	2.5		13.5		34.0		34.0		13.5		2.5
X	0	1	2	3	4	5	6	7	8	9	10
z		– 2		– 1		0		+1		+2	

Man sieht aus Tab. 2.7.1, daß in dem Intervall zwischen –1z und +1z etwa 68% aller Schüler liegen. In den Grenzen zwischen –2z und +2z liegen 95% aller Schüler, und jenseits dieser Grenzen liegen je 2.5% Extremfälle von schwachen und guten Schülern.

(6) Die z-Werte für jede beliebige Meßwertreihe, die nach Formel 2.7.1 berechnet wurden, haben immer den gleichen Mittelwert und die gleiche Streuung. Der Mittelwert ist $\mu = 0$, und die Streuung ist $\sigma = 1$. Dies sind auch die *Parameter* der theoretischen *Standardnormalverteilung*. Wir kommen darauf in Kapitel 8 noch zurück.

2.8 Standardtestwerte

Aus Tab. 2.7.1 haben wir bereits ersehen, daß man Testwerte X, die auch *Rohwerte* genannt werden, in die sogenannten *Standard-Testwerte* z einer sog. *klein-z-Skala* umrechnen kann, indem man Formel 2.7.1 einsetzt. Im Beispiel des letzten Abschnitts entspricht der schwachen Performanz von X = 1 eine Standardleistung von z = (1 – 5)/2 = –2, wobei wir die Populationskennwerte M = 5 und s = 2 ebenfalls aus dem Beispiel übernommen haben.

Über Formel 2.7.1 lassen sich Testwerte aus verschiedenen Tests direkt vergleichen und als *Testprofil* darstellen. Dies ist in Abbildung 2.8.1 graphisch und für einen einzigen Schüler am Beispiel der drei Schulfächer Mathematik (M), Deutsch (D) und Sozialkunde (S) geschehen.

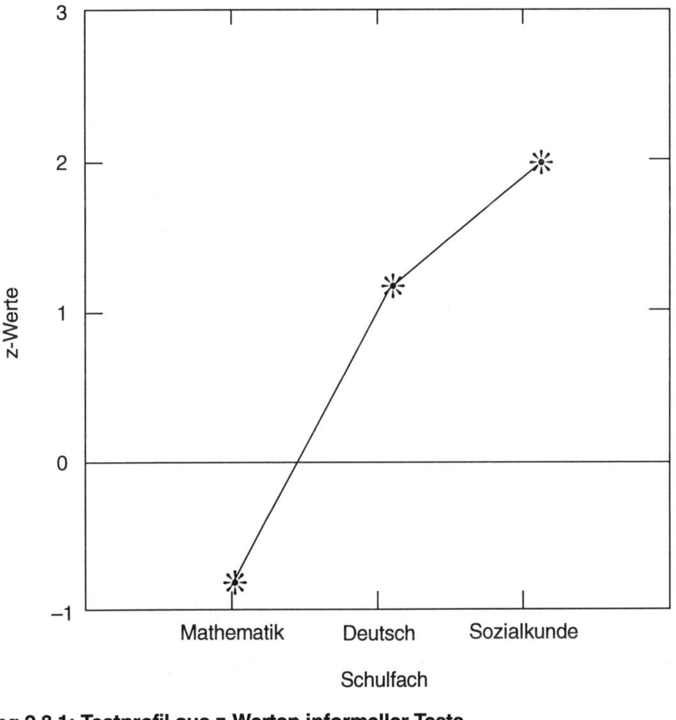

Abbildung 2.8.1: Testprofil aus z-Werten informeller Tests

Die zu Abbildung 2.8.1 gehörenden z-Werte sind numerisch in Tab. 2.8.1 wiedergegeben.

Tab. 2.8.1
z-Werte (z-Profil) eines Schülers in Mathematik (M), Deutsch (D) und Sozialkunde (S)

Fächer	M	D	S
z	– 0.8	+1.2	+2.0

Aus Abbildung 2.8.1 und Tab. 2.8.1 geht hervor, daß der Schüler in Mathematik um fast eine Standardabweichung unter dem Mittelwert z = 0 liegt. In Sozialkunde liegt er um genau zwei Standardabweichungen darüber.

Zur Bestimmung der z-Werte in Tab. 2.8.1 wurden die Mittelwerte M_M, M_D und M_S getrennt für die drei Tests in den drei Schulfächern berechnet. Dies geschah ebenso für die drei Standardabweichungen s_M, s_D und s_S. Dabei wurden jeweils die Testwerte X, Y und Z von N Schülern in den entsprechenden Tests verwendet.

Um Vorzeichen und Dezimalstellen zu vermeiden, werden aus den standardnormalverteilten z-Werten, die den Mittelwert 0 und die Streuung 1 aufweisen, oft die sogenannten *abgeleiteten Standardwerte* errechnet (vgl. Tafel V des Anhangs).

Diese sind in Tab. 2.8.2 im Vergleich mit den Werten anderer, in der *Testnormierung* benutzter Standardskalen dargestellt.

Tab. 2.8.2 Standardtestskalen im Vergleich zur Klein-z-Skala

Klein-z-Skala								
–2		–1		0		+1		+2
Stanine-Skala								
1	2	3	4	5	6	7	8	9
Groß-Z-Skala								
80	85	90	95	100	105	110	115	120
IQ-Skala								
70		85		100		115		130
Prozentrang-Skala								
2	7	16	31	50	69	84	93	98

In Tab. 2.8.2 ist unterhalb der z-Skala (genauer: Klein-z-Skala) zunächst die sog. *Stanine-Skala* (Guilford, 1954) aufgeführt. Sie ist eine Verdichtung unserer 11-Punkte-Skala normalverteilter Testwerte von X = 0 bis X = 10 in Tab. 2.1.1, in der die Werte 0 und 1 zu 1 und die Werte 9 und 10 zu 9 zusammengefaßt wurden. Die Stanine-Skala (als Standard 9-Punkte-Skala) wird in vielen gängigen Tests, z.B. dem Prüfsystem für Schul- und Bildungsberatung von Horn (1969) als Maßstab bei der Profildarstellung von Leistungen im sprachlichen Denken, im abstrakten Denken oder im räumlichen Vorstellen verwendet.

Die Stanine-Skala wird bevorzugt auch in informellen, vom Lehrer erstellten, also nicht standardisierten Tests benutzt, um Schulfächer vergleichend zu bewerten: Dazu erhalten die schwächsten 4% der Schüler in einem jeden Fach eine 1, die nächsten 7%

eine 2, die übernächsten 12% eine Stanine-3 bis zu den besten 4%, die eine Stanine-Note von 9 erhalten, wie dies aus Tab. 2.1.1 hervorgeht, wenn man die beiden Extremwerte der Centilskala, 0 und 1 sowie 9 und 10, mit je 3% + 1% = 4% miteinander verschmilzt.

In standardisierten Intelligenz- und Leistungstests wird meist die *Groß-Z-Skala* aus Tab. 2.8.2 benutzt, so z.B. im Intelligenz-Struktur-Test (I-S-T) von Amthauer (1973), wobei

$$Z = 100 + 10z$$

gesetzt worden ist. Der Mittelwert der Groß-Z-Werte ist 100, und die Streuung ist für alle zu vergleichenden Tests (wie den 9 Untertests des I-S-T) gleich 10. Die Groß-Z-Skala erstreckt sich für 96% der Schüler zwischen einem Minimum von 80 und einem Maximum von 120, wie ebenfalls aus Tab. 2.8.2 hervorgeht.

In jenen Tests, die den Anspruch erheben, das Gesamt der intellektuellen Leistungsfähigkeit, d.h. die Kapazität eines Schülers zu erfassen, wird die *psychometrische Intelligenzquotientenskala* (IQ-Skala) nach Terman (1916) benutzt. Diese entsteht durch die Lineartransformation

$$IQ = 100 + 15z.$$

Die Standardabweichung beträgt hier 15 (und nicht 10 wie bei Z), wobei der Wert 15 konventionell so festgelegt wurde, daß der psychometrische mit dem klassischen IQ (nach Stern 1911) bestmöglich übereinstimmt (vgl. hierzu Kap. 8.4).

2.9 Prozentränge als Normwerte

In der Fußzeile von Tab. 2.8.2 wurden sog. *Prozentränge* (auch Prozentrangwerte) als Normwerte angegeben. Empirisch erhält man den Prozentrang eines Schülers in einem Schulfach, indem man eine repräsentative Stichprobe von Schülern nach ihrer Leistung (z.B. im 100-m-Lauf) in eine *Rangordnung* von 1 bis 100 aufsteigend bringt, oder indem man sie ihrer Körperlänge nach antreten läßt. Der schwächste (kleinste) Schüler erhält dann den Prozentrang 1 und der beste (größte) den Prozentrang 100.

Einfach läßt sich ein Prozentrang als *empirischer Normwert* verstehen, wenn man 100 Schüler eines Jahrgangs auslost und sie 5 km laufen läßt. Wer als erster am Ziel ist, hat den PR = 100, der nächste den PR = 99 und der letzte den PR = 1. Diese Art der Normierung von Leistungen kann auch der Laie (Vater oder Mutter eines Schülers) ohne weiteres verstehen, denn es handelt sich um einen empirischen Normwert.

Als *theoretischer Normwert* ist ein Prozentrang (nach McCall, 1922) im Normalverteilungsmodell definiert als das *Flächenintegral* von minus-unendlich bis zu einem bestimmten z-Wert: Dieses Integral ist in Tab. 2.9.1 numerisch vertafelt.

Tab. 2.9.1
z-Werte und zugehörige Prozentränge PR in aszendierender Reihenfolge

z	PR
– 2.5	0.62
– 2.4	0.82
– 2.3	1.07
– 2.2	1.39
– 2.1	1.79
– 2.0	2.28
– 1.9	2.87
– 1.8	3.59
– 1.7	4.46
– 1.6	5.48
– 1.5	6.68
– 1.4	8.01
– 1.3	9.68
– 1.2	11.51
– 1.1	13.57
– 1.0	15.87
– 0.9	18.41
– 0.8	21.19
– 0.7	24.20
– 0.6	27.43
– 0.5	30.85
– 0.4	34.46
– 0.3	38.21
– 0.2	42.07
– 0.1	46.02
0.0	50.00
0.1	52.98
0.2	57.93
0.3	61.79
0.4	65.54
0.5	69.15
0.6	72.57
0.7	75.80
0.8	78.81
0.9	81.59
1.0	84.13
1.1	86.43
1.2	88.49
1.3	90.32
1.4	91.92
1.5	93.32
1.6	94.52
1.7	95.54
1.8	96.41
1.9	97.13
2.0	97.73
2.1	98.21
2.2	98.61
2.3	98.93
2.4	99.18
2.5	99.38

So lesen wir zu einem $z = -1$ einen PR = 15.87 = 16 (üblicherweise ganzzahlig gerundet) ab. Zu einem numerisch (fast) gleichen PR kommen wir, wenn wir in Abbildung 2.7.2 die ersten 3 Säulenflächen addieren, 1 + 3 + 7 = 11, und von der vierten Säule mit $z = -1$ als Abszissenwert die Hälfte, also 12/2 = 6 addieren. PR ergibt dann 11 + 6 = 17, was den genauen Wert von Tab. 2.9.1 ein wenig übersteigt.

In Tab. 2.9.1 sind z-Werte und *Prozentrangwerte* (PR) einander zugeordnet. Dabei beginnen die z-Werte bei –2.5 und schreiten in Intervallen von 0.1 bis zu $z = +2.5$ voran. Man sieht aus Tab. 2.9.1, daß die *PR-Werte* in der Mitte gestaucht und an den Enden gestreckt sind. Ein PR-Unterschied zwischen 90 und 95 bedeutet demnach, in z-Werten ausgedrückt, viel mehr als ein PR-Unterschied zwischen 50 und 55.

Es sollte festgehalten werden, daß die in Tab. 2.9.1 dargestellte Beziehung zwischen z und PR nur für die sogenannten *standardisierten* Tests gilt. Solche Tests wurden mit Hilfe großer, repräsentativer Stichproben, den sogenannten *Eichstichproben* normiert. Informelle oder »teacher-made« Tests basieren nur auf *Klassen-* oder bestenfalls auf *Kohortenpopulationen* (aufeinanderfolgende Klassen) und sind deshalb kaum je repräsentativ.

Für *informelle Tests* benutzt man nicht das Normalverteilungsmodell, sondern erstellt *empirische PR-Normen* für eine Stichprobe von N Schülern mit Hilfe der folgenden Formel:

$$PR = 100\,(R(X) - {}^{1}/_{2})/N\ [\%]. \qquad (2.9.1)$$

In Formel 2.9.1 ist R(X) der Rang des Testwerts X innerhalb der N Testwerte einer Schulklasse. Hat z.B. eine Schülerin mit X = 22 Testpunkten den Rang R(X = 22) = 15 unter N = 24 Schülern einer Schulklasse, dann beträgt ihr Prozentrang PR = 100 (15 – $^{1}/_{2}$)/24 = 60 oder 60%. Sie liegt damit etwas über dem Mittel von 50%. (Weiter unten in Tab. 2.9.2 wird erklärt, warum von R(X) der Wert $^{1}/_{2}$ abgezogen werden muß.)

Erzielen in einem informellen Test unter den N Schülern mehrere den gleichen Meßwert X, dann berechnet man die *empirischen Prozentränge für die gruppierten Testwerte* ohne Bezug auf die Normalverteilung nach dem Schema, das in Tab. 2.9.2 angewendet wurde. Es handelt sich dabei um eine Bindungsvariante von Formel 2.9.1.

$$PR = 100(F - f/2)/N\ [\%]. \qquad (2.9.2)$$

Tab. 2.9.2
Schema und Beispiel zur Errechnung von Prozenträngen aus gruppierten Testwerten X nach der Bindungsformel 2.9.2 für N = 20 Schüler

X	f	F	F – f/2 = F+	100(F+)/N = PR
9	1	1	0.5	2.5
10	2	3	2.0	10.0
11	4	7	5.0	25.0
12	7	14	11.5	57.5
13	3	17	15.5	77.5
14	1	18	17.5	87.5
15	2	N = 20	19.0	95.0

In Tab. 2.9.2 kann man sehen, daß f = 1 Schüler X = 9 Aufgaben (von maximal 16 Aufgaben) gelöst hat. f = 2 Schüler haben X = 10 Aufgaben gelöst usw. Die besten f = 2 Schüler haben X = 15 Aufgaben gelöst. In der Spalte F sind die f-Werte, beginnend mit dem f-Wert für den kleinsten X-Wert, kumuliert, d.h. fortlaufend aufaddiert. In Spalte F+ ist die Kumulation auf die *Intervallmitte* eines Testwerts X bezogen. Dabei wird unterstellt, daß z.B. von den f = 2 Schülern mit je einem Testwert X = 10 einer im Intervall zwischen 9.5 und 10 und der andere im Intervall zwischen 10 und 10.5 liegen würde, könnte man so genau messen. Die gleiche Argumentation liegt der Formel 2.9.1 für *nicht-gruppierte Meßwerte* zugrunde.

Jeder *intervallkorrigierte F+-Wert* wird nun in Spalte 5 mit dem Faktor 100/N, das ist in unserem Beispiel 100/20 = 5 multipliziert, um einem jeden der sechs Testrohwerte einen Prozentrang zuzuordnen. Wir sehen, daß dem Testwert X = 10 ein PR = 10.0 zugeordnet ist. Das besagt, daß jeder der beiden Schüler mit X = 10 ein schwacher Schüler ist, der nur 10% der Schüler seiner Klasse von N = 20 übertrifft. Beide werden aber von 90% der Schüler dieser Klasse übertroffen.

Da Prozentränge auch für Eltern und Kollegen leicht zu verstehen sind, werden sie in informellen, vom Lehrer konstruierten Schulleistungstests, am häufigsten zur Standardisierung benutzt. Es ist leicht zu begreifen, wenn der Klassenlehrer feststellt, daß ein Schüler in Deutsch einen Prozentrang von 70 hat, also von nur 30% seiner Klassenkameraden übertroffen wird, aber in Mathematik nur einen PR von 10 hat. Damit wird er in diesem Fach von 90% der Klasse übertroffen.

Mit der sogenannten *Prozentrangskalierung* von Test- und Meßwerten beschließen wir Kapitel zwei und wenden uns in Kapitel drei wiederum dem Klassenverband zu. Dabei ziehen wir allerdings nicht nur *eine* Stichprobe aus einer Population, sondern zwei Stichproben, z.B. Mädchen und Buben. Diese zwei Stichproben werden im Hinblick auf eine schulische Leistung verglichen, wie dies in der differentiellen Psychologie und der kompensatorischen Pädagogik geschieht.

3. Niveauvergleich von Schülergruppen

Unterteilt man eine Stichprobe von Schülern in Gruppen, z.B. nach Geschlecht, so kann man für jede der beiden Gruppen gesondert das durchschnittliche *Leistungsniveau* (level) in einem Test bestimmen. Die beiden Niveaus können dann z.B. mit M_1 und M_2 bezeichnet werden. Eindrucksmäßig wird man vermuten, die Niveaus sind unterschiedlich, wenn die beiden Mittelwerte relativ weit auseinander liegen. Man kann aber nicht sicher sein, daß selbst ein relativ großer *Niveauunterschied* nicht auch durch Zufall zustande gekommen ist.

Wir brauchen daher eine Prozedur, die uns darüber aufklärt, wie groß die Wahrscheinlichkeit (*Zufallswahrscheinlichkeit*) ist, daß es sich etwa doch um zufällige, man sagt »zufallsbedingte« Niveauunterschiede handelt. Ist die Zufallswahrscheinlichkeit P klein, z.B. kleiner als alpha = 0.05 oder 5%, dann sagen wir, der Unterschied ist *signifikant*. Das bedeutet, der Unterschied, den wir in der Stichprobe festgestellt haben, existiert mit 95%iger Sicherheit auch in den Populationen, denen diese beiden Gruppen angehören. Ist P größer als alpha, dann rechnen wir mit der Möglichkeit eines zufallsbedingten Unterschieds. Wir sagen, der Unterschied ist *nicht signifikant*. Die beiden Stichproben können auch derselben Population entstammen.

Um auf *statistische Signifikanz* eines Niveauunterschieds zwischen zwei *unabhängigen* Schülergruppen wie Mädchen und Buben zu prüfen (split level test), gehen wir von der sogenannten *Nullhypothese* aus. Diese besagt, daß die beiden Stichproben aus Populationen stammen, die keine Niveauunterschiede aufweisen. Unter der sogenannten *Alternativhypothese* erwarten wir dagegen, daß die beiden Populationen sich im Mittelwert unterscheiden, d.h., daß ein Mittelwert höher liegt als der andere.

Bezeichnet man die *Populationsmittelwerte* im Unterschied zu den Stichprobenmittelwerten mit μ_1 und μ_2, so lautet die Nullhypothese für die Population der beiden Schülergruppen

$$H_0: \mu_1 = \mu_2.$$

Die Alternative dazu, die Alternativhypothese, lautet

$$H_1: \mu_1 \neq \mu_2 .$$

Wie man prüft, ob die empirisch gemessenen Daten für H_0 oder für H_1 sprechen, wird nachfolgend behandelt. Wir werden den bekannten *Zwei-Stichproben-t-Test* (Student-Fisher-t-Test oder split-level-t-Test) behandeln und illustrieren.

Bevor wir dies tun, wollen wir jedoch zunächst noch plausibel machen, daß die in 2.5.1 angegebene Formel für die Streuung zu einer *erwartungstreuen Schätzung* führt. Dies tun wir im Vergleich zu einer Schätzung, in der im Nenner nicht (N – 1), sondern schlicht N steht.

3.1 *Erwartungstreue Schätzung der Populationsvarianz von Testwerten*

In der Literatur wurden zwei Schätzungen der Varianz diskutiert. Eine dieser Schätzungen teilt die Summe der Abweichungsquadrate durch (N – 1), wie wir es in den Formeln 2.5.1 und 2.5.2 getan haben. Der zweite teilt diese Summe durch N. Man kann nun mathematisch ableiten (siehe z.B. Ramm & Hoffman, 1976), daß die Varianz einer Population von Testwerten »im Schnitt« unterschätzt wird, wenn man sie aus der Stichprobe mit N im Nenner schätzt. Wir dagegen wollen wieder ein *Urnenexperiment* durchführen. Wir ziehen aus der Urne, die wir für Tab. 2.1.1 verwendet haben, drei Styropor-Kügelchen und lesen die Testwerte X darauf ab. Dies entspricht der Losauswahl von N = 3 Schülern aus einer Klassenpopulation von 25 Schülern. (Hier ist darauf zu achten, daß nach jeder Ziehung die Kugel wieder zurückgelegt wird und daß neu gemischt wird.)

Angenommen, das Los hat zu den N = 3 Testwerten X = (4 7 3) geführt. Der Stichprobenmittelwert dieser N = 3 Testwerte beträgt nach Formel 2.4.1 M = (4 + 7 + 3)/3 = 4.67 (gerundet), welcher Wert dem Populationsmittelwert von 5 in Tab. 2.1.1 recht nahe kommt, was aber hier nicht zur Debatte steht. Zur Debatte steht hingegen die *Populationsvarianz* der Styroporkugeln in Tab. 2.1.1, von der wir wissen, daß sie bei einer Standardabweichung von 2 gleich 4 ist. Die Populationsvarianz der Styroporkugeln aus Tab. 2.1.1 schätzen wir nun nach Formel 2.5.1. Dazu berechnen wir zu X = (4 7 3) die Abweichungswerte $x_1 = 4 - 4.67 = -0.67$, $x_2 = 7 - 4.67 = +2.33$ und $x_3 = 3 - 4.67 = -1.67$ oder kürzer: x = (–0.67 +2.33 –1.67). Die Quadrate der Abweichungswerte betragen demnach $x^2 = (0.45\ \ 5.43\ \ 2.79)$. Setzen wir diese Quadrate in Formel 2.5.1 ein, so resultiert die gesuchte Schätzung der Populationsvarianz der Styroporkugeln zu $s^2 = (0.45 + 5.43 + 2.79)/(3-1) = 4.335$. Diese Schätzung kommt der aus Tab. 2.1.1 bekannten Populationsvarianz von 4 sehr nahe. Man sagt auch, Formel 2.5.1 mit N – 1 im Nenner der Stichprobe von N Testwerten sei die *geschätzte Populationsvarianz*, gegenüber der *beobachteten Populationsvarianz* mit N im Nenner.

Nicht erwartungstreu (verzerrt, biased) geschätzt hätten wir die Populationsvarianz der Styroporkugeln aus der Stichprobe X = (4 7 3), wenn wir deren Abweichungsquadratsumme durch N (statt durch N–1) geteilt hätten (wie dies in Einführungstexten oft zu Unrecht geschieht). In diesem Fall hätte sich $s_b^2 = (0.45 + 5.43 + 2.79)/3 = 2.89$ als verzerrte (biased) Varianzschätzung ergeben; sie ist wesentlich kleiner als die bekannte Populationsvarianz der Styroporkugeln aus Tab. 2.1.1 mit 4 aus einer Standardabweichung von 2. Wir haben mit N im Nenner von Formel 2.5.1 also die Populationsvarianz der Kugeln zu niedrig (2.89 gegen 4) geschätzt. Offenbar müssen wir also gemäß 2.5.1 durch N–1 und nicht durch N teilen, wenn eine Verzerrung in Richtung auf zu niedrige Schätzwerte unterbleiben soll, d. h. wenn erwartungstreu geschätzt werden soll.

Der Grund für die Verwendung von N–1 (statt N) im Nenner von Formel 2.5.1 zur erwartungstreuen *Schätzung der Populationsvarianz* aus einer Stichprobe von N Testwerten ist der folgende: Liegt der Mittelwert einer Reihe von N Testwerten fest (und dies ist der Fall, d.h. wenn man aus ihnen nach 2.5.1 die Populationsvarianz schätzt), so können die N Testwerte nicht mehr komplett frei variieren. Hat man z.B. in unserem Urnenexperiment mit N = 3 Testwerten zuerst $X_1 = 3$ und sodann $X_2 = 6$ ausgelost, dann hat man bei der Wahl von X_3 keine andere Möglichkeit, als ihn auf $X_3 = 6$ festzulegen, wenn bekannt ist, daß der Mittelwert der N = 3 Testwerte M = 5 beträgt. Denn nur bei M = (3 + 6 + 6)/3 = 5 mit der Wahl von $X_3 = 6$ ergibt sich eben dieser Mittelwert von 5.

Allgemein läßt sich daher feststellen, daß bei der Schätzung der Varianz einer Population von Testwerten aus einer Zufallsstichprobe von N Testwerten nur N–1 Testwerte frei gewählt werden dürfen; der letzte der N Testwerte ist mit der Festlegung des Mittelwertes der N Testwerte ebenfalls festgelegt. Die Anzahl der frei wählbaren Testwerte aus einer Stichprobe von N Testwerten wird Anzahl der *Freiheitsgrade* dieser Stichprobe genannt. Im obigen Fall mit N = 3 Testwerten X = (3 6 6) haben wir N–1 = 3–1 = 2 Freiheitsgrade. Hiermit ist eine Frage beantwortet, die von Anfängern immer wieder gestellt wird: Warum wird bei der Varianzschätzung nach 2.5.1 durch N–1 geteilt, während bei der Mittelwertschätzung nach 2.4.1 nur durch N geteilt wird! Die Antwort lautet: Der Populationsmittelwert wird durch die Zahl N der Testwerte, die Populationsvarianz aber durch die Zahl der Freiheitsgrade N–1 aus einer Stichprobe von N Testwerten erwartungstreu geschätzt.

Im folgenden werden wir nur noch die Varianzschätzung mit (N – 1) im Nenner verwenden. Es ist unser Ziel, Schätzungen möglichst ohne Verzerrungen vorzunehmen. Dies ist auch im nächsten Kapitel der Fall, in dem wir die Populationsvarianz aus zwei voneinander unabhängigen Schülerstichproben schätzen.

3.2 Varianzschätzung aus zwei Schülergruppen

Hat man eine Stichprobe von N_1 Buben und eine Stichprobe von N_2 Mädchen auf verbale Fähigkeiten hin untersucht, so gewinnt man für die beiden Schülergruppen Schätzungen der Mittelwerte M_1 und M_2 und erwartungstreue Schätzungen der Varianzen S_1^2 und S_2^2. Trifft die Nullhypothese zu, man sagt »unter H_0«, dann stammen die Mädchen und Buben aus zwei Populationen mit gleichen Mittelwerten und gleichen Varianzen. Es stellt sich somit die Frage, wie man Mittelwert und Varianz der gemeinsamen Population am besten schätzt.

Es ist offenbar, daß bei *gleichen Stichprobenumfängen*, d.h. $N_1 = N_2$ mit $N_1 + N_2 = N$, Mittelwert und Varianz der Population am besten dadurch geschätzt werden, daß man die Kennwerte Mittelwert und Varianz der beiden Stichproben mittelt. Im allgemeineren Fall handelt es sich jedoch um *ungleiche* Stichprobenumfänge, d.h. $N_1 \neq N_2$ mit $N_1 + N_2 = N$. In diesem Fall muß man die Schätzungen aus der größeren Stichprobe stärker gewichten als die aus der kleineren. Zur Schätzung des beiden Stichproben gemeinsamen *Populationsmittelwertes* wird die folgende Formel angewendet.

$$\overline{M} = (N_1 M_1 + N_2 M_2)/(N_1 + N_2). \qquad (3.2.1)$$

Diese Schätzung des Populationsmittelwertes interessiert, wie wir später noch sehen werden, nicht so häufig wie die Schätzung der den beiden Stichproben gemeinsamen *Populationsvarianz* $\overline{S}^2$. Die Schätzformel dafür ist

$$\overline{S}^2 = ((N_1 - 1)S_1^2 + (N_2 - 1)S_2^2)/(N_1 + N_2 - 2). \qquad (3.2.2)$$

Im Nenner von 3.2.2 findet man den Ausdruck $(N_1 - 1) + (N_2 - 1) = N_1 + N_2 - 2$, der die zwei Freiheitsgrade berücksichtigt, die man in die Schätzung der Varianzen S_1^2 und S_2^2 aus den Testwerten der beiden Stichproben investiert hat. Wir werden 3.2.2 später benötigen und darauf zurückkommen.

Um zu veranschaulichen, wie man die Varianz einer Population aus zwei daraus gezogenen Stichproben empirisch schätzt, führen wir wieder ein Urnenexperiment durch.

Wir ziehen aus der Normalurne von Tab. 2.1.1 eine Stichprobe von $N_1 = 3$ Buben mit den Testwerten $X_1 = \{3, 6, 9\}$. Diese Werte ergeben den Stichprobenmittelwert $M_1 = 6$. Die Varianz schätzen wir aus diesen Werten (mit den Abweichungswerten –3, 0, 3) zu $S_1^2 = (9 + 0 + 9)/(3 - 1) = 9$. Danach ziehen wir eine Stichprobe von $N_2 = 4$ Mädchen und erhalten die Testwerte $X_2 = \{3, 5, 5, 7\}$. Diese Werte ergeben ein Mittel von $M_2 = 5$. Die Varianzschätzung aufgrund dieser Werte ergibt $S_2^2 = (4 + 0 + 0 + 4)/(4 - 1) = 2.67$. Diese Schätzung ist numerisch deutlich kleiner ausgefallen als die für die Buben mit $S_1^2 = 9$.

Findet man Unterschiede in der Varianzschätzung in dieser Größenordnung, so können die beiden Stichproben dennoch durchaus derselben Population entstammen. Die Unterschiede können demnach zufälliger Natur sein. Die beiden Varianzschätzungen können daher beide erwartungstreu sein. Wie schätzt man nun die Varianz der Population aus diesen beiden Schätzungen?

Setzt man die beiden Varianzschätzungen von $S_1^2 = 9$ und $S_2^2 = 2.67$ in Formel 3.2.2 ein, so erhält man für den Zähler $2(9) + 3(2.67) = 26.01$. Für den Nenner erhält man $3 + 4 - 2 = 5$. Damit ergibt sich für die aus den Testwerten der zwei Stichproben von Buben und Mädchen *geschätzte Populationsvarianz* $\overline{S}^2 = 26.01/5 = 5.20$. Diese Schätzung ist vergleichsweise nahe an der Populationsvarianz von $\sigma^2 = 4$ aus Tab. 2.1.1, obwohl beide Einzelschätzungen weit davon abwichen.

Ehe wir nun die geschätzte Populationsvarianz zur Untersuchung von Niveauunterschieden in den Testwerten von Buben und Mädchen verwenden, beurteilen wir einen beobachteten Niveauunterschied mit Hilfe eines Simulationsexperiments.

3.3 Niveauunterschiede im Simulationsexperiment

Eine Lehrerin fragt sich, ob Mädchen im räumlichen Denken schlechter sind als Buben. Da sie in Statistik ausgebildet ist, beschließt sie, etwa vorhandene *Niveauunterschiede* statistisch zu untersuchen. Zunächst lost sie aus ihrer Klasse je zwei Schüler und zwei Schülerinnen aus und gibt ihnen einen Test für mechanisch-technisches Verständnis (MTVT; Lienert, 1958). Die Buben erhalten Testwerte von $X_1 = \{5, 9\}$. Das Gruppenmittel ist $M_1 = 7$. Die Mädchen lösen $X_2 = \{3, 5\}$ Aufgaben und haben damit ein Mittel von $M_2 = 4$. Die Testwerte sind in beiden Gruppen Normwerte der Centilverteilung aus Tab. 2.1.1.

Der Niveauunterschied $D = M_1 - M_2 = 7 - 4 = 3$ ist numerisch beträchtlich. Er weist darauf hin, daß die vor der Datenerhebung formulierte Alternativhypothese $\mu_1 > \mu_2$ (einseitig) zutreffen könnte. Die Nullhypothese lautet bei dieser einseitigen Fragestellung, daß entweder $\mu_1 = \mu_2$ oder $\mu_1 < \mu_2$, oder, kurz, $\mu_1 \leq \mu_2$. Bei einseitiger Fragestellung fallen alle gegen die Alternativhypothese gerichteten Ergebnisse, auch wenn sie noch so ausgeprägt sein sollten, unter die Nullhypothese. Sollten z.B. die Buben um fünf Punkte schlechter als die Mädchen sein (anstelle von drei Punkten besser), so würde dieses Ergebnis nicht zu interpretieren sein, da es unter die Nullhypothese fällt. Es ist damit riskant, eine einseitige Alternativhypothese zu formulieren, wenn man über die Richtung des zu erwartenden Unterschiedes keine sicheren Vorinformationen besitzt. Auf keinen Fall ist es statistisch zulässig, zweiseitig zu testen, nachdem man eine einseitige Alternativhypothese formuliert hat.

Um die Alternativhypothese H_1 gegen die Nullhypothese H_0 zu beurteilen, unternimmt die Lehrerin das folgende *Simulationsexperiment*: Sie entnimmt der Centilpopulation in Tab. 2.1.1 je zwei Urnenwerte. Zunächst geschieht das für die Mädchen und dann, nachdem die Kugeln wieder zurückgelegt worden sind, für die Buben. Dieser Vorgang wird insgesamt 25mal von der Lehrerin durchgeführt oder je einmal von 25 Teilnehmern eines Grundkurses für erziehungswissenschaftliche Statistik.

Mit diesem *Simulationsexperiment* wollte die Lehrerin in Erfahrung bringen, wie oft ein Niveauunterschied von $D \geq +3$ Punkten zugunsten der Buben durch Zufall zustande kommt. Tab. 3.3.1 faßt das Ergebnis des Simulationsexperiments zusammen.

Zur Kontrolle der *Zufallsauslosung* von je zwei Buben und zwei Mädchen errechnen wir den Durchschnitt der Mittelwerte für beide Gruppen. Wir erhalten $M_1 = 5.06$ und $M_2 = 5.02$ für die Werte in Tab. 3.3.1. Diese Werte stimmen recht genau mit dem Populationsmittel von $\mu = 5$ in Tab. 2.1.1 überein. Die durchschnittlichen Differenzen sind ebenfalls $M_d = 0.0$. Dieser Wert entspricht exakt der Erwartung unter der Nullhypothese, nach der sich die Differenzen der M_1 und der M_2 symmetrisch um 0 verteilen.

Tab. 3.3.1
Ergebnisse eines Simulationsexperiments zur empirischen Signifikanzprüfung einer Differenz von D = 3 Testwerten

25 Buben		M_1	25 Mädchen		M_2	$D = M_1 - M_2$
6	4	5.0	6	7	6.5	– 1.5
2	8	5.0	5	2	3.5	1.5
5	9	7.0	6	4	5.0	2.0
5	1	3.0	5	5	5.0	– 2.0
8	3	5.5	3	8	5.5	0.0
4	7	5.5	5	6	5.5	0.0
6	4	5.0	2	6	4.0	1.0
8	5	6.5	6	4	5.0	1.5
1	6	3.5	7	7	7.0	– 3.5
7	4	5.5	5	10	7.5	– 2.0
5	4	4.5	4	4	4.0	0.5
4	3	3.5	3	6	4.5	– 1.0
6	5	5.5	8	6	7.0	– 1.5
2	6	4.0	3	5	4.0	0.0
5	3	4.0	5	3	4.0	0.0
7	5	6.0	8	5	6.5	– 0.5
3	7	5.0	4	2	3.0	2.0
6	2	4.0	7	4	5.5	– 1.5
1	6	3.5	4	5	4.5	– 1.0
5	6	5.5	3	7	5.0	0.5
6	7	6.5	5	3	4.0	2.5
6	6	6.0	6	3	4.5	1.5
4	4	4.0	6	5	5.5	– 1.5
7	6	6.5	4	2	3.0	3.5
4	6	5.0	7	4	5.5	– 0.5
		5.06			5.02	0.0

Im ersten Zahlenbeispiel haben wir ein D = +3 zugunsten der Buben erhalten, und wir fragen, wie eingangs besprochen, wie viele D-Werte in Tab. 3.3.1 diesen beobachteten

Wert erreichen oder übersteigen, wenn die Nullhypothese gilt. Eine Betrachtung von Tab. 3.3.1 zeigt, daß sich unter den 25 D-Werten kein D-Wert findet, der unseren Beispielwert von +3 erreicht. Zudem gibt es nur einen einzigen D-Wert, der ihn übersteigt (D = +3.5).

Die *empirische Wahrscheinlichkeit*, daß unser D > +3 unter Geltung von H_0 durch Zufall zustande gekommen ist, beträgt demnach

$$P = a/n, \tag{3.3.1}$$

wobei a die Zahl der n = N = 25 ausgelosten D-Werte bezeichnet, die den beobachteten D-Wert erreichen oder übersteigen; n ist die Anzahl der Stichprobenentnahmen. In unserem Beispiel beträgt diese Wahrscheinlichkeit P = 1/25 = 0.04, da nur ein D-Wert (nämlich D = 3.5) unseren beobachteten Wert von D = +3 (der nicht zum Urnenexperiment gehört) erreicht oder überschreitet (Formel 3.3.1 mit a = 1).

Offenbar ist der Wert von P = 0.04 kleiner als die üblicherweise noch zugelassene *Irrtumswahrscheinlichkeit* von alpha = 0.05. Wir haben daher guten Grund, die Nullhypothese zu verwerfen; wir können schließen, daß die Annahme der Lehrerin, nach der Buben im räumlichen Denken besser sind als Mädchen, durchaus Unterstützung findet. Es sollte allerdings angefügt werden, daß dieser Schluß nur für die Schulklasse gilt, die zu untersuchen war. Wir hatten diese Klasse als endlich große Population von Schülern aufgefaßt. Wendet man den t-Test an (siehe Kapitel 3.4 und 3.5), so sind weitergehende Generalisierungen möglich.

3.4 Ein empirisch-simulatorischer t-Test auf Niveauunterschiede

Im letzten Kapitel hatten wir für die zwei Buben einen Testmittelwert von 7 und für die zwei Mädchen einen Testmittelwert von 4 erhalten. In diesem Kapitel stellen wir die Frage, ob man diesen Unterschied von D = +3 nicht auch in Einheiten der Standardabweichungen der D-Werte aus Tab. 3.3.1 ausdrücken kann. Denn ein Mittelwertunterschied D von 3 Punkten bedeutet viel, wenn die simulierten (also zufallsbedingten) D-Werte wenig streuen, und wenig, wenn sie stark streuen. Wir möchten diesen Unterschied also als z-Wert ausdrücken, d.h. in Einheiten z der Streuung.

Um diesen Ansatz der *Unterschiedsbeurteilung* zu realisieren, benötigen wir eine Schätzung der Varianz der Differenzen s_d^2 zwischen den Mittelwerten. Die Differenzen, die wir aus Tab. 3.3.1 übernehmen, und deren Quadrate sind in Tab. 3.4.1 aufgeführt.

Tab. 3.4.1 kann entnommen werden, daß die Varianz der Differenzen, die sogenannte *Fehlervarianz der Mittelwertsdifferenz*, den Wert $s_d^2 = 2.77$ annimmt. Die zugehörige Streuung, der sogenannte *Standardfehler*, ist $s_d = 1.66$. Dies ist ein Streuungsmaß für die Niveauunterschiede zwischen je zwei Buben und zwei Mädchen.

Im folgenden überprüfen wir nun, ob der Unterschied zwischen 7 und 4, den wir in den ersten beiden Paaren gefunden hatten, statistisch signifikant ist. Dazu transformieren wir die Differenz in einen standardnormalverteilten *z-Wert*. Wir verwenden dafür die folgende Formel 3.4.1 als *Zweigruppen-z-Test*.

$$z = (M_1 - M_2)/s_d. \tag{3.4.1}$$

Tab. 3.4.1
Zahlenbeispiel zur Schätzung der Fehlervarianz s_d^2 der Mittelwertsdifferenz aus Tab. 3.3.1

Zeile	D = d	d^2
1	− 1.5	2.25
2	1.5	2.25
3	2.0	4.00
4	− 2.0	4.00
5	0.0	0.00
6	0.0	0.00
7	1.0	1.00
8	1.5	2.25
9	− 3.5	12.25
10	− 2.0	4.00
11	0.5	0.25
12	− 1.0	1.00
13	− 1.5	2.25
14	0.0	0.00
15	0.0	0.00
16	− 0.5	0.25
17	2.0	4.00
18	− 1.5	2.25
19	− 1.0	1.00
20	0.5	0.25
21	2.5	6.25
22	1.5	2.25
23	− 1.5	2.25
24	3.5	12.25
n = 25	− 0.5	0.25
Summen	0.0	66.50
s_d^2 = (Sum d^2)/(n−1) = 66.50/24 = 2.77		

Wenn wir unsere empirischen Testwerte $M_1 = 7$ und $M_2 = 4$ in diese Formel einsetzen, ergibt sich $z = (7 - 4)/1.66 = 1.81$. Nach unserer z-Tabelle im Anhang (Tafel I Zeile: 1,80, Spalte: 01) ist diesem z-Wert eine Überschreitungswahrscheinlichkeit von $P = 0.035$ zugeordnet. Um *statistische Signifikanz* auf dem 5%-Niveau zu gewährleisten, muß die *einseitige Schranke* von $z(0.05) = 1.65$ überschritten werden. Dies ist mit dem empirischen Wert von $z = 1.81$ geschehen.

Dieser Befund läßt sich wie folgt interpretieren. Legt man die hier gefundenen Mittelwerte und Streuungen der Leistungen der Buben und Mädchen im mechanisch-technischen Denken (MTVT) zugrunde und vergleicht dann – wie in Abschnitt 3.3 – zwei Buben mit $M_1 = 7$ und zwei Mädchen mit $M_2 = 4$, dann sind die Buben statistisch signifikant besser als die Mädchen. Mit anderen Worten, die vorliegende Meßwertdifferenz ist statistisch signifikant, wenn die *Populationsparameter* (5 als Mittelwert und 2 als Standardabweichungen) *bekannt* sind, wie dies für die Population in Tabelle 2.1.1 mit $\mu = 5$ und $\sigma = 2$ der Fall ist.

3.5 Der Zweigruppen-t-Test

In den vorangegangenen Abschnitten haben wir angenommen, daß die Population, aus der zwei Stichproben, z.B. Buben und Mädchen, entnommen wurden, *bekannt* ist. Als Beispiel verwendeten wir die Population in Tab. 2.1.1. Im allgemeinen ist diese Population aber *unbekannt*, wenn es darum geht, zwei Gruppen hinsichtlich ihres Leistungsniveaus in einem Schulleistungstest zu vergleichen. Dies gilt insbesondere für informelle, vom Lehrer konstruierte Tests, deren Aufgaben das Lehrziel so weit wie möglich abdecken.

In diesem Fall kann die Fehlervarianz s_d^2 der Differenz zwischen den Mittelwerten von Buben und Mädchen *nicht* so wie in Tab. 3.4.1 geschätzt werden. Man muß sie daher aus den zwei verfügbaren Stichproben so genau wie möglich schätzen und statt des Zweigruppen-z-Tests aus 3.4.1 einen *Zweigruppen-t-Test* durchführen. Zu diesem Zweck greifen wir auf Abschnitt 3.2 zurück und berechnen zunächst die Varianz der einen Gruppe als Schätzung der Populationsvarianz dieser ersten Gruppe nach

$$S_1^2 = (\text{Summe aller } x_1^2)/(N_1 - 1), \qquad (3.5.1)$$

wobei die x Abweichungswerte bezeichnen. Analog schätzen wir die Populationsvarianz der zweiten Gruppe nach

$$S_2^2 = (\text{Summe aller } x_2^2)/(N_2 - 1). \qquad (3.5.2)$$

Zur Illustration verwenden wir wieder unsere zwei Stichproben von Jungen und Mädchen. Für die Buben haben wir die Meßwerte $X_1 = \{5, 9\}$ oder $x_1 = (-2, +2)$, und für die Mädchen haben wir $X_2 = \{3, 5\}$ oder $x_2 = (-1, +1)$. Die für die Jungen geschätzte Varianz ist nach 3.5.1 $S_1^2 = (4 + 4)/ (2 - 1) = 8$. Für die Mädchen erhalten wir, entsprechend, $S_2^2 = (1 + 1)/(2 - 1) = 2$. Offenbar sind diese beiden Schätzwerte deutlich unterschiedlich voneinander.

Die Varianz der unter der Nullhypothese angenommenen Population aller Kinder, d.h. Buben und Mädchen zusammen, schätzen wir nach 3.2.2 und erhalten

$$S^2 = ((2 - 1) \cdot 8 + (2 - 1) \cdot 2)/(2 + 2 - 2) = 5.00.$$

Aus dieser Schätzung der Populationsvarianz der Testwerte X schätzen wir die *Varianz der Mittelwertsunterschiede*, d.h. die *Fehlervarianz*, nach der Formel

$$s_D^2 = S^2 (N_1 + N_2)/(N_1 N_2). \qquad (3.5.3)$$

Mit Hilfe des *Standardfehlers der Mittelwertsdifferenzen*, s_D, d.h. der Quadratwurzel aus der Fehlervarianz, berechnen wir die Prüfgröße des wohl bekanntesten Tests der Statistik, des *Zweistichproben-t-Tests* nach »Student« (1908):

$$t = D/s_D \text{ mit } df = N_1 + N_2 - 2, \qquad (3.5.4)$$

wobei $D = M_1 - M_2$ und df eine Abkürzung für *Freiheitsgrade* (degrees of freedom) sind. Die mit einem berechneten t-Wert verbundene Überschreitungswahrscheinlichkeit

P (einseitig gegen die Alternative $\mu_1 > \mu_2$) lesen wir in Tafel II des Anhangs ab. Wie in der Formel 3.5.4 bereits angegeben wurde, haben wir $N_1 + N_2 - 2$ Freiheitsgrade.

Die in Tafel II aufgeführte Prüfgröße t ist bei *großen* Stichprobenumfängen mit N_1 und N_2 über 30 praktisch normalverteilt. Die Prüfgröße t nähert sich z also approximativ an, und man kann daher bei df > 60 statt des t-Tests den z-Test (3.4.1) mit $s_d = s_D$ durchführen. Bei *kleineren* Stichproben ist die t-Verteilung jedoch »schlanker« und nach ihren beidseitigen Ästen weiter auslaufend (hyperexzessiv) als die Normalverteilung, die in Abbildung 2.7.1 dargestellt ist.

Für unseren Niveauunterschied von D = +3 ergibt sich nach 3.5.4 ein $t = +3/s_D$. Die Größe s_D^2 ist nach 3.5.3 mit $S^2 = 5$ und $N_1 = 2$ und $N_2 = 2$ wie folgt zu berechnen: $s_D^2 = 5((2 + 2)/(2 \cdot 2)) = 5$. Die Quadratwurzel aus diesem Wert ist $s_D = 2.236$. Nach 3.5.4 erhalten wir damit t = 3/2.236 = 1.342. Dieser t-Wert übersteigt die einseitige 5%-Schranke von t(0.05) = 2.92 bei df = 2 *nicht*. Wir können aus diesem Befund nicht schließen, daß Buben im räumlichen Denken signifikant besser sind als Mädchen.

Wie man sieht, hat der t-Test die Aussagen nicht bestätigt, die wir aufgrund des Simulationsexperiments getroffen hatten. Dies liegt daran, daß die Schätzung von $s_d^2 = s_D^2 = 2.65$ in Tab. 3.4.1 viel kleiner ausgefallen ist als s_D^2 = 5 nach Formel 3.5.3. Dieser Effekt braucht nicht zu verwundern, denn die Aussage auf der Basis des Simulationsexperiments erfolgte unter der Annahme, daß die Populationsparameter der Testwerte bekannt sind. Tatsächlich wird jedoch im t-Test von dieser unrealistischen und kaum zu überprüfenden Annahme abgesehen. Deshalb entscheidet der t-Test im Vergleich zum z-Test nach 3.4.1 *prokonservativ*, und umgekehrt fällt die Entscheidung nach dem z-Test *antikonservativ* aus.

Zur routinemäßigen Durchführung eines Zweigruppen-t-Tests bedient man sich des *Rechenschemas* von Tab. 3.5.1 mit $N_1 = 7$ Buben und $N_2 = 6$ Mädchen, die die Testwerte X_1 und X_2 im MTVT erzielt haben.

Tab. 3.5.1
Schema und Beispiel zur Durchführung des Zweigruppen-t-Tests mit 7 Buben und 6 Mädchen bei ungruppierten Testwerten

X_1	X_2	X_1^2	X_2^2
3	0	9	0
5	2	25	4
6	5	36	25
6	5	36	25
6	6	36	36
7	7	49	49
9		81	
Summen			
42	25	272	139

Man setzt nun die Spaltensummen aus Tab. 3.5.1 mit Sum X = SX und Sum X^2 = SX^2 in die Formel 3.5.5 ein

$$t = \frac{SX_1/N_1 - SX_2/N_2}{\sqrt{\dfrac{SX_1^2 - (SX_1)^2/N_1 + SX_2^2 - (SX_2)^2/N_2}{N_1N_2(N_1 + N_2 - 2)/(N_1 + N_2)}}} \qquad (3.5.5)$$

und beurteilt t nach $N_1 + N_2 - 2$ Freiheitsgraden. Mit $N_1 = 7$ und $N_2 = 6$ ergibt dies den gesuchten t-Wert

$$t = \frac{42/7 - 25/6}{\sqrt{\dfrac{272 - 42^2/7 + 139 - 25^2/6}{7 \cdot 6(7+6-2)/(7+6)}}} = 1.48.$$

Dieser t-Wert ist nicht signifikant, da er die in Tafel II verzeichnete einseitige 5%-Schranke von 1.80 für 7 + 6 – 2 = 11 Freiheitsgrade nicht überschreitet. Wir werden denselben t-Wert aus Tab. 3.5.2 gewinnen, in der die N = 7 + 6 = 13 Testwerte nicht als singuläre (wie in Tab. 3.5.1), sondern als gruppierte Testwerte aufgelistet worden sind.

Um einen Zweigruppen-t-Test mit *gruppierten Testwerten* routinemäßig durchzuführen, geht man von einem Schema nach Art von Tab. 3.5.2 aus. Dort finden sich $N_1 = 7$ Testwerte X_1 = {3, 5, 6, 6, 6, 7, 9} von Buben und $N_2 = 6$ Testwerte X_2 = {0, 2, 5, 5, 6, 7} von Mädchen als gruppierte Meßwerte X in den Spalten f_1 und f_2. Weiter finden sich deren Summen SX und deren Quadratsummen SX^2 in den folgenden je zwei Spalten.

Wir setzen die Werte aus Tab. 3.5.2 in Formel 3.5.5 ein und erhalten den gesuchten t-Wert:

$$t = \frac{42/7 - 25/6}{\sqrt{\dfrac{272 - 42^2/7 + 139 - 25^2/6}{7 \cdot 6(7+6-2)/(7+6)}}} = 1.48.$$

Tab. 3.5.2
Schema und Beispiel zur Durchführung des Zweigruppen-t-Tests bei gruppierten Testwerten

X	f_1	f_2	f_1X	f_2X	f_1X^2	f_2X^2
0	0	1	0	0	0	0
1	0	0	0	0	0	0
2	0	1	0	2	0	4
3	1	0	3	0	9	0
4	0	0	0	0	0	0
5	1	2	5	10	25	50
6	3	1	18	6	108	36
7	1	1	7	7	49	49
8	0	0	0	0	0	0
9	1	0	9	0	81	0
Summen						
	7	6	42	25	272	139

Dieser Wert ist bei einseitigem Testen (Buben sind besser als Mädchen) nicht signifikant, da er die für $N_1 + N_2 - 2 = 7 + 6 - 2 = 11$ Freiheitsgrade geltende 5%-Schranke von 1.80 (Tafel II) nicht übersteigt.

3.6 *Der einseitige und der zweiseitige t-Test*

Im letzten Kapitel haben wir eine *einseitige Alternativhypothese* formuliert. Einseitige Hypothesen erwarten, daß Differenzen in eine bestimmte Richtung gehen. In unserem Beispiel wurde angenommen, daß Buben im räumlichen Denken besser sind als Mädchen: $\mu_1 > \mu_2$. Diese einseitige Hypothese muß durch vorherige Ergebnisse oder theoretische Annahmen begründet werden. Die *Nullhypothese* lautet in diesem Fall $\mu_1 \leq \mu_2$. Sie bezieht damit die Möglichkeit mit ein, daß Buben schlechter sind als Mädchen.

Ohne solche Vorkenntnisse hätten wir der Nullhypothese eine sogenannte *zweiseitige Alternativhypothese* entgegenstellen müssen. Zweiseitige Hypothesen erwarten, daß Differenzen auftreten, die Richtung der Differenzen wird jedoch nicht spezifiziert. Wir haben demnach: $\mu_1 \neq \mu_2$. Diese Ungleichung ist bestätigt, wenn eine der Alternativen zur Nullhypothese, $\mu_1 > \mu_2$ oder $\mu_1 < \mu_2$, eintritt.

Ein t-Test, der eine zweiseitige Alternativhypothese testet, kann als *simultaner*, d.h. gleichzeitig durchgeführter Test gegen jede der beiden Alternativen aufgefaßt werden. Ein Beispiel für eine solche Alternative ist: Buben und Mädchen unterscheiden sich in ihren Leistungen in sprachlichen Tests. Man testet hierbei einerseits gegen die erste, und andererseits gegen die zweite Alternative. Wenn man zweimal ein und dieselben Testwerte miteinander vergleicht, muß man nach dem sogenannten *Bonferroni-Prinzip* (vgl. Miller, 1981, S. 8) den P-Wert, den man für einen einseitigen t-Test gewonnen hat, verdoppeln.

Tafel II enthält die *Signifikanzschranken* für alpha = 0.05 (dies entspricht einer 5%igen Fehlerschranke) getrennt für den *ein- und den zweiseitigen t-Test*, jeweils für N + N – 2 Freiheitsgrade, wobei N_1 und N_2 die beiden Stichprobenumfänge (in unserem Beispiel von Jungen und Mädchen) bezeichnen.

Wird die Gruppierung einer Gesamtstichprobe (Schulklasse) nicht durch Zweiteilung nach einem sogenannten *Schichtungsmerkmal* (wie dem Geschlecht der Schüler), sondern durch ein sogenanntes *Behandlungsmerkmal* (wie zwei Lehrmethoden oder zwei Lernhilfen) vorgenommen, so ist das Behandlungsmerkmal (Methode A und B) den N Schülern nach Los zuzuordnen. Dieser Vorgang heißt *Randomisierung*. Er garantiert die Aussagekraft, auch *Konklusivität* genannt, von Zweigruppen-t-Tests. Als *schwache Randomisierung* bezeichnet man eine Ordnung der Gesamtstichprobe von N Schülern, bei der nach Durchnumerierung die geradzahligen Schüler mit Methode A, die ungeradzahligen mit Methode B behandelt (unterrichtet) werden. Unter *Schichtungsrandomisierung* versteht man den Vorgang, bei dem Jungen und Mädchen einer Klasse gesondert durchnumeriert und schwach randomisiert werden. Die Schichtung garantiert, daß in beiden Behandlungsgruppen (Unterrichtsmethoden) je etwa gleich viel Jungen und Mädchen vertreten sind.

3.7 Der Eingruppen-t-Test

Statt zwei *unabhängige*, man sagt auch *unverbundene Gruppen* von Schülern im Hinblick auf ihr Leistungsniveau mit 3.5.4 zu vergleichen, kann man auch *eine einzige Gruppe* von N Schülern zweimal testen. Dies macht man z.B. um zu sehen, ob die Leistungen im zweiten Test wegen des Übungstransfers besser sind als im ersten, d.h., ob die Schüler aus dem ersten Test »etwas gelernt« haben. Man erhält dadurch zwar auch zwei Datensätze; diese stammen jedoch nicht von zwei unabhängigen Schülerstichproben, sondern von je zwei Messungen der Performanz der Schüler einer einzigen Stichprobe.

Werden diese Daten mit dem t-Test untersucht, spricht man von einem *Eingruppen-Test*, oder einem t-Test mit *abhängigen (verbundenen) Gruppen*. Im vorliegenden Beispiel ist die Abhängigkeit durch die Identität der zweimal getesteten Schüler bedingt. Die zwei Meßwerte je eines Schülers werden *paarige Meßwerte* genannt. Andere Beispiele für abhängige Meßwerte sind die Meßwerte von Zwillingen oder von Ehepaaren.

Während es beim Zweigruppen-t-Test um Niveau*unterschiede* geht, zielt der Eingruppen-t-Test, im vorliegenden Beispiel der wiederholten Messungen, auf Niveau*verschiebungen* von einer ersten zu einer zweiten Messung ab. Diesen Fall illustriert Tab. 3.8.1 anhand einer Gruppe von N = 10 Schülern, die denselben Test im Abstand von einem Monat zweimal abgelegt haben. Unter der Nullhypothese wird angenommen, daß keine *Niveauverschiebung* durch Lernen eintritt. Die einseitige Alternativhypothese postuliert in der Regel eine Niveauverschiebung in Richtung auf höhere Meßwerte.

Der Eingruppen-t-Test geht von den *Zuwachswerten* (Inkrementen) $D = Y - X$ aus, wobei X die Leistung bei der ersten Testvorgabe und Y die Leistung bei der zweiten Testvorgabe bezeichnet. Die Testhypothesen beziehen sich ebenfalls auf die Zuwachswerte D und lauten

H_0: Delta ≤ 0. Die Zuwachsraten sind 0 oder kleiner als 0
H_1: Delta > 0. Die Zuwachsraten sind größer als 0,

wobei Delta den Zuwachs in der Population bezeichnet, aus der die Stichprobe der N Schüler nach Zufall (Los) gezogen wurde.

3.8 Der Lernfortschritts-t-Test

Wie schon in Kapitel 3.7 implizit angenommen wurde, spielt die Frage des *Lernfortschritts* bei der Beurteilung von schulischen Leistungen eine wichtige Rolle. Sie gilt als Paradigma der Informationszuwächse, das durch *kriteriumsorientierte Tests* (Klauer, 1987) realisiert wird. So betrachtet man zu Beginn eines Schuljahres die Vorkenntnisse in einem Schulfach und testet am Ende des Schuljahres den Zuwachs an Information, der durch Lernfortschritt erzielt wurde.

Für das folgende Beispiel sind in Tabelle 3.8.1 *Ausgangswerte* (X) und *Endwerte* (Y) in solch einem Schulleistungstest wiedergegeben. Zudem findet man in der Tabelle als Zuwachswerte die Differenzen $D = Y - X$ für die N = 10 Schüler, die als Zufallsstichprobe einer Klassenpopulation von 30 Schülern ausgelost worden waren.

Tab. 3.8.1
Meßwertdifferenzen D für N = 10 Schüler, die einen Test im Abstand von einem Monat zweimal (X, Y) abgelegt haben

X_i	Y_i	D_i	d_i	d_i^2
5	6	1	0	0
7	7	0	– 1	1
3	5	2	1	1
4	4	0	– 1	1
2	6	4	3	9
7	8	1	0	0
5	5	0	– 1	1
8	7	– 1	– 2	4
5	6	1	0	0
4	6	2	1	1
		$M_D = +1$	0	$d_i^2 = 18$

Wir sehen aus Tab. 3.8.1, daß die Mehrzahl der Schüler einen positiven Lernzuwachs D erfährt. Nur ein Schüler fällt in seiner Leistung ab. Der *durchschnittliche Zuwachs* beträgt $M_D = +1$. Er wird berechnet nach

$$M_D = (\text{Summe aller Differenzen } D_i)/N, \quad (3.8.1)$$

wobei die Zahl der Schüler N = 10 ist.

Die Schätzung der *Varianz der Zuwachswerte* D in der Population ist, analog zu 3.1.1,

$$s_D^2 = (\text{Summe aller } d_i^2)/(N - 1), \quad (3.8.2)$$

wobei $d_i = (D_i - M_D)$ als Abweichung eines individuellen Zuwachsswerts vom durchschnittlichen Zuwachswert definiert ist. In unserem Beispiel ist $M_D = +1$, so daß wir $d_i = (D_i - 1)$ erhalten, und zwar für alle N = 10 Schüler in Tab. 3.8.1.

Nach der Varianzschätzung der Zuwachswerte können wir die Schätzung der *Varianz der Zuwachsmittelwerte* $s^2\,(M_D)$ vornehmen:

$$s^2\,(M_d) = s_D^2/N. \quad (3.8.3)$$

Im folgenden untersuchen wir, ob der von uns in Tab. 3.8.1 beobachtete *Zuwachsmittelwert* von $M_D = +1$ oberhalb des mittleren Zuwachses liegt, der unter der Nullhypothese zu erwarten war. Die Nullhypothese postuliert, daß kein oder ein negativer Zuwachs erfolgt. Zur Überprüfung verwenden wir den *t-Test für Lernfortschritte*

$$t = M_D/s(M_D). \quad (3.8.4)$$

In Tab. II im Anhang kann der kritische t-Wert für die N – 1 Freiheitsgrade unseres Problems abgelesen werden. Ist der für die vorliegenden Daten errechnete t-Wert größer als die in der Tafel für alpha = 0.05 und df = N – 1 abgelesene Schranke, so können wir schließen, daß der Lernfortschritt größer als Null ist. Nachdem wir einen positiven Lernfortschritt erwarten, verwenden wir gemäß 3.7 den *einseitigen* Test. Sollte, wider Erwarten, in einer Untersuchung der als positiv erwartete Lernfortschritt negativ sein, so gilt die Nullhypothese. Es ist nicht zulässig, im nachhinein (post hoc) zweiseitig zu testen, wenn man im vorhinein einseitig gefragt hat.

Für das in Tabelle 3.8.1 gegebene Datenbeispiel ist $M_D = +1$. Zudem errechnen wir $s_D^2 = 18/(10 - 1) = 2$ nach 3.8.2. Daraus ergeben sich $s^2(M_D) = 2/10 = 0.2$ und $s_D = 0.447$. Damit resultiert nach 3.8.4 ein $t = +1/0.447 = 2.236$. Dieser Wert wird mit dem für alpha = 0.05 und df = 10 – 1 geltenden *Schranken-Wert* von t = 1.83 (einseitige Fragestellung; siehe Tafel II) verglichen. Nachdem der empirische t-Wert größer ist, können wir die Nullhypothese zurückweisen. Wir schließen daher, daß im Sinne der Alternativhypothese im Durchschnitt ein Lernfortschritt erzielt worden ist. Mit anderen Worten, unsere Stichprobe stammt aus einer Population, in der der Lernfortschritt größer als Null ist.

Ein Datenbeispiel für die routinemäßige Durchführung dieses t-Tests mit Meßwertdifferenzen ist in Tabelle 3.8.2 gegeben.

Tab. 3.8.2
Schema und Beispiel zur Durchführung des t-Tests für Meßwertdifferenzen aus Tab. 3.8.1

X_i	Y_i	D_i	D_i^2
5	6	1	1
7	7	0	0
3	5	2	4
4	4	0	0
2	6	4	16
7	8	1	1
5	5	0	0
8	7	– 1	1
2	3	1	1
4	6	2	4
Summen			
N =	10	+ 10	28

Die Summe der Differenzen SD und deren Quadratsumme SD^2 aus Tab. 3.8.2 setzt man in die folgende Formel ein.

$$t = \frac{(SD)/N}{\sqrt{\dfrac{SD^2 - (SD)^2/N}{N(N-1)}}} \tag{3.8.5}$$

Man erhält

$$t = \frac{+10/10}{\sqrt{\dfrac{28 - 10^2/10}{10(10-1)}}} = +2.237.$$

Dieser Wert ist identisch mit jenem t-Wert, der aufgrund der Auswertung von Tab. 3.8.1 gewonnen wurde. Er übersteigt die bei einseitiger Alternative gebotene 5% Schranke von 1.83 für 10 – 1 = 9 Freiheitsgrade (Tafel II). Der Lernfortschritt ist damit signifikant.

Oft ist der Lehrer nicht am Fortschritt interessiert, der mit einer Lehrmethode erzielt werden kann, sondern am Vergleich von zwei Lehrmethoden. Anstatt dazu eine einzige Gruppe von Schülern je zweimal zu testen, um Lernfortschritte zu beurteilen, werden zwei Gruppen von Schülern einander so zugeordnet, daß *Paare von Schülern* gleicher schulischer Leistungskompetenz, sogenannte *Paßpaare* (matched pairs), entstehen. Es ist darauf zu achten, daß die beiden Gruppen die gleiche, geradzahlige Anzahl von Schülern enthalten. Die Zuordnung der in ihrer Leistung vergleichbaren Paarlinge zu den beiden Gruppen erfolgt nach Los. Man unterrichtet dann die eine Gruppe mit Lehrmethode 1 und die andere mit Lehrmethode 2 (z.B. ganzheitlich gegen analytisch). Im Anschluß betrachtet man die Differenz der Testwerte X_i und Y_i des Schülerpaares i. Die Differenzen $D_i = Y_i - X_i$ lassen sich dann genau so auswerten wie die Zuwachswerte in diesem Abschnitt. Man spricht bei dieser Anwendung des Eingruppen-t-Tests von einem *Parallelgruppen-t-Test* (matched pairs t test).

Läßt man die Paarungsinformation außer acht, so können *Parallelgruppen* von Schülern auch mit dem Zweigruppen-t-Test verglichen werden. In der Regel ist die Zweigruppen-Auswertung aber weniger effizient als die Eingruppen-Auswertung, in der die Paarungsinformation genutzt wird.

3.9 Simulation der t-Verteilung

Der Eingruppen-t-Test mit Paaren von Schülern liefert einen guten Ausgangspunkt zum Erlangen des Verständnisses dafür, wie die in Tafel II des Anhangs tabellierte t-Verteilung zustande gekommen ist. Zur Demonstration greifen wir auf Tab. 2.1.1 zurück, die die normale Centilverteilung enthält. In dieser Tabelle ersetzen wir die Testwerte X = {0, 1, 2, 3, 4, 5, 6, 7, 8, 9, 10} durch ihre Abweichungswerte d = {–5, –4, –3, –2, –1, 0, +1, +2, +3, +4, +5}, indem wir die 100 Styroporkügelchen neu beschriften.

Im folgenden wollen wir nun die t-Verteilung mit df = 1 durch ein *Urnenexperiment* simulieren. Analog zu Tab. 3.1.1 betrachten wir eine Stichprobe von nur N = 2 Schülern, die – mit Zurücklegen – 25mal aus einer Klassenpopulation nach Los gezogen werden. Für jedes gezogene Paar von Schülern (zwei Urnenkugeln) berechnen wir deren *Durchschnitt*

$$M_d = (d_1 + d_2)/2 \qquad (3.9.1)$$

und deren *Standardabweichung* s_d als Schätzung der Standardabweichung in der Schülerpopulation. Dazu verwenden wir die bekannte Formel

$$s_d^2 = (\text{Summe aller } d^2)/(N - 1),$$

die sich für diesen Fall zu

$$s_d^2 = (d_1^2 + d_2^2)/(2 - 1) = d_1^2 + d_2^2 \qquad (3.9.2)$$

vereinfachen läßt.

Für das erste gezogene Paar d = {+2, +5} ergeben sich nach 3.9.1 $M_d = (2 + 5)/2 = 3.5$ und nach 3.9.2 $s_d^2 = 2^2 + 5^2 = 29$ oder $s_d = 5.39$ (vgl. Tab. 3.9.1). Im Anschluß berechnen wir für jedes der 25 Schülerpaare den Testwert t nach

$$t = M_d/(s_d/N). \qquad (3.9.3)$$

Für unser Beispielpaar erhalten wir t = 3.5/(5.39/2) = 1.30 mit N – 1 = 2 – 1 = 1 Freiheitsgrad. Insgesamt erhalten wir 25 solcher t-Werte, die in Abbildung 3.9.1 als Säulendiagramm, meist *Histogramm* genannt, abgetragen sind.

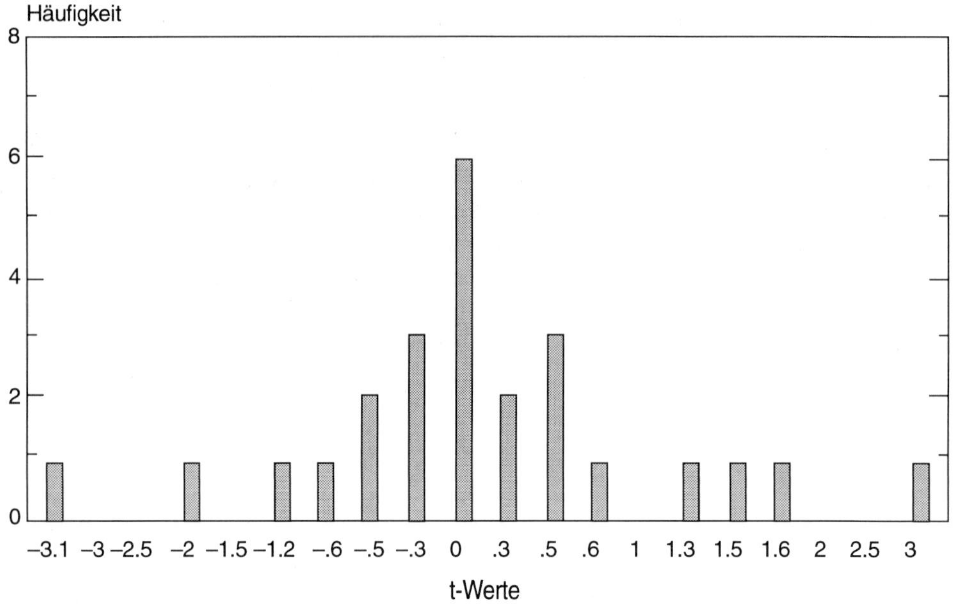

Abbildung 3.9.1: 25 t-Werte eines Simulationsexperiments für 1 Freiheitsgrad

Abbildung 3.9.1 zeigt, daß die *simulierte t-Verteilung* für einen Freiheitsgrad eine andere Form als die Normalverteilung in Abbildung 2.7.1 hat. Sie ist in der Mitte höher und läuft nach ihren Ästen hin weiter aus als die Normalverteilung. Extreme Werte in der t-Verteilung sind daher eher mit der Nullhypothese fehlender Differenzen vereinbar als gleich extreme z-Werte der Normalverteilung.

In unserem Beispieldatensatz kann man mittels des Simulationsexperiments auch *empirisch testen.* Ein M_d = +3.5 (wie oben) mit einem t = +1.30 hat eine Zufalls- oder Überschreitungswahrscheinlichkeit nach Formel 3.3.1 von P = 4/25 = 0.16, da nur a = 4 t-Werte in Abbildung 3.9.1 einen Wert von 1.30 oder einen höheren Wert annehmen. Dieser P-Wert stimmt mit dem für t = +1.30 bei df = 1 in Tafel II abgelesenen P > 0.25 in dem Sinne überein, daß beide Werte nicht zur Ablehnung der Nullhypothese führen. Der Unterschied ist damit zu erklären, daß in der Tafel die theoretische t-Verteilung wiedergegeben ist, hier dagegen die Ergebnisse eines Simulationsexperiments mit vergleichsweise wenigen Durchgängen (vgl. Kapitel 3.4).

Erstellt man Abbildung 3.9.1 dagegen nicht nur aus 25, sondern z.B. aus 1000 Urnenerhebungen, dann ist der *empirische* t-Test mit dem *theoretischen* nahezu identisch. Mit wachsendem Erhebungsumfang geht die simulatorisch gewonnene t-Verteilung in die theoretisch herzuleitende t-Verteilung mit 1 Freiheitsgrad über.

Vergrößert man die Stichprobe von N = 2 Schülern, die je zweimal getestet wurden, auf N = 4 und eventuell auf N = 8, dann geht die t-Verteilung in Abb. 3.9.1 allmählich in eine Normalverteilung über. Die Äste werden kürzer und der Gipfel wird flacher. Das Verhältnis von (N – 1):N nähert sich zunehmend dem Quotienten von 1. Bei N = 2 Schülern betrug es, und dies ist der extremste Fall, nur 1:2.

3.10 Der Mediantest als Alternative zum t-Test für Niveauunterschiede

In den vorangegangenen Kapiteln haben wir den t-Test für zwei unabhängige Stichproben, z.B. Buben und Mädchen, und den t-Test für zwei abhängige Meßwertreihen, z.B. Vor- und Nachtest, eingeführt. Diese Tests sind nicht unter allen Bedingungen optimal. Vielmehr unterliegt ihre Anwendung gewissen Einschränkungen.

Eine der wichtigsten Einschränkungen für den Zweigruppen-t-Test ist, daß die beiden Stichproben gleiche Varianzen haben müssen: *Varianzhomogenität.* Diese Forderung ist in den Leistungswerten (x) von Tab. 3.10.1 offenbar nicht erfüllt. (Eine der Voraussetzungen des t-Tests für abhängige Stichproben wird in Kapitel 3.11 behandelt).

Tab. 3.10.1
Meßwertverteilung in zwei empirischen Stichproben mit unterschiedlicher Varianz

8 Buben				x	xxxxxx	x	
10 Mädchen	x	x	x	x	x		
			xx	xx			x
				Md			

In Tab. 3.10.1 haben die acht Buben ein höheres Leistungsniveau. Zugleich haben sie eine kleinere Leistungsstreuung. Die zehn Mädchen haben ein niedrigeres Niveau, aber eine größere Streuung. Dies ersieht man u.a. daraus, daß sowohl die maximale als auch die niedrigste Performanz nur von Mädchen gezeigt werden.

In Tab. 3.10.1 wurde ein Vertikalstrich dort eingefügt, wo die Gesamtgruppe in die zwei Untergruppen der über- und unterdurchschnittlich viel leistenden Schüler zerfällt *(Median dichotomie).* Dieser Punkt wird *Gesamtmedian* (Md) genannt (vgl. Kap. 8.10). Zwischen Buben und Mädchen wird dabei nicht unterschieden. (Der *Gruppenmedian* würde die Buben und Mädchen separat in über- und unterdurchschnittliche Leistungsgruppen aufteilen.)

Zählt man nun, wie viele Buben über und unter dem Gesamtmedian liegen, und wie viele Mädchen über und unter dem Median liegen, so erhält man die in Tab. 3.10.2 wiedergegebene *Vierfeldertafel.*

Tab. 3.10.2
Lage der Leistungswerte in Tab. 3.10.1 relativ zu ihrem gemeinsamen Median

	unter dem Median	über dem Median	
Buben	a = 1	b = 7	A = 8
Mädchen	c = 8	d = 2	B = 10
	C = 9	D = 9	N = 18

Auch Tab. 3.10.2 kann zum Testen von etwa vorhandenen Leistungsunterschieden verwendet werden. Man verwendet dazu den sogenannten *Mediantest* (vgl. Bortz, et al., 1990, Kapitel 6). Für diesen *Vierfelder*-z-Test errechnet man die in Kapitel 4 zu besprechende Größe z nach der folgenden Formel (Pearson-Formel):

$$z = (ad - bc)/\sqrt{(ABCD/N)}, \tag{3.10.1}$$

wobei die Bedeutungen von a, b, c und d sowie A, B, C und D Tab. 3.10.2 entnommen werden können. Die Anwendung auf unser Zahlenbeispiel in Tab. 3.10.2 ergibt ein $z = (1 \cdot 2 - 7 \cdot 8)/\sqrt{(8 \cdot 10 \cdot 9 \cdot 9/18)} = -2.85$. Zu diesem z-Wert gehört ein P-Wert von 0.022 (nach Tafel I, Zeile: 2.80, Spalte: 0.5). Dieser P-Wert ist kleiner als unser *alpha-Risiko* von 0.05. Damit ist die Nullhypothese, nach der zwischen Buben und Mädchen kein Unterschied im Leistungsniveau vorliegt, statistisch nicht haltbar. In Kapitel 4 werden wir diesen Test noch genauer besprechen.

Lassen sich die Daten nicht am Gesamtmedian in zwei *gleich* große Gruppen zerlegen, so dichotomiert man, d.h. man zieht die Trennlinie so nahe wie möglich am Median (*Paramediandichotomie*). Man versucht damit zu erreichen, daß C und D in Tab. 3.10.2 sich so wenig wie möglich unterscheiden. Ist eines der Felder unbesetzt, so addiert man 0.5 zu jedem Feld, bevor man in Formel 3.10.1 einsetzt (Plackett, 1964).

Sind die 2 unabhängigen Gruppen von Testwerten (Buben gegen Mädchen) varianzhomogen, aber nicht normal, sondern z.B. rechtsgipfelig verteilt, dann benutzt man als Alternative zum t-Test den U-Test (vgl. Bortz et al. 1990, Kap. 6.1.1). Der U-Test ist wirksamer als der Mediantest, denn er wandelt die Testwerte aus Tab. 3.10.1 in Rangwerte um, statt sie schlicht nach dem Median zu dichotomieren.

3.11 Der Vorzeichentest als Alternative zum t-Test für Niveauänderungen

Der t-Test für Lernfortschritte oder – allgemeiner – für *Niveauänderungen* setzt voraus, daß die Zuwachswerte D *normal* oder zumindest *symmetrisch* verteilt sind. Dies steht für die N = 10 Zuwachswerte d in Tab. 3.11.1 sehr in Frage.

Tab. 3.11.1
Beispiel einer asymmetrischen Verteilung von Zuwachswerten d

– 3	– 1	0	+ 1	+ 2	+ 2	+ 4	+ 5	+ 7	+ 19

Die Zuwachswerte in Tab. 3.11.1 sind *linksgipfelig* verteilt. Sie haben einen positiven *Rechtsausreißer* dadurch, daß einer der N = 10 Schüler einen besonders hohen positiven Zuwachs von d = +19 erzielt hat.

Im folgenden bezeichnen wir die Zahl der *positiven* Zuwachswerte mit f und die Zahl der *negativen* Zuwachswerte mit g. Der Test, den man alternativ zum t-Test für Niveauänderungen einsetzen kann, wenn die oben genannte Symmetriebedingung verletzt ist, ist der *Vorzeichentest*. Er ist in der folgenden Formel wiederum als z-Test gegeben:

$$z = (f - g)/\sqrt{(f + g)}. \tag{3.11.1}$$

In Formel 3.11.1 werden *Nullzuwachswerte*, das sind Meßwertpaare, die keinen Zuwachs von der ersten zur zweiten Messung oder keinen Unterschied zwischen den beiden Paarlingen anzeigen, nicht in die Berechnung einbezogen. Für unser Beispiel ergeben sich die folgenden Werte: $f = 8$, $g = 2$ und $z = (8 - 2)/\sqrt{(8 + 2)} = 1.90$. Zu diesem z-Wert gehört ein P-Wert von 0.0287 (nach Tafel I, Zeile: 1.90, Spalte: 00). Dieser P-Wert ist kleiner als unser alpha-Risiko von 0.05. Wir können daher schließen, daß in der Population ein Leistungszuwachs für die N = 10 Schüler, die vom Los ausgewählt worden waren, vorliegt.

Beide Tests, der in Kapitel 3.10 besprochene Mediantest für Niveauunterschiede und der hier besprochene Vorzeichentest für Niveauänderungen, gehören der Gruppe der *verteilungsfreien Tests* (Bortz et al., 1990) an. Diese sind auch dann gültig, wenn die oben genannten verteilungsbezogenen Voraussetzungen für die jeweiligen t-Tests nicht erfüllt sind. Sind diese Voraussetzungen aber erfüllt, dann sind Median- und Vorzeichentest weniger wirksam als die korrespondierenden t-Tests.

Ein verteilungsfreier Test für Niveauänderungen, der wirksamer ist als der Vorzeichentest, ist der *Vorzeichenrangtest* (vgl. Bortz et al. 1990, Kap. 6.2.1). Im Unterschied zum Vorzeichentest setzt er allerdings voraus, daß die Zuwachswerte d in der Population symmetrisch (statt asymmetrisch wie in Tab. 3.11.1) verteilt sind. Auch dieser Test – meist Wilcoxon-Test genannt – beruht auf einer Rangumwandlung der Zuwachswerte statt auf einer bloßen Dichotomie nach ihrem Vorzeichen, wie der Vorzeichentest.

3.12 Mehrgruppen-t-Tests

Sind nicht nur – wie in 3.5 – 2 Gruppen von Schülern bzgl. einer Testleistung X via t-Test miteinander zu vergleichen, sondern k Gruppen, so benutzt man die sog. *Varianzanalyse*, um festzustellen, ob Mittelwertsunterschiede zwischen den k Gruppen existieren (H_1) oder nicht (H_0). Alternativ zur Varianzanalyse kann man aber auch je 2 der k Gruppen mittels sog. *Mehrgruppen-t-Tests* miteinander vergleichen; man spricht von multiplen oder von simultanen t-Tests.

Um Mehrgruppen-t-Tests durchzuführen, benötigt man eine möglichst gute (erwartungstreue) Schätzung der Varianz S^2 jener Population von Schülern, aus der die k Gruppen als Stichproben entnommen worden sind. Es gilt

$$S^2 = (\text{Summe aller } x_i^2)/(N-k) \text{ mit } i = 1 \text{ bis } k, \qquad (3.12.1)$$

wobei $x_i = X_i - M_i$ die Abweichungswerte innerhalb der k Gruppen bezeichnen, die jeweils N_i (oder N_j) Schüler enthalten.

Man vergleicht die Gruppen i und j unter den k Gruppen mittels eines *Zweigruppen-t-Tests* nach der Formel

$$t = (M_i - M_j)/\sqrt{S^2/(N_i + N_j)} \text{ mit } N_i + N_j - 2 \text{ Fgn} \qquad (3.12.2)$$

In 3.12.2 sind M_i und M_j die Mittelwerte und N_i und N_j die Umfänge der 2 Gruppen. Dazu ein Beispiel:

Eine Klasse mit N = 23 Schülern wird nach Los in k = 4 Gruppen zu $N_i \geq 5$ Schülern unterteilt. Die Schüler erhalten eine Klassenarbeit mit m = 20 *Dreisatzaufgaben*, aber mit gruppenweise unterschiedlichen Instruktionen in schriftlicher Form

Gruppe 1: Arbeiten Sie nach persönlichem Tempo!
Gruppe 2: Arbeiten Sie so genau wie möglich!
Gruppe 3: Arbeiten Sie so rasch wie möglich!
Gruppe 4: Arbeiten Sie so genau und so rasch wie möglich!

Die Zahl X der gelösten Aufgaben für die N_i Schüler der 4 Gruppen ist in Tab. 3.12.1 aufgelistet:

Tab. 3.12.1

Gruppen	1	2	3	4
	17	18	11	11
	15	15	15	20
	19	14	16	18
	17	11	13	17
	12	17	10	19
	16		19	17
M_i	16	15	14	17

Die Abweichungswerte x = X–M der 4 Gruppen sind in Tab. 3.12.2 samt ihren Quadraten x^2 verzeichnet.

Tab. 3.12.2

Gr. 1		Gr. 2		Gr. 3		Gr. 4	
x	x^2	x	x^2	x	x^2	x	x^2
1	1	3	9	– 3	9	– 6	36
– 1	1	0	0	1	1	3	9
3	9	– 1	1	2	4	1	1
1	1	– 4	16	– 1	1	0	0
– 4	16	2	4	– 4	16	2	4
0	0			5	25	0	0
0	28	0	30	0	56	0	50
$S^2 = (28 + 30 + 56 + 50) / (23 - 4) = 8.6316$							

Vergleichen wir Gruppe 1 mit Gruppe 2 mit $N_1 = 6$ und $N_2 = 5$ mit dem Zweigruppen-t-Test nach Formel 3.12.1, so ergibt sich für $M_1 = 16$ und $M_2 = 15$ aus Tab. 3.12.1 und $S^2 = 8.6316$ aus Tab. 3.12.2

2 gegen 1: $t = (15–16)/\sqrt{8.6316/(5+6)} = –1.13$ für $5 + 6 – 2 = 9$ Fg.

Die Genauigkeitsinstruktion der Gruppe 2 unterscheidet nicht signifikant von persönlichen Tempo der Gruppe 1, da die 5%-Schranke von 2.26 aus Tafel II dem Betrage nach nicht erreicht wird.

3 gegen 1: $t = (14–16)/\sqrt{8.6316/(6+6)} = –2.36$ für $6 + 6 – 2 = 10$ Fg.

Die Schnelligkeitsinstruktion unterscheidet vom persönlichen Tempo, da die 5%-Schranke von 2.23 in Tafel II dem Betrage nach überschritten wird. Offenbar senkt die Forderung nach Schnelligkeit die Testleistung von $M_1 = 16$ auf $M_3 = 14$.

Vergleicht man die 4 Gruppen paarweise, so resultieren 4(4–1)/2 = 6 Mehrgruppen t-Tests. Für R = 6 simultane t-Tests gilt ein nach Bonferroni (vgl. Miller, 1981, S. 8) *adjustiertes alpha-Risiko* von alpha-Stern

$$a^* = alpha/R \qquad (3.12.3)$$

Mit alpha = 0.05 beträgt a* = 0.05/6, das etwa gleich a* = 0.01 ist (was $\alpha = 1\%$ entspricht). Die 1%-Schranke für t ist bei 9 Fgn = 3.25 und bei 10 Fgn = 3.17, wie man aus Tab. II des Anhangs abliest.

Diese Bonferroni-Schranken – sie sind bei Gottlieb et al. (1984) in extenso vertafelt – werden nur von den Mehrgruppen-t-Tests der Gruppe 4 (»genau« und »rasch«) gegen die Gruppen 2 (»genau«) und 3 (»rasch«) überschritten. Nach Tab. 3.12.1 ist also die Instruktion 4 leistungswirksamer als jede der beiden Instruktionen 2 und 3.

Wären die Testwerte X in Tab. 3.12.1 *nicht* normalverteilt – was man am besten aus den Abweichungswerten $x_i = X_i – M_i$ ablesen kann –, dann ersetzt man die multiplen t-Tests durch *multiple Mediantests* in gleicher Art, wie man einen Zweigruppen-t-Test nach 3.5 durch einen Zweigruppen-Mediantest nach 3.10 ersetzt. Will man k Gruppen mit nicht normalverteilten Testwerten global statt paarweise miteinander vergleichen, dann ersetzt man die verteilungsgebundene (parametrische) Varianzanalyse durch einen verteilungsfreien (nicht-parametrischen) Mehrstichproben-Mediantest (vgl. Bortz et al. 1990, S. 221).

Hätten wir in Tab. 3.12.1 Mädchen und Buben je gesondert nach Genauigkeit oder Schnelligkeit instruiert, so wären 2 × 2 Gruppen (MG MS BG BS) entstanden. Solch ein Versuchsplan kann nur unzureichend mittels Mehrgruppen-t-Tests ausgewertet werden; vielmehr bedarf es hierzu einer *zweifaktoriellen Varianzanalyse*, wie sie allgemein bei Bortz (1987) und speziell für die erziehungswissenschaftliche Forschung bei Klauer (1972) nachzulesen ist. Hier spielt die *Interaktion* zwischen Geschlecht und Instruktion eine Rolle etwa in der Frage, ob Mädchen eher auf Schnelligkeit, Buben eher auf Genauigkeitsinstruktion positiv respondieren. Die verteilungsfreie Beurteilung solcher Interaktionen in 2 × 2 Mehrstichproben ist bei Kubinger (1986) diskutiert und durch Brunner und Neumann (1984) legitimiert.

4. Messung durch Zählung

All jene Merkmale, die nominal skaliert sind, wie das Geschlecht oder die Konfessionszugehörigkeit von Schülern, können nur gezählt und nicht im engeren Sinne gemessen werden: Hier ist die Zählung als Meßoperation definiert. Im einfachsten Fall, d.h. bei zwei Merkmalsausprägungen (Geschlecht), haben wir zwei Zählwerte, z.B. die Zahl der Jungen und Mädchen in einer Klasse. Bei mehr als zwei Ausprägungen (Konfessionen) haben wir entsprechend mehr als zwei *Zählwerte*. Diese werden auch als *Häufigkeiten* oder *Frequenzen* bezeichnet.

Kennt man nur den *Ist-Zustand* für Frequenzen von Nominalklassen, kann man diesen nur zur Kenntnis nehmen und gegebenenfalls interpretieren, z.B. den Befund, daß mehr Mädchen als Buben eine Schulklasse »bevölkern«. Hat man aber eine Hypothese über einen *Sollzustand* für die k Frequenzen eines nominal skalierten Merkmals, wie Anteil der k Konfessionen in der Gesamtpopulation (aus dem statistischen Jahrbuch), dann kann man auch testen, ob die beobachteten Frequenzen f in den k Merkmalsklassen (Kategorien) mit den *erwarteten Frequenzen* e übereinstimmen. Man kann also testen, ob die *beobachteten Frequenzen* f von den erwarteten Frequenzen e stärker abweichen, als durch Zufall zu erklären ist. Dieses Vorgehen entspricht dem Eingruppen-t-Test aus Kap. 3.7.

Hat man zwei unabhängige Gruppen, z.B. Mädchen und Buben, die nach ihren Konfessionen unterteilt werden, dann kann man nach der Logik des Zweigruppen-t-Tests beurteilen, ob die k Konfessionen bei beiden Geschlechtern anteilsmäßig gleich oder, wie man sagt, *homogen* verteilt sind (Nullhypothese) oder nicht (Alternativhypothese).

Wir werden nachfolgend einen Test kennenlernen, der auf *Häufigkeitsabweichungen* und *Häufigkeitsunterschiede* anspricht, und der, ebenso wie der t-Test, sehr oft in der erziehungs- und sozialwissenschaftlichen Forschung, in der Zählungen als Messungen fungieren, angewendet wird.

4.1 Häufigkeiten in zwei Merkmalsklassen

Beginnen wir mit dem Problem der Abweichung einer beobachteten Häufigkeitsverteilung von einer unter der Nullhypothese erwarteten Häufigkeitsverteilung. Wir betrachten zunächst den einfachsten Fall eines *binären*, d.h. eines in zwei Nominalklassen auftretenden Merkmals, wie z.B. dem Geschlecht der N Kinder in einer Schulklasse. Diese Schulklasse wird als Stichprobe einer Schülerpopulation, z.B. der Population der Erstkläßler, aufgefaßt.

Tab. 4.1.1 gibt ein Beispiel einer Klasse mit N = 20 Schülern und Schülerinnen wieder.

In Tab. 4.1.1 finden wir f = 5 Buben und N – f = g = 15 Mädchen als Mitglieder dieser Schulklasse. Unter der Nullhypothese sind die beiden Geschlechter *gleichver-*

Tab. 4.1.1
Beobachtete und erwartete Geschlechterverteilung in einer Schulklasse

	f	e	$(f-e)^2/e$
Buben	5	10	2.50
Mädchen	15	10	2.50
	N = 20	20	$X^2 = 5.00$

teilt, d.h. gleich häufig, weil gleich viel Buben und Mädchen geboren werden. Wir erwarten also je Geschlecht $e = N/2 = 20/2 = 10$ Schüler. Für die hier vorliegende Schulklasse fragen wir: Ist der Unterschied zwischen den beobachteten und den erwarteten Frequenzen signifikant? Bei der Größe des hier gefundenen Unterschieds könnte man vermuten, die Abweichung wäre *nicht* allein durch Zufall bedingt.

Als Maß für die *Zufallsabweichung* der beobachteten Frequenzen, ähnlich dem t-Maß für Meßwerte, nehmen wir die Größe *Chi-Quadrat*, geschrieben X^2. Das Maß ist seit Pearson (1900, vgl. Pearson 1923) definiert durch

$$X^2 = \text{Summe aller } ((f-e)^2/e), \text{ mit } df = k-1, \tag{4.1.1}$$

wobei k die Anzahl der untersuchten Klassen bezeichnet. Für die Daten in Tabelle 4.1.1 errechnen wir $X^2 = 5.00$. Die Wahrscheinlichkeit $P\ (= \alpha)$, daß die beobachtete Häufigkeitsabweichung zufallsbedingt ist, lesen wir in Tafel III des Anhangs für $df = 2 - 1 = 1$ für $\chi^2 = 5.02 \approx 5.00$ mit $P\ (= \alpha) = 0.025$ ab (gerundet). Diese Wahrscheinlichkeit ist kleiner als die vorher festgelegte *Irrtumsschranke* von alpha = 0.05. Deshalb können wir die Nullhypothese, nach der die beobachteten Häufigkeiten nicht von den erwarteten abweichen, zurückweisen. Die Häufigkeitsunterschiede in der Geschlechterverteilung sind daher signifikant.

Setzt man $e = N/2$ in Formel 4.1.1 ein, so erhält man die vereinfacht zu berechnende Prüfgröße

$$X^2 = (f-g)^2/(f+g), \text{ mit } df = 1. \tag{4.1.2}$$

Setzen wir in diese Formel unsere Häufigkeiten $f = 5$ und $g = 15$ ein, so ergibt sich $X^2 = (5 - 15)^2 / (5 + 15) = 5.00$. Dieser Wert ist identisch mit dem mit Formel 4.1.1 errechneten. Der Test 4.1.2 heißt auch asymptotischer *Vorzeichentest*, weil bei zufallsbedingten Änderungen eines Testwerts X_1 zu einem Testwert X_2 positive und negative Änderungen gleich häufig zu erwarten sind (vgl. Bortz et al., 1990, Kapitel 6).

4.2 Die Chi-Quadrat-Verteilung mit einem Freiheitsgrad: ein Urnensimulationsexperiment

In Abschnitt 4.1 haben wir die *Chi-Quadrat-Verteilung* als gegeben und »vertafelt« angenommen. Wir haben dabei nicht gefragt, wie sie zustande gekommen ist. Haben wir die Chi-Quadrat-Tafel mit df = 1 nicht zur Verfügung, dann können wir sie prinzipiell in einem *Urnenexperiment* simulieren. Die Grundlage für diese Simulation ist, daß die Chi-Quadrat-Verteilung mit einem Freiheitsgrad, wie sie in Tab. 4.1.1 benutzt wurde, sich aus der Normalverteilung von Tab. 2.1.1 wie folgt herleiten läßt:

$$\chi^2 = \zeta_1^2, \qquad (4.2.1)$$

wobei $\zeta_1 = (X_1 - M)/S$. Dabei können die ζ_i-Werte einer Normalverteilung entnommen werden. (Dies geschieht z.B. mit Hilfe einer Normalverteilungstafel wie im Anhang oder mit einem Normalverteilungs-Zufallszahlengenerator, wie er manchen Lesern für ihre Computer zur Verfügung stehen dürfte.) Man beachte, daß der *theoretische Wert* von Chi-Quadrat in 4.2.1 durch einen griechischen Buchstaben (χ^2) und der *empirische Wert* aus 4.2.2 durch einen römischen Buchstaben (X^2) bezeichnet wird.

Um die theoretische Chi-Quadrat-Verteilung konkret durch ein *Urnenexperiment* zu simulieren, nimmt entweder der Kursleiter 25 mal aus der Urne (mit Zurücklegen) je 1 Styroporkugel oder jeder der 25 Teilnehmer eines Grundkurses für erziehungswissenschaftliche Statistik (vgl. Kap. 3.3) zieht (wieder mit Zurücklegen) 1 Kugel aus der Urne. Sodann werden für diese 25 Kugeln die z-Werte berechnet nach der Formel: $z = (X-5)/2$. Diese z-Werte werden je einzeln in die Formel 4.2.2 eingesetzt.

$$X^2 = z^2 \qquad (4.2.2)$$

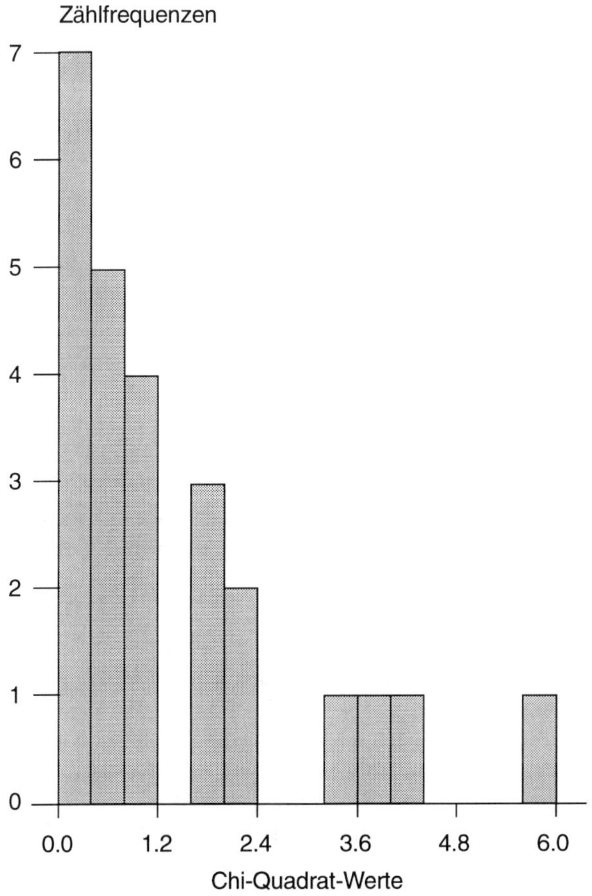

Abbildung 4.2.1: Simulation einer Chi-Quadrat-Verteilung mit df = 1 aus 25 Urnenzügen

Die Zählfrequenzen f der Chi-Quadrat-Werte aller 25 Teilnehmer werden anschließend in eine Abbildung eingetragen. Für das vorliegende Beispiel entsteht in Abbildung 4.2.1 eine sogenannte J-förmige Verteilung. Diese Verteilung von χ^2 mit 1 Fg hat einen Gipfel nahe 0.

In Abbildung 4.2.1 hat das Los der 25 Kursteilnehmer zu sieben X^2-Werten zwischen 0 und 0.4 geführt. Weitere fünf X^2-Werte liegen zwischen 0.4 und 0.8, weitere vier zwischen 0.8 und 1.2. Nur noch drei liegen zwischen 1.6 und 2.0 und zwei zwischen 2.0 und 2.4. Kein Wert lag zwischen 2.4 und 3.2 und je ein Wert zwischen 3.6 und 4.4. Der höchste durch Los erzielte Wert liegt oberhalb von 5, zwischen 5.6 und 6.0.

Verbindet man die Endpunkte der Säulen des Histogramms in Abbildung 4.2.1, so gewinnt man näherungsweise die gesuchte Chi-Quadrat-Verteilung mit einem Freiheitsgrad, wie sie im Anhang vertafelt ist. Wir können mit der simulierten Chi-Quadrat-Verteilung sogar einen *empirischen Chi-Quadrat-Test* durchführen: Unter den 25 durch Los bestimmten Chi-Quadrat-Werten in Abbildung 4.2.1 liegt nur ein einziger oberhalb des von uns aus Tab. 4.1.1 gewonnenen empirischen X^2-Wertes von 5.00. Also ist die Wahrscheinlichkeit für diesen empirischen X^2-Wert unter der Nullhypothese ($^1/_2$ Buben und $^1/_2$ Mädchen in der Schülerpopulation) P = 1/25 = 0.04. Dieser Wert liegt nur wenig über dem aus der Chi-Quadrat-Tafel abgelesenen Wert von P = 0.025 (für X^2 = 5.00).

Damit führt der empirische (simulatorische) Chi-Quadrat-Test zu der gleichen Entscheidung (gegen H_0, pro H_1) wie der theoretische Test nach 4.1.1. Mädchen und Buben sind mit unterschiedlichen Anteilen (hier weniger Buben als Mädchen) in der Schülerpopulation vertreten.

4.3 Häufigkeiten in drei Merkmalsklassen

In den letzten beiden Abschnitten haben wir uns mit Variablen beschäftigt, die nicht mehr als zwei Kategorien aufweisen, z.B. Geschlecht. Diesen Ansatz wollen wir in diesem Kapitel auf Variablen mit *drei Kategorien* erweitern. Im folgenden Beispiel betrachten wir Familien mit zwei Kindern. Diese zwei Kinder können in den *Geschwisterkonstellationen* BB (Bubengeschwister), BM (Pärchengeschwister), MB (Pärchengeschwister) und MM (Mädchengeschwister) geboren werden. Wir fassen für unser Beispiel die Folgen BM und MB zu einer Kategorie Pärchengeschwister zusammen. Die Annahme für unsere Untersuchung ist, daß Jungen und Mädchen mit einer Wahrscheinlichkeit von je $^1/_2$ geboren werden. Jede Konstellation hat demnach die gleiche *Basiswahrscheinlichkeit* von P = 0.25. Durch das Zusammenfassen haben wir die drei Kategorien BB, MB/BM und MM. Die Basiswahrscheinlichkeiten, d.h. die erwarteten Raten für BB und MM, sind je P = 0.25. Für die kombinierte Kategorie der Pärchengeschwister erwarten wir P = 0.5.

Die Auszählung der Geschwister, die dieselbe Schule besuchen, hat für N = 20 Familien die in Tab. 4.3.1 wiedergegebenen Frequenzen der drei Merkmalsklassen BB, MB/BM und MM erbracht.

Die *Anpassung* der beobachteten Häufigkeiten (f) an die erwarteten (e) ist nach Formel 4.1.1 offenbar recht gut. Die X^2-Statistik des sogenannten *Anpassungstests* nimmt nur den Wert $X^2 = 2.70$ an. Bei df = k – 1 = 3 – 1 = 2 hat dieser Wert eine Überschreitungswahrscheinlichkeit zwischen P = 0.10 und P = 0.30, wie in Tafel III nachzulesen

Tab. 4.3.1
Geschlechterkonstellationen von 20 Geschwisterpaaren, die dieselbe Schule besuchen

Geschwisterkonstellation		f	e	$(f-e)^2/e$
Bubengeschwister	BB	3	5	0.80
Pärchengeschwister	BM/MB	9	10	0.10
Mädchengeschwister	MM	8	5	1.80
		N = 20	20	$X^2 = 2.70$

ist. Beide Werte sind größer als das übliche Signifikanzniveau von alpha = 0.05. Wir haben daher keinen Grund, die Nullhypothese zurückzuweisen, nach der die Geschwister zu gleichen Raten Mädchen und Buben sind.

Teilt man die vorher zusammengefaßten Kategorien MB/BM wieder auf, so erhält man die beobachteten Häufigkeiten f(BM) = 2 und f(MB) = 7. Die Leser sind eingeladen, nachzuprüfen, ob auch diese Verteilung noch den erwarteten Proportionen folgt.

4.4 Die Chi-Quadrat-Verteilung mit zwei Freiheitsgraden: ein Urnensimulationsexperiment

In diesem Kapitel stellen wir wieder die Frage, ob wir auch ohne die Chi-Quadrat-Tafel im Anhang das Ergebnis von Tab. 4.3.1 nachvollziehen können. Dazu führen wir wiederum ein *Urnenexperiment* mit unseren 25 Kursteilnehmern durch. Jeder Kursteilnehmer nimmt aus der Normalurne nacheinander (mit Zurücklegen der gezogenen Kugeln) drei Kugeln und berechnet aus den Centilwerten X die z-Werte z_1 und z_2. Dann bildet jeder Teilnehmer seine *Prüfgröße*

$$X^2 = z_1^2 + z_2^2, \qquad (4.4.1)$$

wobei df = 3 – 1 = 2 und jeder z-Wert nach (X – 5)/2 errechnet wird, weil M = 5 der Mittelwert und s = 2 die Standardabweichung der normalverteilten Styroporkugeln aus Tab. 2.1.1 sind.

Jedes der von den N = 25 Teilnehmern nach Kap. 4.2 errechnete χ^2 wird als Teil eines *Histogramms* abgetragen. Abbildung 4.4.1 gibt das Ergebnis für unser Experiment wieder.

Wieder erhalten wir eine Vorstellung von der *theoretischen Chi-Quadrat-Verteilung* dadurch, daß wir die Endpunkte der Säulen in Abbildung 4.4.1 glättend miteinander verbinden.

Auch hier können wir empirisch testen, indem wir fragen, wie viele X^2-Werte in Abbildung 4.4.1 jenseits, d.h. rechts von dem in Tabelle 4.3.1 beobachteten empirischen $X^2 = 2.70$, liegen. Es sind a = 2 + 1 + 1 + 0 + 1 = 5. Damit erhalten wir P = 5/25 = 0.20. Dieser Wert stimmt mit dem abgelesenen Wert, der zwischen P (= α) = 0.10 ($\chi^2 = 4.61$) und P (= α) = 0.30 ($\chi^2 = 2.41$) liegt, darin überein, daß beide es nicht gestatten, die Nullhypothese abzulehnen.

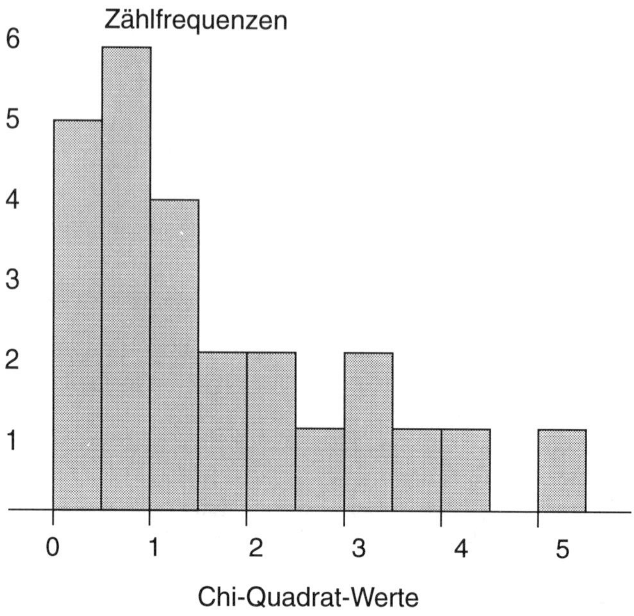

Abbildung 4.4.1: Simulation einer Chi-Quadrat-Verteilung mit df = 2 aus 25 Urnenzügen

4.5 Häufigkeiten in vier Merkmalsklassen

Ein Lehrer vermutet, daß die Geschwisterfolge MB häufiger auftritt als die Geschwisterfolge BM, weil nach der Geburt eines Mädchens oft auf die Geburt eines Buben »gewartet« würde. Die Aufgliederung der *Geschwisterkonstellationen* nach BM und MB ergibt die in Tab. 4.5.1 abgedruckten Daten.

Tab. 4.5.1
Chi-Quadrat-Testung von Häufigkeiten für 20 Geschwisterkonstellationen

Geschwisterkonstellationen	f	e	$(f-e)^2/e$
BB	3	5	0.80
BM	2	5	1.80
MB	7	5	0.80
MM	8	5	1.80
	N = 20	20	$X^2 = 5.20$

Die vier Geschwisterfolgen sind nach Tab. 4.5.1 nicht, wie unter der Nullhypothese erwartet wird, *gleichverteilt*. Vielmehr scheint es so, daß Folgen vermehrt auftreten, in denen Mädchen die Erstgeborenen sind. Das für diese Daten resultierende $X^2 = 5.20$ ist nach df = 4 – 1 = 3 Freiheitsgraden zu beurteilen. Schlägt man in Tafel III im Anhang nach, so stellt man fest, daß der für df = 3 und alpha = 0.05 kritische Wert von Chi-Quadrat 7.81 ist. Der empirische Wert von 5.20 ist *nicht* größer als der theoretische von

7.81. Deshalb kann die Nullhypothese nicht verworfen werden. Wir können daher die Annahme weiter vertreten, daß unsere Stichprobe von N = 20 Geschwisterpaaren einer Population entstammt, in der die vier Geschwisterkonstellationen gleichverteilt sind. Dies war die Nullhypothese unseres Tests.

Wiederum können wir statt der Ablesung einer Schranke in Tafel III ein *Urnenexperiment* mit unseren 25 Teilnehmern durchführen, um eine Entscheidung über die Nullhypothese herbeizuführen. Wir lassen jeden Teilnehmer drei Kugeln X_1, X_2 und X_3 aus der Normalurne von Tabelle 2.1.1 ziehen und die dazu gehörigen z-Werte über $z_i = (X_i - 5)/2$ berechnen. Dann ermittelt jeder Teilnehmer seine *Prüfgröße*

$$X^2 = z_1^2 + z_2^2 + z_3^2 \qquad (4.5.1)$$

Diese X^2-Werte werden wieder in ein *Histogramm* eingetragen. Für das vorliegende Beispiel ist dies in Abbildung 4.5.1 geschehen, wobei die Zählfrequenzen diesmal rechts und die relativen Frequenzen links abgetragen sind.

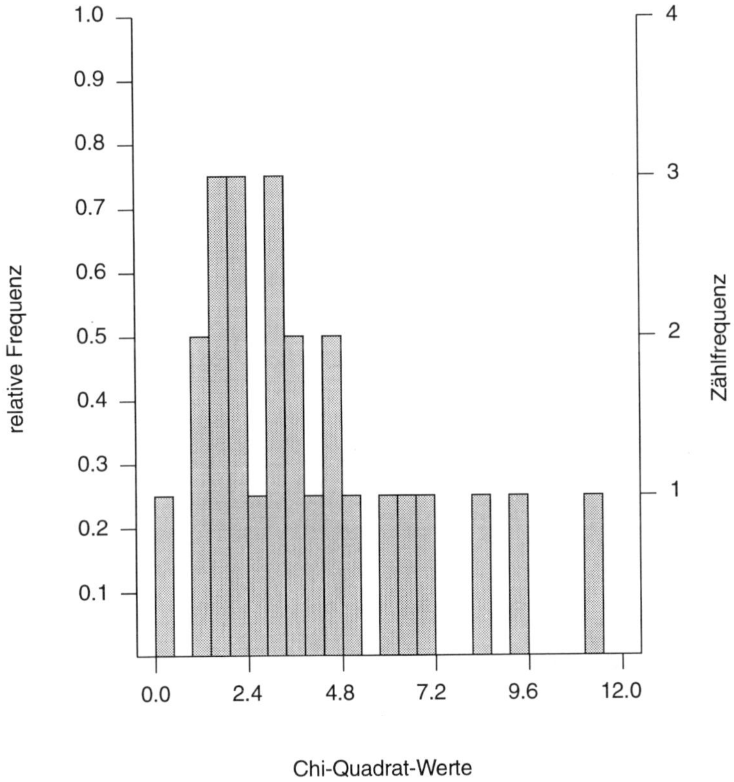

Abbildung 4.5.1: Simulation einer Chi-Quadrat-Verteilung mit df = 3 mit 25 Urnenzügen

Wie die Abbildung 4.5.1 deutlich zeigt, ist die Chi-Quadrat-Verteilung mit drei Freiheitsgraden nicht mehr so stark linksgipfelig wie die für zwei Freiheitsgrade in Abbildung 4.4.1. Der beobachtete X^2-Wert von 5.20 liegt weit *unterhalb* des Schrankenwerts von $\chi^2 = 7.81$ in Tafel III und ist deshalb nicht signifikant. Die empirische Wahrscheinlichkeit P, daß bei Gültigkeit der Nullhypothese ein simulierter X^2-Wert oberhalb des beobachteten X^2-Werts von 5.20 zu finden ist, ist – wie in Abb. 4.5.1 ersichtlich – gleich P = 5/25 = 0.20. Auch dieser stark konservative Wert übersteigt die zugelassene Irrtumswahrscheinlichkeit von alpha = 0.05 deutlich.

Entsprechend dem Vorgehen hier und in vorangegangenen Kapiteln können simulatorisch Chi-Quadrat-Verteilungen mit mehr als drei Freiheitsgraden über Urnenexperimente oder deren *Computeräquivalente* (siehe Anhang) »konstruiert« werden. Die Leser sind eingeladen, eine Chi-Quadrat-Verteilung für vier Freiheitsgrade im Urnenexperiment zu approximieren.

Häufigkeiten in vier Merkmalsklassen erhält man nicht nur durch Definition von vier Kategorien eines einzigen Merkmals (wie der Geschwisterkonstellationen), sondern – und praktisch viel öfter – durch Kreuzung zweier Merkmale mit je zwei Kategorien. Wenn man z.B. das Merkmal Geschlecht von Schülern (männlich, weiblich) mit dem Merkmal Seh(un)tüchtigkeit (Normalsichtigkeit versus Fehlsichtigkeit) kreuzklassifiziert, dann entstehen die vier *Kreuzkategorien* m+, m–, w+ und w–, wobei + Normal- und – Fehlsichtigkeit bezeichnen.

Zählt der Lehrer in seiner Klasse aus, wie viele fehlsichtige und normalsichtige Jungen (m+, m–) und wie viele fehl- und normalsichtige Mädchen (w+, w–) er unterrichtet, dann ensteht eine sogenannte *Vierfeldertafel.* Tab. 4.5.2 gibt ein Beispiel einer solchen Tafel.

Tab. 4.5.2
Kreuzklassifikation von Geschlecht (m, w) und Sehtüchtigkeit (+, –) von 20 Schülern

		Sehtüchtigkeit		
		+	–	
Geschlecht	w	5	4	9
	m	9	2	11
		14	6	20

Tab. 4.5.2 zeigt, daß bei gegebener Zahl von neun Mädchen und elf Jungen und bei ebenfalls gegebener Zahl von 14 Normalsichtigen und sechs Fehlsichtigen vier Kreuzklassen entstanden sind. In einer solchen Tafel kann aber nur *eine* Frequenz, z.B. die Zahl der weiblichen Fehlsichtigen, frei gewählt werden. Die restlichen drei Frequenzen sind durch die *Randsummen* (Zeilensummen 9 und 11, Spaltensummen 6 und 14) festgelegt. Damit wird evident, daß die vier Felder nur einen Freiheitsgrad und nicht, wie oben in Tab. 4.5.1, drei Freiheitsgrade haben.

Der Fall, daß zwei Merkmale mit je zwei Kategorien zu einer Vierfeldertafel, genauer einer *2 × 2-Feldertafel*, gekreuzt werden, wird uns in Kapitel 5 noch ausführlicher beschäftigen. Dort geht es um den Zusammenhang der beiden Merkmale, den wir ebenfalls mit einem Chi-Quadrat-Test beurteilen werden. Dabei werden wir, wie vorstehend argumentiert, nur einen und nicht drei Freiheitsgrade zugrunde legen.

4.6 *Benotung nach dem Gleichverteilungsmodell*

In Abschnitt 4.5 haben wir angenommen – und zwar zu Recht –, daß die 4 möglichen Geschwisterkonstellationen (BB BM MB MM) unter Zufallsbedingungen ihrer Entstehung (H_0) gleich häufig auftreten sollten. Taten sie das nicht (H_1), dann muß nach einem Grund dafür gesucht und ggf. Folgerungen daraus gezogen werden.

Wie sich Schüler einer Jahrgangspopulation (Kohorte) über die 6 Notenstufen eines Schulfaches verteilen, ist davon abhängig, ob die Benotung nach freiem Ermessen des Lehrers (free choice grading) oder nach einem *Benotungsmodell*, einer Benotungsvorschrift, erfolgt (forced choice grading), etwa derart, daß der Lehrer die 6 Notenstufen an eine Population von Schülern nach vorher festgelegten Anteilen vergibt.

Ein einfaches Benotungsmodell beruht auf der Zielsetzung, je gleiche Anteile von Noten festzulegen: Einen Anteil von $p = {}^1/_3 = 33\%$ für die Mittelnote 3 und gleiche Anteile von ebenfalls $p = {}^1/_3$ für bessere und schlechtere Noten, wobei die Note 6 bzw. die betreffenden Schüler außer acht bleiben. Das 3-Klassen-*Gleichverteilungsmodell* für gute, mittlere und schwache Schüler faßt Einser und Zweier als gute Noten, Vierer und Fünfer als schlechte Noten zusammen.

4.7 *Test auf Gleichverteilungsabweichung*

Um zu beurteilen, ob z.B. im Fach Sozialkunde – unabhängig vom jeweiligen Lehrer – zu mild (oder zu streng) benotet wird, ziehen wir aus der Population der Viertkläßler eine Zufallsstichprobe von N = 27 Schülern und registrieren deren Noten in Tab. 4.7.1.

Tab. 4.7.1
Noten in Sozialkunde aus einer Stichprobe von N = 27 Schülern mit Test auf Gleichverteilung von guten, mittleren und schlechten Noten

	Note	f		e	$(f-e)^2/e$
gut	1	5	> 14	9	2.78
	2	9			
mittel	3	8	> 8	9	0.11
schlecht	4	4	> 5	9	1.78
	5	1			
		27	N = 27	27	$X^2 = 4.67$ mit 2 Fgn

In Tab. 4.7.1 überwiegen die guten Noten mit f = 14 Schülern jene der schlechten Noten mit f = 5 Schülern, was für eine zu milde Benotung in Sozialkunde spricht. Der Test auf Gleichverteilung der k = 3 Notenkategorien mit e = N/k = 27/3 = 9 Schülern je Kategorie ergibt nach Formel 4.1.1 ein $X^2 = 4.67$ bei 3 – 1 = 2 Freiheitsgraden. Wir beurteilen unser $X^2 = 4.67$ aus Tab. 4.7.1 nach der theoretischen Chi-Quadrat-Verteilung in Tafel III des Anhangs: Dort lesen wir für das vorvereinbarte Alpha-Risiko von 0.05 = 5% unter 2 Freiheitsgraden eine 5%-Schranke von 5.99 ab, die von unserem $X^2 = 4.67$ *nicht* überschritten wird. Nach dem sicheren und allein zulässigen Chi-Quadrat-Test müssen wir also die Nullhypothese, wonach gute, mittlere und schlechte Noten in Sozialkunde gleich häufig vergeben wurden, beibehalten.

4.8 Benotung nach dem Binomialmodell

Die überkommene Benotungsstrategie folgt einer *Rangskala*, wonach N Schüler einer Schulklasse in 6 Gruppen abnehmender Leistungskompetenz unterteilt werden. Die Abstände zwischen aufeinanderfolgenden Noten von 1 bis 5 sind nicht notwendig gleich, sondern i.a. ungleich, so daß die Noten nicht gemittelt werden dürfen.

Will ein Lehrer erreichen, daß seine Noten nicht nur Rangwerte, sondern echte Meßwerte einer *Intervallskala* definieren, dann muß er sie – nach einem Vorschlag von Klauer (in Klauer et al., 1972) – auf das *Binomialmodell* der Notenverteilung gründen. Dieses Modell wird bei Lienert (1987 Kap. 1.2.8) in extenso hergeleitet und hier nur summarisch rekapituliert: Das Wesentliche daran ist, daß der Lehrer einen Durchschnitt für seine (intervallskalierte) Notenvergabe in Aussicht nimmt, und entsprechend diesem *Notendurchschnitt* bestimmte Prozentanteile P% für die einzelnen Noten von 1 bis 5 vergibt (wobei die Sechser-Kandidaten vorweg ausgeschlossen werden), wie in Tab. 4.8.1 verzeichnet ist.

Tab. 4.8.1
Notendurchschnitte und nach dem Binomialmodell erwartete Notenverteilungen (in %)

	Notendurchschnitt				
Note X	2	2.5	3	3.5	4
1	32.0	15.0	6.3	2.0	0.4
2	42.0	37.0	25.0	13.0	4.6
3	21.0	33.0	37.5	33.0	21.0
4	4.6	13.0	25.0	37.0	42.0
5	0.4	2.0	6.3	15.0	32.0

Will unser Sozialkundelehrer eine Durchschnittsnote von 2.5 erzielen und zugleich erreichen, daß die Noten eine Intervallskala konstituieren, so hat er nach Spalte 2 in Tab. 4.8.1 folgende Notenanteile zu vergeben:

15% Einsen, 37% Zweien, 33% Dreien, 13% Vieren und 2% Fünfen.

Die erwartete – oder geforderte – Notenverteilung ist linksgipfelig, mit einem *Höchstanteil* (Modalanteil) von 37% für die Note X = 2 als sog. *Modalnote*.

Man sieht aus Tab. 4.8.1, daß eine Durchschnittsnote von 3 eine *symmetrische Notenvergabe* mit 6.3% Einsen oder Fünfen, 25% Zweien oder Vieren und 37.5% Dreien verlangt. Gute Noten (1 oder 2) haben mit 31.3% einen ebenso hohen Anteil wie schlechte Noten (4 oder 5); mittlere Noten von 3 sind aber mit 37.5% häufiger als gute und schlechte, wodurch sich das Binomialmodell vom Gleichverteilungsmodell in Abschnitt 4.6 unterscheidet.

4.9 *Test auf Binomialabweichung*

Unser Sozialkundelehrer in Kap. 4.7 mag behaupten, daß seine Benotung einer echten Messung entspreche, wie sie das Binomialmodell impliziere. Er berechnet daher zu seinen beobachteten Notenfrequenzen f (in Tab. 4.7.1) die unter dem Binomialmodell erwarteten Frequenzen e (in Tab. 4.8.1) nach der Formel 4.9.1

$$e = N\,(P\%)\,/\,100\% \qquad (4.9.1)$$

für seine Stichprobe von N = 27 Schüler.

Will er eine Durchschnittsnote von 2,5 zugrundelegen, so erhält er die erwartete Zahl von Einsen zu e(X = 1) = 27 (15%)/100% = 4,05 in Tab. 4.9.1 aus Tab. 4.8.1 usw. bis zu e (X = 5) = 0.54. Der Test ergibt ein X^2 von 0.87.

Tab. 4.9.1
Chiquadrattest auf Binomialabweichung einer Schulnotenverteilung von N = 27 Schülern

Note	f	e	$(f-e)^2/e$
1	5	4.05	0.22
2	9	9.99	0.10
3	8	8.91	0.09
4	4	3.51	0.07
5	1	0.54	0.39
	N = 27	27.00	$X^2 = 0.87$ mit 4 Fgn

Da wir *kein* Simulationsexperiment für eine Chi-Quadrat-Verteilung mit df = 5–1 = 4 (Zeilen in Tab. 4.9.1) vorgenommen haben, lesen wir die 5%-Schranke mit 4 Fgn direkt in Tafel III des Anhangs zu 9.49 ab. Diese Schranke wird von $X^2 = 0.87$ in Tab. 4.9.1 bei weitem nicht erreicht, geschweige denn überschritten. Damit halten wir die Nullhypothese – den Anspruch des Lehrers, binomial benotet zu haben, aufrecht: Seiner obigen Behauptung, daß seine Notenvergabe einer echten Messung entspricht, kann durch den *Binomialabweichungstest* nicht widersprochen werden.

Tatsächlich liegen die unter dem Binomialmodell *erwarteten* Notenfrequenzen e für die N = 27 Schüler sehr nahe an den vom Lehrer vergebenen (vom Statistiker *beobachteten*) Frequenzen f für jede der 5 Notenstufen, wie Tab. 4.9.1 ausweist.

4.10 *Benotung nach dem Normalverteilungsmodell*

Möchte ein Lehrer seine Noten nicht nur so vergeben, daß gleiche Abstände zwischen ihnen resultieren (wie im Binomialmodell von Abschnitt 4.8), sondern daß sie als Meßwerte aus einer normal verteilten Population von Meßwerten angesehen und als solche ausgewertet werden dürfen, dann muß er für ihre Vergabe ein *Normalverteilungsmodell* zugrunde legen.

Wir haben ein solches Modell bereits in der 11-Punkteskala von Tab. 2.1.1 (Centilskala) kennengelernt, und es liegt nahe, die 11 Punkte dieser Skala als eine

Notenskala mit *Zwischennoten* (1 1–2 2 2–3 3 3–4 4 4–5 5) anzusehen, wenn man analog zur Stanine-Skala in Tab. 2.8.2 die Skalenwerte 0 und 1 sowie 9 und 10 zu Skalenwerten von 1 und 9 vereint. Es resultiert dann die in Tab. 4.10.1 gegebene Zuordnung von Noten zu *Stanine-Werten* von 1 bis 9 mit den zugehörigen Vergabeanteilen für Noten und Zwischennoten.

Tab. 4.10.1
Zuordnung von Standardschulnoten (SN) zu Stanine-Werten (St) mit Zuordnungsanteilen (P%)

P%	4%	7%	12%	17%	20%	17%	12%	7%	4%
Stanine-Werte (St)	1	2	3	4	5	6	7	8	9
Standardschulnoten (SN)	5	4.5	4	3.5	3	2.5	2	1.5	1

Nach Tab. 4.10.1 erhalten die leistungsschwächsten 4% Schüler mit den niedrigsten Testwerten den Stanine-Wert 1 und die *Standardschulnote* SN = 5. Die nächstbesten 7% erhalten den Stanine-Wert 2 und die SN = 1,5, u.s.f. bis zu den 4% besten Schülern mit den höchsten Testwerten, die einen Stanine-Wert von 9 und eine Standardschulnote von 1 erhalten.

4.11 Test auf Normalabweichung

In Tab. 4.11.1 ist eine Klassenarbeit in Deutsch angeblich nach normalverteilen Standardschulnoten (SN) bewertet worden. Ob dieser Anspruch für die N = 38 Schüler der Klasse aufrecht erhalten werden kann, beurteilt Tab. 4.11.1 zugleich auch mittels eines *Tests auf Normalabweichung*, analog zum *Test auf Binomialabweichung* in Tab. 4.9.1.

Tab. 4.11.1
Chi-Quadrat-Test auf Normalabweichung einer Notenverteilung mit Zwischennoten bei N = 38 Schülern

Note	f	$e = \frac{N \cdot P\%}{100\%}$	$(f-e)^2/e$
1	3	1.52	1.44
1.5	2	2.66	0.16
2	6	4.56	0.45
2.5	4	6.46	0.94
3	10	7.60	0.76
3.5	5	6.46	0.33
4	8	4.56	2.60
4.5	0	2.66	2.66
5	0	1.52	1.52
	N = 38	38.00	X^2 = 10.86 mit 8 Fgn

In Tab. 4.11.1 wurden f = 3 Einsen frei vergeben; modellgerecht hätten aber nach Formel 4.9.1 nur e = 38(4%)/100% = 1,52 Einsen vergeben werden sollen. Analog wurden die übrigen 8 Erwartungswerte e zu den Noten und Zwischennoten von 1 bis 5 berechnet. Das gleiche gilt für die 9 *Chi-Quadrat-Komponenten* $(f-e)^2/e$, deren erste in Tab. 4.11.1 $(3 - 1.52)^2/1.52 = 1.44$ beträgt. Die Summe der Komponenten $X^2 = 10.86$ ist nach 9–1 = 8 Fgn zu beurteilen. Die 5%-Schranke der Chi-Quadrat-Verteilung in Tafel III des Anhangs, 1.,5 für 8 Fge, wird von unserem $X^2 = 10.86$ nicht überschritten, so daß wir die Nullhypothese, wonach nach dem Normalverteilungsmodell benotet wurde, nicht zurückweisen können.

Sollen – wie bei der Zeugnisvergabe – in jedem Fach nur *ganzzahlige* und annähernd normalverteilte *Standardnoten* vergeben werden, dann folgt der Lehrer (wenn möglich) der Zuordnungsvorschrift von Tab. 4.11.2

Tab. 4.11.2
Zuordnung von Standardnoten (SN) zu Anteilen (P%) einer Normalverteilung mit $\mu = 5$ und $\sigma = 1$.

P%	7%	24%	38%	24%	7%
SN	1	2	3	4	5

Nachdem die Versager eliminiert (weil mit 6 benotet) worden sind, erhalten die besten 7% der Schüler (im jeweiligen Fach) eine Eins (SN = 1), die nächstbesten 24% eine Zwei (SN = 2) und so weiter, bis zu den 7% der schlechtesten Schüler mit der Note Fünf (SN = 5), wie in Tab. 4.11.2 ausgewiesen ist.

Die oben angegebenen Prozentanteile P% lassen sich aus der *Standardnormalverteilung* (mit $\mu = 0$ und $\sigma = 1$) aus Tafel I herleiten: Die Fläche von $z = -\infty$ bis $z = -1.5$ beträgt 0.0668 = 7%, die Fläche von $z = -1.5$ bis $z = -0.5$ beträgt 0.3085 – 0.0668 = 0.2417 = 24%, und die Fläche von $z = -0.5$ bis $z = +0.5$ ergibt sich zu 0.6915 – 0.3085 = 0.3830 = 38%, wobei 0.6915 = 1 – 0.3085 abzulesen ist. Die restlichen 2 Anteile in Tab. 4.11.2 sind durch die Symmetrie der Normalverteilung festgelegt. Die Summe aller Anteile muß 100% ergeben.

4.12 Das Zeugnisprofil

Unabhängig davon, ob die Notenvergabe frei oder nach einem Modell wie dem Binomialmodell erfolgte, können Standardnoten in mehreren Schulfächern durch ein *Zeugnisprofil*, schlichter: durch ein *Schulzeugnis*, repräsentiert werden. Dies wird in Abbildung 4.12.1 anhand der Grundschulfächer Lesen, Rechtschreiben und Rechnen für einen Legastheniker illustriert, der binomial oder normal benotet wurde.

Das individuelle *Zeugnisprofil* von Abb. 4.12.1 kann durch das *Klassenprofil* ergänzt werden. Dazu muß man die Noten aller N Schüler in jedem Fach arithmetisch mitteln. Dies ist allerdings nur dann zulässig, wenn binomial oder normal benotet wurde. Man erhält dann für N = 10 Schüler ein zu Abbildung 4.12.1 analoges *Mittelwertprofil* für die drei Grundschulfächer.

Wurde ohne Modellvorgabe nach freier Wahl benotet, dann muß das arithmetische Mittel in jedem Schulfach durch den *Medianwert* (siehe 8.10) ersetzt werden. Abbildung 4.12.2 zeigt, daß das resultierende *Medianwertprofil* (mit Kreuzzeichen) dann von dem Mittelwerts- oder dem Einzelprofil eines Schülers deutlich abweicht. Jeder Schüler

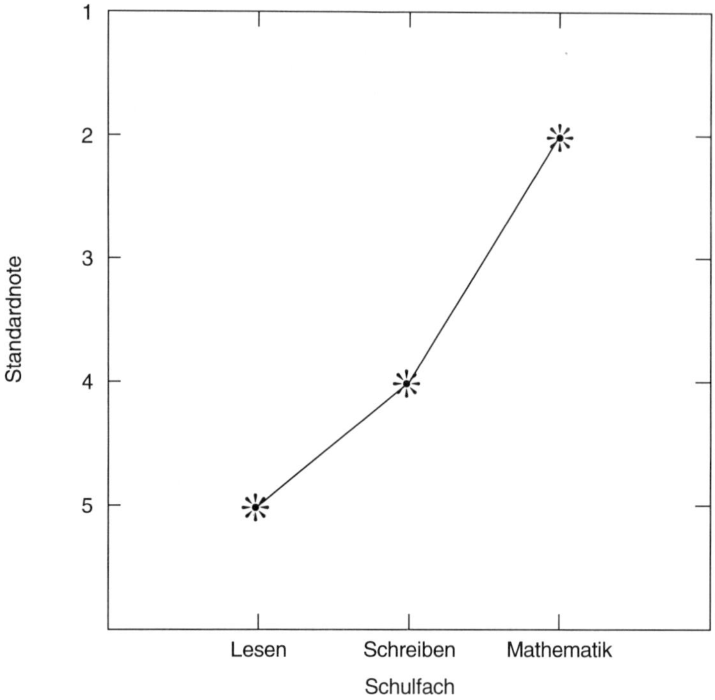

Abbildung 4.12.1: Zeugnisprofil aus binomial oder normal vergebenen Noten

wird in Abbildung 4.12.2 von Kreisen (mit Initialen) repräsentiert, die sein individuelles Zeugnisprofil darstellen.

Die *Mediannote* eines Faches ist in Abbildung 4.12.2 definiert als jener Punkt auf der Notenskala, der die zehn Schüler in zwei gleich große Hälften zu je fünf Schülern unterteilt. Dabei wird angenommen, daß Schüler mit gleichen Noten (Notenbindungen) innerhalb des jeweiligen Notenintervalls äquidistant verteilt sind. Dies ist in Abbildung 4.12.2 auch angedeutet. Diese Annahme erlaubt es, bei *Notenbindungen* innerhalb des Intervalls, in dem der Median liegt, Schüler nach Zufall in die obere oder die untere Gruppe einzuordnen.

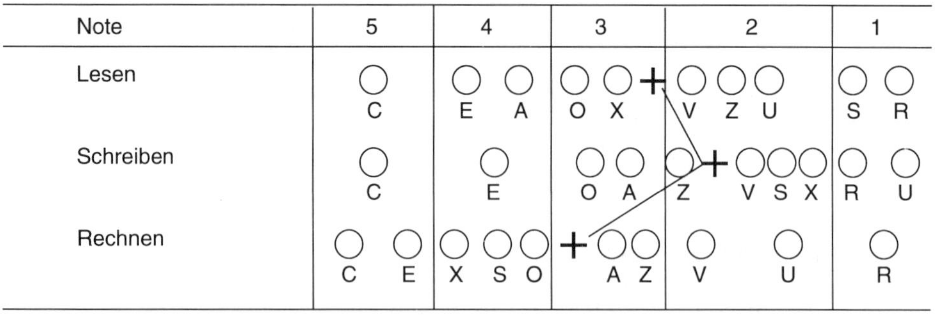

Abbildung 4.12.2: Beispiel eines Medianprofils von 10 Schülern in 3 Fachnoten

Das Medianprofil in Abbildung 4.12.2 kann wie folgt interpretiert werden: Schreiben wird am mildesten und Rechnen am strengsten benotet. Dies mag am Schulfach, am jeweiligen Lehrer oder auch an beiden liegen. Eine solche Interpretation macht Sinn, wenn die individuellen (in Abbildung 4.12.2 durch Verbindung gleicher Initialen entstehenden) Zeugnisprofile *homogen*, also ähnlich (parallel) dem Klassenprofil sind. Diese Interpretation macht wenig Sinn, wenn die individuellen Zeugnisprofile *heterogen* sind, d.h. nicht parallel zum Medianprofil verlaufen. So verläuft das Legastheniker-Profil in Abbildung 4.12.1 nicht parallel zum Medianprofil in Abbildung 4.12.2. Sind viele *Einzelprofile* heterogen, dann ist das Medianprofil u. U. ein Artefakt, d.h. Kunstprodukt, aus gestaltsunterschiedlichen Einzelprofilen.

4.13 Benotungsfehler

In diesem Abschnitt behandeln wir »*Benotungsfehler*«, die der einzelne Lehrer machen kann. Solche Benotungsfehler verändern die Verteilung der Noten und deren Profile von Schülern einer Klasse, einer Schule oder einer Jahrgangskohorte von Schülern.

Allgemein bekannt und den Lehrer bei den Schülern beliebt machend ist der *Fehler einer zu milden Benotung* (leniency error). Dabei vergibt der Lehrer zu viele gute und zu wenig schlechte Noten. Dieser Fehler wird meist in Nebenfächern wie Religion oder Kunst beobachtet, die kein oder nur geringes Gewicht innerhalb eines Zeugnisses haben.

Weniger bekannt ist der *Fehler der zentralen Tendenz* der Benotung. Dabei werden mittlere Noten zu häufig und extreme zu selten vergeben. Dieser Fehler wird oft von Berufsanfängern begangen, deren normatives Urteil noch nicht gesichert ist.

Komplementär zu den obigen Benotungsfehlern sind die *Tendenz zur Strenge* und zur *Extremalbenotung*. Diese Tendenzen treten eher bei den stark gewichteten Hauptfächern auf.

Ein Benotungsfehler, der die Verteilung der Noten von N Schülern über die Notenskala nicht stark zu beeinflussen braucht, wohl aber die Verteilung der Noten innerhalb eines individuellen Zeugnisses verzerren kann, ist die *Halo-Benotung*. Mit Halo (sprich: Haalo) bezeichnet man den Hof, die Aura, das *Standing* eines Schülers in einer Klasse oder Bezugsgruppe. Dieses Standing wird indirekt oft vom IQ des Schülers vorhersagbar. Der Fehler besteht hier darin, daß ein solcher Schüler tendentiell auch in jenen Fächern gute Noten bekommt, in denen er vergleichsweise schwach ist und umgekehrt. Das Zeugnisprofil eines solchen Schülers wird dann *flach*: er hat entweder nur gute Noten oder nur schlechte Noten im Zeugnis, obwohl in manchen Fächern abweichende Noten eher gerechtfertigt wären. Ein Lehrer, der dem Halo-Effekt unterliegt, bewirkt, daß die Noten in all jenen Fächern, die er unterrichtet, *hoch korreliert* sind (das Konzept der Korrelation wird in Kapitel 8 noch im Detail behandelt).

Gegen den Halo-Effekt wirkt der »*Fehler der pädagogischen Benotung*«. Dabei werden allgemein guten Schülern auch schlechte Noten und allgemein schlechten Schülern auch gute Noten gegeben. Hierbei geht der Lehrer in seinem Bezugssystem der Benotung von der sozialen oder *normativen* zur individuellen oder *ipsativen* Benotung über. Der Effekt dieses Vorgehens ist, daß die Noten verschiedener Schüler nicht mehr vergleichbar sind und daß die Korrelation zwischen den Noten verschiedener Schulfächer absinkt.

Ebenfalls zur Korrelationsverzerrung führt der *logische Fehler der Benotung*. Dieser Fehler bewirkt, daß die nach naiver Logik näher beieinander liegenden Fächer, z.B. die naturwissenschaftlichen Fächer einerseits und die sprachlichen Fächer andererseits, auch ähnlich benotet werden. Es resultieren dann hohe Korrelationen innerhalb solcher Fächergruppen und niedrige oder sogar negative zwischen ihnen. Weitere *Urteilsfehler* sind bei Guilford (1954) behandelt.

4.14 Statistische Fehlschlüsse sind möglich!

In diesem und im vorigen Kapitel haben wir die Begriffe *Signifikanz* und *Überschreitungswahrscheinlichkeit* P en passant kennengelernt, ohne sie zu definieren. Dieses Defizit soll im Anschluß an und in Ergänzung zur Diskussion in Kapitel 1.6 ausgeglichen werden.

Bisweilen wird aufgrund eines Niveauunterschiedes in zwei unabhängigen Stichproben (vgl. Kap. 3.5) geschlossen, daß dieser Unterschied auch zwischen den zugehörigen Populationen besteht, obwohl die beiden Populationen niveaugleich sind. Dieser Fehlschluß wird als *Fehler erster Art* bezeichnet. Die Wahrscheinlichkeit, einen Fehler erster Art zu begehen, wird nach dem sogenannten *Neyman-Pearson-Paradigma* streng kontrolliert und auf den maximalen Wert von 5% (oder, seltener, 1%) festgesetzt. Die höchste zugelassene Wahrscheinlichkeit, einen Fehler erster Art zu begehen, wird als *alpha-Risiko* bezeichnet. Dieses Risiko hat die folgende Bedeutung: Wenn wir 100mal je eine Stichprobe aus zwei niveaugleichen Populationen ziehen, z.B. IQs von Buben und Mädchen, dann dürfen wir höchstens in alpha%, d.h. in 5% der Fälle, einen Fehlschluß erster Art begehen, d.h. einen Stichprobenunterschied als signifikant bezeichnen, der in den zwei Populationen nicht existiert (Neyman, 1937).

Ein weiterer statistischer Fehlschluß ist komplementär zum Fehler erster Art. Es handelt sich um den *Fehler zweiter Art*; das ist die Möglichkeit, einen Unterschied als nicht signifikant zu bezeichnen, der in den Populationen existiert. Die Wahrscheinlichkeit, einen solchen Fehler zu begehen, ist das sogenannte *beta-Risiko*. Dieses Risiko wird bei den klassischen Stichprobenvergleichen mit dem t-Test oder dem Mediantest *nicht kontrolliert*. Die Größe von beta hängt im wesentlichen von den Stichprobenumfängen ab. Sind die Stichproben groß, ist beta klein. Sind die Stichproben klein, ist beta groß. Je mehr Buben und Mädchen aus einer Schulklasse wir in eine Stichprobe aufnehmen, um so kleiner wird die Wahrscheinlichkeit, einen Fehler zweiter Art zu begehen. Werden nur wenige Schüler getestet und verglichen, so kann das Risiko, einen Fehler zweiter Art zu begehen, mehr als 20% betragen. Werden fast alle Buben und Mädchen eines Jahrgangs getestet und verglichen, dann wird das beta-Risiko gegen Null sinken, denn die Stichprobe wird der Population immer ähnlicher.

Es gibt zwei Wege, den beta-Fehler zu reduzieren. Der erste besteht, wie gesagt, darin, den Stichprobenumfang zu erhöhen. Der zweite bezieht sich auf die Eigenschaften des verwendeten *Signifikanztests*. Eine dieser Eigenschaften ist seine *Wirksamkeit* oder *power*. Stammen zwei Stichproben aus normalverteilten Populationen von Testwerten, dann ist der t-Test der wirksamste aller möglichen Tests zum Niveauvergleich. Stammen die Stichproben aus nicht normalverteilten oder varianzunterschiedlichen Populationen, dann kann der Mediantest wirksamer sein als der in einem solchen Fall ohnehin nicht zulässige t-Test. Mit anderen Worten, der Mediantest wird einen Unterschied in den Populationen mit geringerem beta-Risiko entdecken als der (zu Unrecht eingesetzte) t-Test.

Wissenschaftlich ist ein Fehler erster Art viel schwerwiegender als ein Fehler zweiter Art. Etwas »nachzuweisen«, das in Wahrheit nicht existiert, kann in eine falsche Denkrichtung führen, zu einer *Fehlerkenntnis*. Etwas nicht nachzuweisen, das aber dennoch existiert, ändert den Stand der Erkenntnis nicht und läßt die Möglichkeit der späteren *Erkenntnisergänzung*, d.h. eines Fortschritts der Wissenschaft offen (Galilei). Deshalb wird der Fehler erster Art strenger kontrolliert (durch Festsetzung des alpha-Risikos) als der Fehler zweiter Art.

5. Analyse von Ja-Nein-Ergebnissen

In der schulischen Wirklichkeit erfolgt die Benotung sehr oft aufgrund von *Ja-Nein-Ergebnissen*, d.h. aufgrund von richtig oder falsch gelösten Aufgaben, zumindest in naturwissenschaftlichen Fächern. Die richtig gelösten Aufgaben werden mit 1 und die falsch oder gar nicht gelösten Aufgaben mit 0 Punkten bewertet.

Sehr häufig wird von der Möglichkeit Gebrauch gemacht, teilweise richtig gelöste Aufgaben, z.B. *im Ansatz richtige Aufgaben*, mit einem halben Punkt zu bewerten. Dabei treten jedoch Skalierungsprobleme auf, denn es kann bestritten werden, daß $^1/_2$ die angemessene Bewertung ist. Im allgemeinen ist das Stellen von Aufgaben zu bevorzugen, die zu klar richtigen oder falschen Lösungen führen. Die folgenden Überlegungen gehen davon aus, daß dieses *Postulat der Ja-Nein-Beantwortung* erfüllt ist.

In Kapitel 5.1 werden wir die Frage stellen, ob zwei voneinander unabhängige Gruppen von Schülern, z.B. Schüler aus verschiedenen Stadtbezirken, eine gestellte Aufgabe gleich oft richtig oder falsch beantworten. Stellt man z.B. fest, daß Schüler aus verschiedenen Stadtbezirken Aufgaben unterschiedlich gut lösen, d.h. heterogen in bezug auf die Lösung dieser Aufgaben sind, kann befürchtet werden, daß die Aufgabenstellung einen sozialen Bias hat.

In den folgenden Abschnitten werden wir die sogenannten *Gütekriterien einer Testaufgabe* kennenlernen. Es handelt sich um (1) Objektivität, (2) Zuverlässigkeit (Reliabilität) und (3) Gültigkeit (Validität). Weiterhin werden wir die Ähnlichkeit von zwei Aufgaben, in anderen Worten ihre Korrelation, diskutieren und die *Schwierigkeit* einer Aufgabe sowie *Schwierigkeitsunterschiede* zwischen zwei Aufgaben definieren. Abschließend werden wir mehr als zwei Aufgaben betrachten und deren *Antwortmuster* (Ja-Nein-Antworten zu m Aufgaben) behandeln und *Testwerte* dieser Muster definieren lernen.

5.1 Ja-Nein-Anteils-Homogenität

In diesem Kapitel werden wir die Frage behandeln, ob zwei unabhängige Gruppen von Schülern in bezug auf die *Ja-Nein-Beantwortung* einer Testaufgabe *homogen* sind, d.h., ob die Lösungshäufigkeiten in beiden Gruppen gleich sind. In Tab. 4.1.1 hatten wir $m = 5$ Buben und $n = 15$ Mädchen, also zwei Gruppen von Schülern einer Klasse untersucht. Wir geben nun der ganzen Klasse von $N = m + n = 20$ Schülern eine Aufgabe, z.B. des mechanisch-technischen Verständnisses. Dann zählen wir aus, wie viele Buben und Mädchen diese Aufgabe richtig (+) und falsch oder gar nicht (–) gelöst haben. In Tab. 5.1.1 ist das Zählergebnis für die $A = 8$ Buben und $B = 12$ Mädchen aus einer anderen Klasse zusammengestellt.

Man sieht in Tabelle 5.1.1, daß $C = 10$ Schüler die Aufgabe gelöst und die gleiche Zahl, $D = 10$, die Aufgabe verfehlt haben. Man sieht auch, daß mit $f(+) = a = 6$ mehr

Tab. 5.1.1
Beobachtete Lösungshäufigkeiten für eine Aufgabe in einer Gruppe von Buben und einer Gruppe von Mädchen (Beispiel zur gender fairness)

	Lösung		
	richtig	falsch	
Buben	a = 6	b = 2	A = 8
Mädchen	c = 4	d = 8	B = 12
Klasse	C = 10	D = 10	N = 20

Buben die Aufgabe gelöst haben als Mädchen (f(+) = c = 4); zudem haben mehr Mädchen die Aufgabe verfehlt (f(–) = d = 8) als Buben (f(–) = b = 2). Wir stellen nun die Frage, ob diese Aufgabe für Buben leichter zu lösen ist als für Mädchen, d.h., ob sie gleich *fair* für die beiden Geschlechter ist (*gender fairness*). Anders formuliert kann man fragen, ob Buben in dieser Aufgabe besser sind als Mädchen, oder ob Buben und Mädchen in ihrer Antworthäufigkeit für diese Aufgabe homogen sind.

Um diese Frage zu beantworten, gehen wir von der Nullhypothese der *Homogenität* aus. Nach dieser Hypothese ist diese Aufgabe für beide Geschlechter gleich schwer. Wenn die Nullhypothese gilt, dann erwarten wir die Häufigkeitsverteilung, die in Tab. 5.1.2 wiedergegeben ist. Im einzelnen erwarten wir e(a) = e(b) = 8/2 = 4 und e(c) = e(d) = 12/2 = 6.

Tab. 5.1.2
Lösungshäufigkeiten, erwartet unter der Annahme, daß die Aufgabe aus Tab. 5.1.1 für Buben und Mädchen gleich schwer ist

Buben	e(a) = 4	e(b) = 4	A = 8
Mädchen	e(c) = 6	e(d) = 6	B = 12
Klasse	C = 10	D = 10	N = 20

Die Betrachtung der *erwarteten Zellhäufigkeiten* in Tab. 5.1.2 zeigt, daß sie zwei wichtige Eigenschaften aufweisen. Erstens sind die Zeilensummen die gleichen wie in Tab. 5.1.1. Dies ist deshalb bedeutsam, weil wir Abweichungen nicht etwa auf die nicht perfekte 50:50-Geschlechterverteilung zurückführen wollen, sondern auf Unterschiede in der Homogenität der Lösungshäufigkeit. Zweitens sind auch die Spaltensummen die gleichen wie in Tab. 5.1.1. Auch hier können wir fordern, daß diese Summen von den erwarteten Häufigkeiten reproduziert werden, denn bei Aufgaben, in denen die Anzahl der Lösungen nicht gleich der Anzahl der Fehler ist, soll dieser Unterschied keinen Einfluß auf die Beurteilung der Homogenität der beiden Stichproben haben. Betont statistisch formuliert sagt man, daß sowohl der *Haupteffekt des Geschlechts* der Schüler als auch der *Haupteffekt der Lösungshäufigkeit* in den Erwartungshäufigkeiten reproduziert worden ist.

Ob die Beobachtung mit der Erwartung unter der H_2 der gleichen Lösungsanteile in der Population von Buben und Mädchen übereinstimmt, beurteilen wir mit dem allgemeinen *Chi-Quadrat-Test* nach Formel 5.1.1

$$X^2 = \text{Summe aller } ((f - e)^2/e), \quad (5.1.1)$$

wobei f wieder die beobachteten und e die erwarteten Zellhäufigkeiten bezeichnen. Setzen wir die Häufigkeiten aus den Tabellen 5.1.1 und 5.1.2 in diese Formel ein, so erhalten wir

$$X^2 = (6 - 4)^2/4 + (2 - 4)^2/4 + (4 - 6)^2/6 + (8 - 6)^2/6 = 4/4 + 4/4 + 4/6 + 4/6 = 3.333.$$

Dieser Chi-Quadrat-Wert ist für nur df = 1 zu beurteilen, obwohl er aus vier Summanden besteht. Aufgrund der oben erklärten Eigenschaften der Erwartungshäufigkeiten kann man nach Kapitel 4.5 nur noch eine Frequenz frei wählen. Die restlichen drei Frequenzen und damit deren Freiheitsgrade werden von der festliegenden Stichprobengröße, den festliegenden Zeilensummen (Buben und Mädchen) und den ebenfalls festliegenden Spaltensummen (»Löser« und »Versager«) bestimmt.

In Tafel III des Anhangs lesen wir für das 5%-Signifikanzniveau einen kritischen Chi-Quadrat-Wert von $\chi^2 = 3.84$ für df = 1 ab. Da dieser Wert von unserem empirischen $X^2 = 3.33$ nicht überschritten wird, müssen wir die Nullhypothese beibehalten, nach der sich Buben und Mädchen hinsichtlich ihrer Lösungshäufigkeiten in dieser Aufgabe nicht unterscheiden.

In Formel 5.1.1 haben wir die allgemeine Formel für den Chi-Quadrat-Test angegeben. Diese Formel gilt für jede beliebige Zellzahl. Liegen, wie in Tabelle 5.1.1, nur vier Zellen vor, so kann äquivalent eine Formel eingesetzt werden, die auch *Pearsons Vier-Felder-Chi-Quadrat* genannt wird. Es gilt nach Pearson (1904)

$$X^2 = N(ad - bc)^2/(ABCD), \quad (5.1.2)$$

wobei die Buchstaben wieder die gleiche Bedeutung haben wie in Tabelle 5.1.1. Setzen wir unsere Daten in diese Formel ein, so erhalten wir $X^2 = 20(6 \cdot 8 - 2 \cdot 4)^2/(8 \cdot 12 \cdot 10 \cdot 10) = 3.333$. Dieser Wert ist identisch mit dem oben nach der allgemeinen Formel 5.1.1 errechneten Wert.

Man merke: Die Nullhypothese könnte falsch sein (Fehler erster Art), nur wir können sie eben nicht widerlegen. Nimmt der Lehrer an, daß die Nullhypothese – die Buben und Mädchen der Klasse unterscheiden sich in bezug auf den vorgegebenen Test nicht – dennoch falsch ist, dann sollte er die Untersuchung mit einer unabhängigen, möglichst *größeren* Stichprobe wiederholen.

Man merke besonders: Die Nullhypothese kann *niemals bestätigt*, ja nicht einmal angenommen, sondern *nur beibehalten* werden. Dies gilt auch dann, wenn P nahe eins liegt, weil im Regelfall über den Fehler zweiter Art nichts bekannt ist.

5.2 Ja-Beantwortungsübereinstimmung (Objektivität)

In vielen Fällen ist es nicht eindeutig möglich, eine Aufgabe als falsch oder richtig gelöst zu klassifizieren. In diesem Fall fragt man nach der *Objektivität* der Antwortbeurteilung. Die Antwort auf diese Frage ergibt sich empirisch durch die folgende Prozedur. Man läßt zwei Lehrer, A und B, diese Aufgabe unabhängig voneinander auswerten. Dabei sind wiederum nur Ja- (+) und Nein- (–) Urteile zugelassen.

In Tab. 5.2.1 ist ein Zahlenbeispiel für eine solche *Objektivitätsbeurteilung* dargestellt. Die beiden Lehrer A und B haben, unabhängig voneinander, eine Aufgabe bewertet, die alle N = 20 Schüler einer Klasse bearbeitet hatten. In der Tabelle finden sich die *homonymen* Urteile, in denen beide Lehrer übereinstimmen, d.h. ++ und – –, und auch die *heteronymen* Urteile, in denen die beiden Lehrer voneinander abweichen, d.h. +– und –+.

Tab. 5.2.1
Ja-Nein-Urteilsübereinstimmung für zwei Lehrer in bezug auf die Lösung einer Aufgabe

		Lehrer B		
		+	–	
Lehrer A	+	9	2	11
	–	1	8	9
		10	10	20

Aus der starken Besetzung der *Hauptdiagonalzellen*, d.h. der Zellen a und d, mit a = 9 und d = 8, in Tab. 5.2.1 erkennt man, daß die beiden Lehrer gut, wenn auch nicht perfekt in ihren Ja-Nein-Urteilen übereinstimmen. Im folgenden gehen wir der Frage nach, wie groß diese Übereinstimmung ist. Dies ist gleichbedeutend mit der Frage, wie hoch die *Objektivität* der Aufgabenbeurteilung ist.

Zunächst entscheiden wir nach 5.1.1, ob die Übereinstimmung überhaupt signifikant ist. Durch Einsetzen in 5.1.2 erhalten wir $X^2 = 20(8 \cdot 9 - 2 \cdot 1)^2/(11 \cdot 9 \cdot 10 \cdot 10) = 9.90$. Dieser Wert liegt jenseits der Signifikanzschranke von 3.84, die für df = 1 und alpha = 0.05 Tafel III im Anhang entnommen werden kann.

Im zweiten Schritt messen wir den *Grad der Objektivität* mit dem *Vierfelder-Korrelationskoeffizienten* Phi (vgl. Kapitel 6.8), der nach Pearson (1904) definiert ist als

$$\text{Phi} = (ad - bc)/\sqrt{(ABCD)}, \qquad (5.2.1)$$

wobei die Buchstabennotation die gleiche ist wie für den in Formel 5.1.2 verwendeten X^2-Test. Der sogenannte *Phi-Koeffizient* als *Objektivitätskoeffizient* kann Werte zwischen –1 und +1 annehmen, aber nur, wenn b = c gilt, oder – nach Empfehlung der Autoren – wenn b = c = (b + c)/2 gesetzt wird. Setzen wir unsere Zahlen in Formel 5.2.1 ein, so erhalten wir $\text{Phi} = (9 \cdot 8 - 2 \cdot 1)/\sqrt{(11 \cdot 9 \cdot 10 \cdot 10)} = +0.70$. Dieser Wert liegt recht nahe an +1 als der Maßzahl perfekter Objektivität gegenüber 0 als Maßzahl fehlender und –1 als Maßzahl inverser Objektivität. Die Lehrer können damit diese Aufgabe in einer Klassenaufgabe stellen, ohne zu befürchten, daß wegen mangelnder Objektivität Einspruch erhoben wird.

Im Fall, daß b oder c gleich Null sind, fällt der Test der Objektivität mit 5.2.1 zu scharf aus, d.h. der Koeffizient der Objektivität wird zu hoch. In diesem Fall addieren wir zu jeder der vier Zellen eine 1 (Harms & Ihm, 1981), bevor wir den Phi-Koeffizienten ausrechnen. Allgemein wird gefordert, daß X^2 signifikant ist und Phi nahe an 0.9 ist, wenn eine Aufgabe als Testaufgabe einer Klassenarbeit eingesetzt werden soll.

5.3 *Aufgabenbeantwortungswiederholung (Stabilität)*

Wenn eine Aufgabe ein und derselben Gruppe zweimal gestellt wird, z.B. am Anfang und Ende eines Halbjahres, dann sollte die Ja-Nein-Beantwortung über das Zeitintervall hinweg stabil bleiben. Dies betrifft vor allem Aufgaben, die die Kapazität messen, die weniger von Lernprozessen abhängig ist als die Performanz, die durch den schulischen Lernprozeß direkt verändert wird. Die Stabilität als *Testaufgabekriterium* wird geprüft, ohne daß die Schüler bei der ersten Vorgabe über die spätere zweite Testvorgabe informiert werden (und die Ergebnisse daher absichtlich im Gedächtnis abspeichern).

Zur Überprüfung der *Stabilität* verwenden wir die gleiche Kombination von Koeffizienten, die wir im letzten Kapitel zur Überprüfung der Objektvität verwendet hatten. Der Unterschied liegt hier in den Daten. Während wir im letzten Kapitel die Urteile zweier Lehrer in einer Tafel abgetragen hatten, tragen wir hier die Ergebnisse ein, die von denselben Schülern an denselben Tests bei zwei Testvorgaben erzielt werden.

Im folgenden Beispiel sind die Ergebnisse der *Stabilitätsprüfung* der bereits in Tab. 5.2.1 verwendeten MTVT-Aufgabe aufgelistet.

Tab. 5.3.1
Stabilitätsprüfung einer MTVT-Aufgabe bei zweimaliger Vorgabe

		Zweitvorgabe		
		+	–	
Erstvorgabe	+	8	1	9
	–	4	7	11
		12	8	N = 20

Nach 5.2.1 erhalten wir einen *Stabilitätskoeffizienten* von Phi = $(8 \cdot 7 - 4 \cdot 1)/\sqrt{(12 \cdot 8 \cdot 9 \cdot 11)} = 0.53$. Dieser Wert ist von dem Desiderat einer über 0.7 liegender Stabilität doch noch recht weit entfernt. Dies gilt, obwohl der zugehörige Vierfelder-Test nach 5.1.2 mit $X^2 = 20\ (8 \cdot 7 - 1 \cdot 4)^2/(9 \cdot 11 \cdot 12 \cdot 8) = 5.69$ statistisch signifikant ist. Die Stabilität ist nur ein Aspekt der sog. *Zuverlässigkeit* oder Meßgenauigkeit von Aufgaben; ein zweiter Aspekt ist die Parallelität von 2 Aufgaben, die einander konzeptuell gleichen (wie Dreisatzaufgaben mit gleichem Text, aber unterschiedlichen Zahlenwerten).

5.4 *Aufgabenbeantwortungsgültigkeit (Validität)*

Neben Objektivität und Stabilität soll eine Testaufgabe auch *Gültigkeit* (*Validität*) besitzen. Sie soll also diejenige Eigenschaft, die es zu erfassen gilt, auch tatsächlich erfassen. Dazu bedarf es eines *Gültigkeitskriteriums*, das möglichst auch in Form eines Ja-Nein-Formats beurteilt werden soll.

Wenn eine Aufgabe zum technischen Wissen (vgl. Kapitel 4.3) für die Erfassung technischen Wissens gültig ist, dann muß sie mit einer Leistung technischen Wissens und Könnens positiv korreliert sein. Eine solche Leistung wäre etwa das Zusammensetzen von Teilen einer Pumpe (Schulze-Pumpe) bis zu deren Funktionsfähigkeit (Kriterium). In Tab. 5.4.1 sind unsere N = 20 Schüler einmal mit der Testaufgabe und ein zweites Mal mit der Kriteriumsaufgabe konfrontiert worden.

Tab. 5.4.1
Schülerleistungen in einer Testaufgabe und der Kriteriumsaufgabe

		Kriteriumsaufgabe		
		+	–	
Testaufgabe	+	7	5	12
	–	2	6	8
		9	11	N = 20

Wir sehen in Tab. 5.4.1, daß a = 7 Schüler sowohl die Test- als auch die Kriteriumsaufgabe gelöst haben, und d = 6 Schüler haben beide Aufgaben nicht gelöst; b = 5 Schüler haben nur die Testaufgabe und c = 2 Schüler haben nur die *Kriteriumsaufgabe* gelöst. Wir fragen nun, wie hoch in diesem Fall die Gültigkeit der Testaufgabe ist. Zur Beantwortung dieser Aufgabe verwenden wir wieder den Phi-Koeffizienten wie in Formel 5.2.1.

Durch Einsetzen erhalten wir $\text{Phi} = (7 \cdot 6 - 5 \cdot 2)/\sqrt{(12 \cdot 8 \cdot 9 \cdot 11)} = 0.33$ als *Gültigkeitskoeffizienten.* Dieser Wert ist vergleichsweise niedrig. Entsprechend erhalten wir auch für den Zusammenhang zwischen den beiden Aufgaben nach 5.1.1 oder, einfacher, durch

$$X^2 = N \cdot \text{Phi}^2, \text{ mit df} = 1 \qquad (5.4.1)$$

den Wert $X^2 = 20(.33)^2 = 2.18$. Bei einem Freiheitsgrad ist dieser Wert nicht signifikant. Wir können demnach nicht behaupten, daß unsere Testaufgabe im Hinblick auf das Gültigkeitskriterium, das Zusammensetzen einer Pumpe, gültig oder valide ist. Es müssen zumindest noch weitere Kriterien zur Beurteilung der Validität der Testaufgabe herangezogen werden. Gilt es, die Performanz beim Zusammensetzen der Pumpe vorherzusagen, so wird man andere Testaufgaben verwenden müssen.

5.5 Aufgabenbeantwortungstrennschärfe

In vielen Fällen läßt sich kein geeignetes Gültigkeitskriterium finden, das berufs- oder eignungspraktische Relevanz besitzt. In einem solchen Fall beurteilt man nicht die Gültigkeit, sondern die *Trennschärfe* einer Aufgabe. Dabei verfährt man wie folgt: Man teilt die N Schüler in eine bessere und eine schlechtere Hälfte. Dazu verwendet man jenen Test, in den die Testaufgabe eingebracht werden soll. Sodann zählt man die Lösungskombinationen so aus, wie es in Tab. 5.4.1 an einem Beispiel gezeigt wurde. Zur Beurteilung der Trennschärfe der neuen Testaufgabe verwendet man wieder den Phi-Koeffizienten wie in Formel 5.2.1.

Im folgenden Beispiel wird untersucht, wie trennscharf eine neue *Unteraufgabe* zu einem bewährten Test ist. Das Kriterium ist der Testpunktwert über alle Aufgaben unter Ausschluß der untersuchten Unteraufgabe. Die Testpunktwerte X wurden an ihrem arithmetischen Mittelwert M dichotomiert.

Tab. 5.5.1
Trennschärfe einer Unteraufgabe im Hinblick auf die Gesamttestleistung X relativ zum Testmittelwert M

		Gesamttestleistung		
		X ≥ M	X < M	
Testaufgabe	+	8	4	12
	–	3	5	8
		11	9	N = 20

Wie bereits gesagt wurde, ist der *Trennschärfekoeffizient* Phi(T) wie der Gültigkeitskoeffizient Phi(G) als Phi-Koeffizient definiert. Setzen wir die Häufigkeiten aus Tab. 5.5.1 in die Formel für Phi ein, so erhalten wir nach Formel 5.2.1 $\text{Phi} = (8 \cdot 5 - 4 \cdot 3)/\sqrt{(12 \cdot 8 \cdot 11 \cdot 9)} = +0.29$. Dieser Wert ist nicht groß genug, um statistisch signifikant zu sein.

Aufgrund unserer *Trennschärfeanalyse* kann man damit nicht behaupten, daß die obige Aufgabe zwischen Schülern zu trennen erlaubt, die ähnliche Aufgaben erfolgreich lösen, und anderen Schülern, die solche Aufgaben weitgehend verfehlen. Es wäre daher nicht sinnvoll, die untersuchte neue Aufgabe in den Pool der schon erprobten und bewährten Testaufgaben einzubringen. (Eine Ausnahme wäre es, wenn diese Unteraufgabe eine andere Facette des Verhaltens messen soll als die anderen Unteraufgaben.) In Kapitel 7.4 werden wir eine andere als die obige Definition der Trennschärfe von Aufgaben diskutieren.

5.6 Aufgabeninterkorrelationen

Bisher war uns daran gelegen, signifikante Zusammenhänge aufzudecken. Diese Zusammenhänge wurden dann als Reliabilität oder Validität von Testaufgaben interpretiert. Lassen wir nun dieselbe Stichprobe mehr als zwei Aufgaben bearbeiten, so können wir die beiden Aufgaben zueinander in Beziehung setzen. Wir können dabei die *Ähnlichkeit* der Antworten zu den verschiedenen Aufgaben messen oder, wie man sagt, die Aufgaben miteinander korrelieren. Um die Stärke der Interkorrelation, d.h. das Ausmaß der Ähnlichkeit zu messen, verwenden wir den *Interkorrelationskoeffizienten Phi(I)*, der wie Phi definiert ist.

Im folgenden Beispiel korrelieren wir die beiden Aufgaben A und B, die von unseren N = 20 Schülern bearbeitet worden sind. Tab. 5.6.1 gibt die Häufigkeiten der Ja-Nein-Antworten für die beiden Aufgaben wieder.

Die in Tab. 5.6.1 untersuchten Aufgaben sind offenbar nicht hoch interkorreliert. Sie erfassen also wenig *Gemeinsames*, aber viel Verschiedenes an Kapazität oder Perfor-

Tab. 5.6.1
Zahlenbeispiel zur Interkorrelation zweier Aufgaben mit Ja- (+) und Nein- (–) Antworten

		Aufgabe B		
		+	–	
Aufgabe A	+	7	4	11
	–	3	6	9
		10	10	N = 20

manz. Sie decken zwei wenig überlappende Bereiche des Schulfachs ab, dem sie entnommen sind.

Ob sie überhaupt etwas an Gemeinsamkeit abdecken, erfahren wir durch den Interkorrelationskoeffizienten Phi(I). Für die Häufigkeiten in Tab. 5.6.1 erhalten wir Phi(I) $= (7 \cdot 6 - 4 \cdot 3)/\sqrt{(11 \cdot 9 \cdot 10 \cdot 10)} = 0.30$. Nach 5.4.1 ist dieser Koeffizient nicht signifikant.

Für die Interpretation sind zwei Aspekte dieses Ergebnisses festzuhalten. Erstens sind, wie schon aufgrund der visuellen Interpretation der Daten in Tab. 5.6.1 erwartet worden war, die beiden Aufgaben nur niedrig interkorreliert. Sie erfassen damit nur wenig Gemeinsames. Zweitens, und dies ist für die Planung von Tests in der Schule von Bedeutung, können diese zwei Aufgaben gut gemeinsam in einer Klassenarbeit verwendet werden. Der Grund dafür ist, daß die Aufgaben in einer Klassenarbeit einen möglichst weiten, unabhängigen Kenntnisbereich abdecken sollen. Genau das ist hier der Fall.

5.7 Die Interkorrelationstafel

In Tab. 5.6.1 haben wir die Daten für die Interkorrelation von *zwei* Ja-Nein-Aufgaben, wie sie in Klassenarbeiten auftreten, dargestellt. Die Berechnung der Interkorrelation zeigte, daß die beiden Aufgaben A und B schwach positiv miteinander korreliert sind. Wurden, wie üblich und in Klassenarbeiten notwendig, mehr als zwei Aufgaben gestellt, so lassen sich Interkorrelationen zwischen allen m Aufgaben berechnen und in einer *Interkorrelationstafel* anordnen. In einer solchen Tafel sind dieselben Aufgaben sowohl in den Zeilen als auch in den Spalten angeordnet. In den Zeilen stehen die Aufgaben von der ersten bis einschließlich der vorletzten. In den Spalten stehen die Aufgaben von der zweiten bis einschließlich der letzten. (Der Grund dafür ist, daß Einbezug aller Aufgaben in Zeilen und Spalten zu einer größeren Tafel führen würde, in welcher die Interkorrelationen der Aufgaben mit sich selber aufgenommen sind, die stets Phi = 1.0 sind und daher keine Information beinhalten.) Da sich die Korrelationen zwischen Aufgabe A und B und zwischen B und A gleichen, ist nur die eine Hälfte der Interkorrelationstafel 5.7 erforderlich.

Allgemein läßt sich die Anzahl t der Korrelationskoeffizienten in einer Interkorrelationstafel wie folgt berechnen

$$t = \binom{m}{2} = m(m-1)/2, \qquad (5.7.1)$$

Tab. 5.7.1
Interkorrelationstafel für die fünf Aufgaben A, B, C, D und E (Tafel enthält Phi-Koeffizienten)

	B	C	D	E
A	.30	.42	.37	.51
B		.29	.36	.44
C			.40	.42
D				.41

wobei m die Anzahl der interkorrelierten Aufgaben bezeichnet. Interkorrelieren wir z.B. m = 5 Aufgaben, so resultieren insgesamt t = 5(5 – 1)/2 = 10 Aufgabenpaare und damit 10 *Phi-Interkorrelationen*. In Tab. 5.7.1 sind als Beispiel die fünf Aufgaben A, B, C, D, und E interkorreliert.

Tab. 5.7.1 zeigt, daß die Korrelationen zwischen den fünf Testaufgaben mäßig hoch (zwischen 0.30 und 0.51) sind. Zudem sind sie in etwa gleich hoch. Dies ist dann wünschenswert, wenn die Aufgaben dem gleichen Test oder dem gleichen Schulfach angehören (siehe Kapitel 5.6). In diesem Fall kann angenommen werden, daß jede der fünf Aufgaben etwas allen Aufgaben Gemeinsames und zusätzlich etwas für diese Aufgabe Spezifisches erfaßt. Dies wird z.B. von der *Generalfaktorentheorie der Intelligenz* (Spearman, 1927) postuliert. In dieser Theorie wird angenommen, daß es einen sogenannten Generalfaktor der Intelligenz gibt. Dieser Faktor umfaßt die gesamte Intelligenz. Eine Reihe von spezifischen Faktoren leistet fachspezifische Beiträge zur Lösung einer jeden der 5 Testaufgaben in Tab. 5.7.1.

Um zu beurteilen, ob die fünf Aufgaben etwas Gemeinsames erfassen, das als Generalfaktor als Gesamtheit dessen interpretiert werden kann, was der Test erfaßt, muß eine sogenannte *Faktorenanalyse* (Thurstone, 1947) der Interkorrelationstafel durchgeführt werden. Diese Methode zerlegt die Struktur der Interkorrelationen in zugrundeliegende, unabhängige Dimensionen. An dieser Stelle kann auf diese Methode jedoch nicht näher eingegangen werden, da sie den Rahmen eines statistischen Grundkurses übersteigt (vgl. hierzu aber Clauß und Ebner, 1992, Kapitel 6).

5.8 Schwierigkeitsunterschiede von Aufgaben

Zwei Aufgaben A und B können, wenn sie unterschiedlich schwierig sind, zu einer überhöhten Korrelation führen. Es handelt sich dabei um eine Verzerrung, die auch die Beurteilung der faktoriellen Struktur einer Interkorrelationstafel ungünstig beeinflussen kann.

In Tab. 5.8.1 ist ein Beispiel wiedergegeben, in dem die beiden Aufgaben A und B miteinander korreliert werden. Die beiden Aufgaben unterscheiden sich in ihrer *Schwierigkeit.* Dabei wird die Schwierigkeit einer Aufgabe in Kapitel 7.1 definiert als der Anteil P der richtigen Lösungen, die N Schüler erbracht haben. Aufgabe A hat in Tab. 5.8.1 eine Schwierigkeit von P(A) = A/N = 15/20 richtigen Lösungen, dies entspricht 75%, und B hat eine Schwierigkeit von P(B) = B/N = 5/20 richtigen Lösungen, dies entspricht 25%. P(A) bzw. P(B) bezeichnet den Schwierigkeitsindex einer Aufgabe.

Tab. 5.8.1
Interkorrelation zweier Aufgaben unterschiedlicher Schwierigkeit

		Aufgabe B		
		+	–	
Aufgabe A	+	5	b = 10 (5)	15 = A
	–	c = 0 (5)	5	5
		B = 5	15	N = 20

Die Aufgaben A und B in Tab. 5.8.1 sind zu Phi = $(5 \cdot 5 - 10 \cdot 0)/\sqrt{(15 \cdot 5 \cdot 5 \cdot 15)} = 0.33$ korreliert. Wären beide Aufgaben gleich schwierig mit b = c = (b + c)/2, das ist in unserem Beispiel (10 + 0)/2 = 5, dann hätten wir für Phi die folgende Lösung erhalten: Phi' = $(5 \cdot 5 - 5 \cdot 5)/(15 \cdot 5 \cdot 5 \cdot 15) = 0.0$. Diese Lösung wird als *schwierigkeitsadjustierte Korrelation* bezeichnet (Lienert & Sporer, 1982).

Wie kann man testen, ob die zwei Aufgaben in Tab. 5.8.1 schwierigkeitshomogen, d.h. gleich schwierig sind? Zur Beantwortung dieser Frage geht man zunächst von der Nullhypothese gleicher Schwierigkeit aus. Diese Nullhypothese impliziert für die Erwartungshäufigkeiten, daß e_b und e_c gleich sind. Die beobachteten, empirischen Zellhäufigkeiten b und c werden mit diesen Erwartungshäufigkeiten mit Hilfe der allgemeinen *Chi-Quadrat-Formel* verglichen, die wir in 4.1.1 angegeben hatten, wobei $f_1 = b = 10$, $f_2 = c = 0$ und $e_1 = e_2 = (10 + 0)/2 = 5$ gilt. Für die Häufigkeiten unseres Beispiels erhalten wir

$$X^2 = (10 - 5)^2/5 + (0 - 5)^2/5 = 10.00.$$

Obwohl dieser Wert der Teststatistik zwei Summanden hat, hat das resultierende X^2 nur einen Freiheitsgrad. Dies liegt daran, daß mit der Wahl von e_b zugleich auch e_c festliegt.

Einfacher, und äquivalent, testet man *auf Schwierigkeitsunterschiede* mit dem sogenannten *McNemar-Test* (McNemar, 1947), den man auf die Felder b und c (in Formel 3.11.1 als f und g bezeichnet) des schon erwähnten Vorzeichentests anwendet:

$$X^2 = (b - c)^2/(b + c), \text{ mit df} = 1. \qquad (5.8.1)$$

Auch für diesen Test errechnen wir $X^2 = (10 - 0)^2/(10 + 0) = 10.00$. Bei einem Freiheitsgrad ist der kritische Chi-Quadrat-Wert für die 5%ige Signifikanzschranke $\chi^2 = 3.84$. Unser empirischer Wert ist größer als dieser Wert. Wir können daraus schließen, daß die Nullhypothese, nach der die beiden Testaufgaben gleich schwierig sind, zurückgewiesen werden muß. Es spricht also viel dafür, daß Aufgabe A mit einer 75%igen Lösungswahrscheinlichkeit leichter ist als Aufgabe B mit einer 25%igen Lösungswahrscheinlichkeit.

Welches sind nun die *pädagogischen Konsequenzen* des Nachweises, daß zwei Aufgaben unterschiedlich schwierig sind? Eine der wichtigsten Folgerungen ist, die leichtere Aufgabe *vor* der schwereren zu stellen, wenn beide Aufgaben in einer Klassenarbeit verwendet werden sollen. Die umgekehrte Reihung könnte dazu führen, daß ein Teil der Schüler durch die schwere Aufgabe »blockiert« würde und zur leichteren, z.B. wegen Zeitmangels oder wegen Entmutigung, gar nicht erst vorstoßen würde.

Eine zweite Folgerung betrifft die Interkorrelation der beiden Aufgaben. Im Vergleich zur Korrelation zweier gleichschwieriger Aufgaben ist sie in positiver Richtung verzerrt. Oben in diesem Kapitel haben wir gezeigt, wie man den *schwierigkeitsadjustierten Korrelatioskoeffizienten Phi'* berechnet. Mit diesem Koeffizienten erreicht man, daß eine Interkorrelationstafel wie die in Tab. 5.7.1 nur Korrelationskoeffizienten enthält, deren Größe allein auf Gemeinsamkeiten von Aufgabeninhalten, nicht aber auf Unterschiede ihrer Schwierigkeit zurückzuführen ist.

5.9 Aufgabenbeantwortungsmuster

Stellt ein Lehrer mehrere Aufgaben im Rahmen einer Klassenarbeit, so sind
1. Schwierigkeitsunterschiede zu identifizieren (siehe Kapitel 5.8) und
2. im Fall, daß Schwierigkeitsunterschiede vorliegen, die Aufgaben nach *ansteigender Schwierigkeit* vorzugeben bzw. die Schwierigkeit der Aufgaben durch Gewichts- oder Punkteangaben zu berücksichtigen.

Manche Lehrer finden es ungerecht, unterschiedlich schwierige Aufgaben mit jeweils einem Gutpunkt zu bewerten, und lassen daher gleiche Bewertung nur für gleich schwierige Aufgaben zu. Will man erreichen, daß die m Aufgaben einer Klassenarbeit nicht nur gleich schwierig, sondern auch gleich hoch interkorreliert sind, dann muß man die von N Schülern produzierten *Aufgabenbeantwortungsmuster* näher untersuchen. Im folgenden beschreiben wir, wie dies geschehen kann. (Um die Gültigkeit dieser Prozedur zu gewährleisten, müssen die N Schüler der gleichen Population entstammen wie die Schüler, die den Test später ablegen.)

Angenommen, ein Mathematiklehrer hat m = 3 Aufgaben vorgegeben und zählt die *beobachteten* Antwortmuster bei N = 25 Schülern aus. Die *möglichen* Antwortmuster sind 111, 110, 101, 100, 011, 010, 001 und 000, wobei X die Anzahl richtig gelöster Aufgaben bedeutet und z.B. das Muster 110 besagt, daß die ersten 2 Aufgaben gelöst und die dritte verfehlt wurde. Das Ergebnis der Auszählung findet sich in Tab. 5.9.1.

Tab. 5.9.1
Analyse der Aufgaben-Beantwortungsmuster für drei Aufgaben

richtige Lösungen	Aufgaben ABC	f	e	$(f-e)^2/e$
X = 3:	111	6	–	–
X = 2:	110	5	3	1.33
	101	4	3	0.33
	011	0	3	3.00
X = 1:	100	3	2	0.50
	010	2	2	0.00
	001	1	2	0.50
X = 0:	000	4	–	–
		N = 25		$X^2 = 5.66$

Wie man in Tab. 5.9.1 sehen kann, haben f(111) = 6 Schüler alle drei Aufgaben gelöst. f(110) = 5 Schüler haben die Aufgaben A und B gelöst, C aber nicht usw.; f(000) = 4 Schüler haben keine der drei Aufgaben gelöst.

Unter der Nullhypothese, nach der alle drei Aufgaben A, B und C *gleich schwierig und gleich hoch interkorreliert* sein sollen, müssen alle Beantwortungsmuster mit X = 2 richtig gelösten Aufgaben (110 ... 011) gleich häufig von den N = 25 Schülern realisiert worden sein. Der Erwartungswert e für die drei Muster 110, 101 und 011 beträgt e = (5 + 4 + 0)/3 = 3. Dies wurde in Tab. 5.9.1 eingetragen. Zusätzlich ist zu fordern, daß die Beantwortungsmuster mit X = 1 richtig gelösten Aufgaben (100, 010, und 001) gleich häufig realisiert worden sind. Der Erwartungswert e für die drei Muster 100, 010 und 001 ist entsprechend e = (3 + 2 + 1)/3 = 2. Auch dieser Wert ist in Tab. 5.9.1 bereits eingetragen.

Die Nullhypothese prüfen wir mit Hilfe des Konzepts der *multivariaten Axialsymmetrie* (Wall & Lienert, 1976), indem wir analog zu McNemars Test (5.8.1), bei dem die homonymen Muster 11 und 00 wegfallen, die *homonymen Muster* 111 und 000 außer acht lassen. Es verbleiben damit nur die Muster für Teillösungen, d. h. die *heteronymen Muster* für X = 2 und X = 1 richtige Lösungen. Diese Muster kann man auf Anpassung an die Nullhypothese testen. Für das vorliegende Beispiel resultiert in Tab. 5.9.1 ein $X^2 = 5.66$, das bei (3 – 1) + (3 – 1) = 4 Freiheitsgraden nicht signifikant ist, wie man durch Vergleich mit dem kritischen Wert 9.49 in Tafel III des Anhangs festellen kann.

Die Freiheitsgrade kommen dabei wie folgt zustande: Wir haben bei m Aufgaben m – 1 Gruppen von heteronymen Antwortmustern. Im vorliegenden Beispiel sind dies 3 – 1 = 2. Die erste Gruppe von heteronymen Antwortmustern zeigt *zwei* richtige Lösungen, die zweite Gruppe *eine* richtige Lösung. Enthält eine Gruppe von heteronymen Antwortmustern m' Elemente, dann hat man m' – 1 Freiheitsgrade. Im vorliegenden Beispiel hat jede der beiden Gruppen m' = 3 Elemente und trägt damit 3 – 1 = 2 Freiheitsgrade bei.

Die statistische Überprüfung der Nullhypothese hat für unser Datenbeispiel in Tab. 5.9.1 gezeigt, daß wir die Nullhypothese nicht zurückweisen können. Wir können daher bis auf weiteres davon ausgehen, daß die drei Aufgaben gleich schwierig und gleich hoch interkorreliert sind. Sie bilden unter diesen Umständen eine *Intervallskala mit X als der Zahl richtiger Lösungen* (Lienert und Raatz, 1981).

Klassenarbeiten, deren Aufgaben das *Axialsymmetriepostulat* erfüllen, können nicht angefochten werden, wenn sie nach der Zahl richtiger Lösungen metrisch benotet werden. Lehrer sollten für künftige Klassenarbeiten nach Aufgaben suchen, die das obige Postulat erfüllen und Aufgabenmuster nach Art von Tab. 5.9.1 erstellen. Je höher die Korrelationen zwischen den Aufgaben einer Klassenarbeit sind, desto enger ist der Bereich des Schulfachs, den sie abdecken. Will der Lehrer also einen breiten Bereich seines Fachs durch eine Klassenarbeit abdecken, dann muß er Aufgaben auswählen, die niedrig interkorreliert sind.

5.10 Definition von Testwerten

In den Eingangskapiteln haben wir naiv darauf vetraut, daß Schulleistungen, die wir über Tests (Schulleistungs- oder Fortschrittstests) erfassen, auf *Testwerten X* basieren, die auf geeignete Weise aus der Beantwortung von Testaufgaben hergeleitet sind. Die übliche *Definition eines Testwerts X* ist die Zählung der aus m vorgegebenen Aufgaben richtig gelösten Aufgaben:

$$X: = \text{Zahl der richtigen Antworten.} \qquad (5.10.1)$$

Diese naive Definition eines Testwerts berücksichtigt das ihr zugrundeliegende Antwortmuster nicht. So kann für X = 4 richtig gelöste von m = 6 Aufgaben jedes der folgenden *Antwortmuster* aufgetreten sein: 111100, 111010, 110011, 110101, 101110, 010111 etc. bis hin zu 001111. Alle diese Muster implizieren, daß vier Aufgaben gelöst sind und führen folglich zu einem Testwert von X = 4. Der Testwert ist damit in der obigen Definition als Zahl der Richtigen eine *Degeneration des Antwortmusters*. Obwohl die Schüler unterschiedliche Aufgaben richtig beantwortet haben, führen alle Antwortmuster mit vier richtigen Lösungen zu demselben Testwert.

Die naive Definition eines Testwerts wird durch Formel 5.10.1 zur hier sogenannten *psychometrischen Definition*, wenn die m Aufgaben untereinander austauschbar sind. Dies ist der Fall, wenn alle Aufgaben gleiche Schwierigkeiten und gleiche Interkorrelationen mit den anderen jeweils m – 1 Aufgaben aufweisen. Diese Bedingung ist erfüllt, wenn die heteronymen Antwortmuster für alle X-Werte gleich verteilt sind (in Tab. 5.9.1 war dies der Fall). Die Besetzung der homonymen Muster bestimmt die Höhe der Interkorrelationen: je größer die Anzahl der Personen mit homonymen Mustern ist, desto höher fallen cet. par. die Korrelationen aus.

Sind m Aufgaben ungleich schwierig und/oder ungleich hoch interkorreliert, dann bildet die Zahl der richtigen Antworten, wie sie die sog. klassische Testtheorie zugrundelegt, nur eine Rangskala aus. Ein Lehrer, der seine Klassenarbeiten nach der Zahl der »Richtigen« intervallskalieren will, darf nur solche Aufgaben verwenden, die auch der sog. *probabilistischen Testtheorie* des *Rasch-Modells* genügen (vgl. Fischer 1974).

6. Korrelation von Testwerten

In Kapitel 5 wurde das Konzept des Zusammenhangs zwischen zwei Binärvariablen wie Testaufgaben implizit als bekannt vorausgesetzt. Phi wurde als Maß dargestellt, das zur Messung der Höhe dieses Zusammenhangs geeignet ist. In diesem Kapitel wollen wir nachtragen, wie das Konzept der Korrelation definiert ist. Weiterhin wollen wir zeigen, wie die Phi-Korrelation zwischen Testaufgaben aus einer allgemeinen *Definition der Korrelation* intervallskalierter Merkmale, wie Leistungstests in Schulklassen, hergeleitet werden kann.

Die Messung des Zusammenhangs zwischen zwei Leistungsvariablen wie z.B. den Testwerten in einem Mathematiktest und in einem Deutsch-Wortschatztest ist für verschiedene weiterführende Analysen von Schulleistungen essentiell. Man denke nur an die Definition der schulischen Intelligenz aufgrund der Korrelationen zwischen Schulnoten in den schulischen Hauptfächern, wie sie 1921 durch Cyril Burt (vgl. Burt 1949) in London begonnen und 1927 (durch Spearman) mit der *Faktorenanalyse* von Schulnoten und Leistungstests vorläufig abgeschlossen wurde. Dieses auch heute noch wichtige Verfahren, eine Reihe von Leistungen im kognitiven Bereich auf wenige hypothetische Variablen, *Faktoren* genannt, zurückzuführen, basiert auf den Korrelationen zwischen allen Paaren von Testleistungen in verschiedenen Fächern. Auch die sogenannten *Primärfaktoren der Intelligenz*, wie sie 1931 bis 1947 von L.L. Thurstone untersucht und durch A.O. Jäger (1967) (vgl. auch Herrmann, 1991) auch im deutschen Sprachgebiet verifiziert worden sind, geht auf die Methode der multiplen Faktorenanalyse zurück. Deshalb werden wir uns jetzt mit der Grundlage der Faktorenanalyse, mit der *Korrelation von Testwerten*, befassen.

6.1 Die Veranschaulichung der Produkt-Moment-Korrelation

Die Korrelationen zwischen zwei stetig verteilten, d.h. kontinuierlichen und mindestens *intervallskalierten Variablen*, z.B. Intelligenzquotienten, bedeutet die Messung des Zusammenhangs zwischen zwei in ein und derselben Stichprobe von Individuen beobachteten Merkmalen. Solch ein Zusammenhang wird als Produkt-Moment-Korrelation oder als *Maßkorrelation* (vgl. Kap. 6.2) bezeichnet. Z.B. sind Körpergröße und Körpergewicht hoch positiv miteinander korreliert. Dies bedeutet, daß größere Schüler auch schwerer sind als kleinere Schüler. Ähnlich besagt die positive Korrelation zwischen Intelligenz und Schulleistungen, daß Schüler mit hohem IQ auch bessere Schulleistungen erbringen als Schüler mit niedrigeren IQs.

Um eine Korrelation zu veranschaulichen, betrachten wir Abbildung 6.1.1, in der X den *Intelligenzquotienten* und Y die Schulleistung in z-Werten von N = 20 Schülern bezeichnet. Die Meßwertpaare X, Y sind durch Kreise eines sog. *Korrelationsdiagramms*, das die N = 20 Schüler repräsentiert, dargestellt.

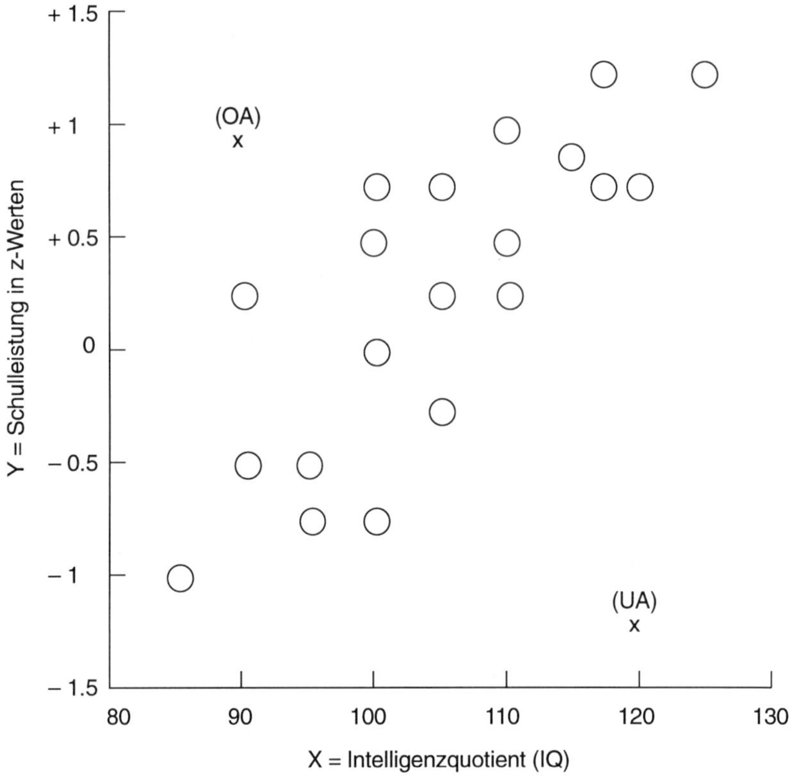

Abbildung 6.1.1: Beispiel einer positiven Korrelation zwischen IQ und Schulleistung in z-Werten

In Abbildung 6.1.1 hat der links unten plazierte Schüler sowohl einen niedrigen IQ als auch eine schlechte Schulleistung. Im Gegensatz dazu hat der Schüler rechts oben sowohl einen hohen IQ als auch eine gute Schulleistung.

Würde man die Merkmale IQ (X) und Körpergröße (Y) messen und als *Meßwertepaare* wie in Abbildung 6.1.1 darstellen, so ergäbe sich eine Korrelation nahe null. In Abbildung 6.1.2 ist ein solcher Fall dargestellt.

Der *Punkteschwarm* in 6.1.2 ist in etwa kreisförmig. Dies entspricht intuitiv einer *Nullkorrelation.* Der Punkteschwarm der Meßwertepaare XY in Abbildung 6.1.1 sieht ellipsenförmig aus. Wegen der von links unten nach rechts oben verlaufenden, d.h. steigenden (statt fallenden) *Hauptachse* sagt man, der Punkteschwarm zeigt eine *positive Korrelation* an, d.h., daß gute (schlechte) Schulleistungen mit hohen (niedrigen) Intelligenzquotienten zusammenhängen.

Eine *negative Korrelation* wäre analog zu 6.1.1 darzustellen. Der einzige Unterschied zu 6.1.1 ist die Richtung der Hauptachse der Ellipse. Statt von links unten nach rechts oben, verläuft sie bei einer negativen Korrelation von links oben nach rechts unten. Ein Beispiel einer negativen Korrelation wird von den Variablen »Alter eines Schülers und schulische Gesamtleistung« geboten. Hier kann erwartet werden, daß die Schüler mit höherem Alter eine schlechtere Gesamtleistung erreichen (vgl. Kap. 6.12).

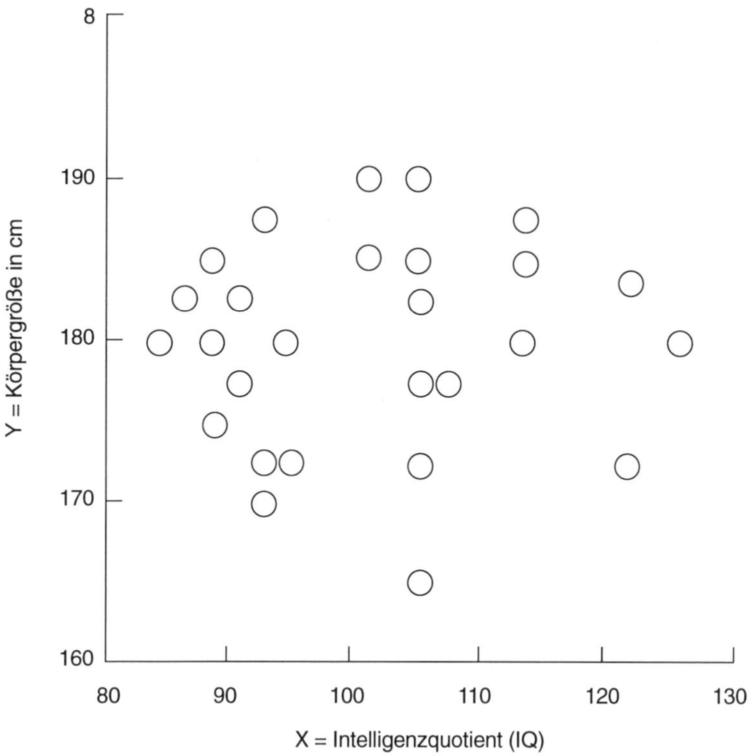

Abbildung 6.1.2: Veranschaulichung einer Nullkorrelation zwischen IQ und Körpergröße in cm

Während die Richtung der langen Hauptachse der Ellipse das Vorzeichen der Korrelation anzeigt, zeigt die kurze *Nebenachse* der Ellpise die *Stärke der Korrelation* an. Im ersten Grenzfall, der perfekten positiven Korrelation zwischen zwei Tests, degeneriert die Ellipse zu einer ansteigenden Geraden, d.h. daß die kürzere Achse eine Länge von Null hat. Im anderen Grenzfall, der Nullkorrelation, ist die »kurze« Achse der Ellipse gleich lang wie die lange Achse. Die Ellipse wird damit zum Kreis. Allgemein kann damit gesagt werden, daß die Korrelation ansteigt, wenn die kurze Achse der Ellipse um den Punkteschwarm an Länge abnimmt. Wenn die kurze Achse länger wird, dann sinkt die Korrelation.

Die Korrelationen zwischen verschiedenen schulischen Leistungen, die durch informelle, vom Lehrer erstellte Tests erhoben werden, liegen meist im Bereich zwischen $r = 0.4$ und $r = 0.6$. Dies gilt auch für die Korrelation zwischen dem IQ und vielen Schulfächern. Niedrige Korrelationen zwischen der Intelligenz (IQ) und einem eher anspruchsvollen Schulfach wie Mathematik kommen u. U. dann zustande, wenn sogenannte *Ausreißerpaare* von IQ und Mathematik gegen den *Trend der Korrelation* auftreten. Ein Schüler mit niedrigem IQ, aber dennoch hoher Leistung in Mathematik läge in Abbildung 6.1.1 links oben. Schüler mit einem solchen Testwertprofil werden im englischen, und mittlerweile auch im deutschen Sprachraum als *Overachiever* (OA) bezeichnet, d.h. als Schüler, die mehr leisten, als nach ihrer Intelligenztestleistung zu erwarten war. Umgekehrt werden Schüler, die trotz hoher IQ-Werte nur niedrige Leistungen in Mathematik oder anderen Hauptfächern bringen, als *Underachiever* (UA)bezeichnet.

Ein einziger Over- und ein einziger Underachiever könnten bei N = 20 Schülern einer Schulklasse bereits zu einer *Attenuierung*, d.h. einer erheblichen Abschwächung der Korrelation führen. Daher ist stets nach bivariaten Ausreißern dieser Art im Punkteschwarm, der auch *Korrelationsdiagramm* genannt wird, zu suchen. Falls erforderlich, kann man solche Schüler aus der Berechnung der Korrelation ausschließen.

6.2 Definition der Produkt-Moment-Korrelation r

Um ein Maß dafür zu gewinnen, wie eng zwei Variablen, z.B. der Testwert in Mathematik, X, und der Testwert im Wortschatztest, Y, korreliert sind, haben Pearson (1904) und zuvor Bravais (1846) den *Maßkorrelationskoeffizienten* r vorgeschlagen. Dieser Koeffizient basiert auf Produkten von standardisierten Testwerten, den sogenannten z-Werten, die in Kapitel 2.7.1 bereits eingeführt worden sind. Der Maßkorrelationskoeffizient r ist so normiert, daß er die perfekt positive Korrelation durch einen Wert von r = +1, die Nullkorrelation durch r = 0 und die perfekt negative Korrelation durch r = –1 ausdrückt. Der Koeffizient r ist wie folgt definiert.

$$r = (\text{Summe aller Produkte } z_x z_y)/N, \qquad (6.2.1)$$

wobei z_x die in Einheiten der Standardabweichung s_x gemessene Abweichung eines beobachteten vom mittleren X-Wert, M_x, bezeichnet; d.h.

$$z_x = (X - M_x)/s_x.$$

Entsprechend gilt für die Abweichung eines beobachteten Y-Wertes vom mittleren Y-Wert M_y

$$z_y = (Y - M_y)/s_y.$$

In Kapitel 6.3 werden wir diese Definition geometrisch veranschaulichen.

Setzt man die z-Wert-Definitionen in 6.2.1 ein, so erhält man die sogenannte *Abweichungsformel des Maßkorrelationskoeffizienten*,

$$r = \text{Summe aller Produkte } ((X - M_x)/s_x)((Y - M_y)/s_y)/N. \qquad (6.2.2)$$

Multipliziert man den Klammerausdruck in 6.2.2 aus, so erhält man

$$r = (\text{Summe aller Produkte } XY)/(Ns_x s_y) - M_x M_y/s_x s_y. \qquad (6.2.3)$$

Setzt man in 6.2.2 für M_x = (Summe aller X)/N und für s_x^2 = (Summe aller X^2)/N – (Summe aller X)^2/N ein etc., so resultiert die für den *Taschenrechner* gut geeignete Formel

$$r = \frac{Sum(XY) - (Sum\,X)(Sum\,Y)/N}{\sqrt{(Sum X^2 - (Sum\,X)^2/N)(Sum\,Y^2 - (Sum Y)^2/N)}}, \qquad (6.2.4)$$

wobei wir »Sum X« als Kürzel für »Summe aller X« geschrieben haben etc. Bei der Berechnung ist es einfacher, zunächst r^2 zu berechnen und dann die Wurzel aus diesem Wert zu ziehen.

Sind N = 4 Schüler in Mathematik (X) und in Physik (Y) getestet worden, so mögen die in Tab. 6.2.1 verzeichneten *singulären Testwertepaare* XY beobachtet worden sein.

Tab. 6.2.1
Schema und Beispiel zur Berechnung der Korrelation zwischen den Testwerten in zwei Fächern

Schüler	X	Y	X^2	Y^2	XY
A = 1	1	0	1	0	0
B = 2	2	4	4	16	8
C = 3	3	3	9	9	9
D = 4	4	6	16	36	24
N = 4	10	13	30	61	41

Setzt man in Formel 6.2.3 ein, so resultiert ein Korrelationskoeffizient von

$$r = \frac{41 - 10 \cdot 13/4}{\sqrt{(30 - 10^2/4)(61 - 13^2/4)}} = 0.878 = +0{,}88.$$

Der Zusammenhang zwischen Mathematik- und Physikleistungen ist bei den N = 4 Schülern mit r = 0.88 sehr hoch, weil beide Fächer vom gleichen Lehrer gegeben und bewertet wurden.

Im nächsten Kapitel machen wir die Produkt-Moment-Korrelation anhand der Definitionsformel 6.2.1 anschaulich.

6.3 r als mittleres Abweichungsprodukt

Im folgenden Beispiel gehen wir davon aus, daß N = 4 Schüler in Mathematik und Deutsch die *Stanine-Testwerte* X und Y aus Tab. 6.3.1 erhalten haben. Diese Testwerte können leicht in z-Werte umgerechnet werden, da der Mittelwert der Stanine-Werte 5 und deren Standardabweichung 2 beträgt (vgl. Kap. 2.1):

Tab. 6.3.1
Korrelationsberechnung über Abweichungsprodukte von Testwertepaaren

X	Y	$z_x = (X - 5)/2$	$z_y = (Y - 5)/2$	$z_x z_y$	Schüler
2	3	− 1.5	− 1.0	+ 1.50	A
6	4	+ 0.5	− 0.5	− 0.25	B
7	8	+ 1.0	+ 1.5	+ 1.50	C
5	5	± 0.0	± 0.0	+ 0.00	D
25	25	0.0	0.0	r = + 2.75/4 = + 0,69	

Der Rechenvorgang nach der Formel 6.2.1 aus Tab. 6.3.1 ist in Abbildung 6.3.1 durch jene 3 *Abweichungsprodukte* $z_x z_y$ veranschaulicht, die *nicht* gleich Null sind.

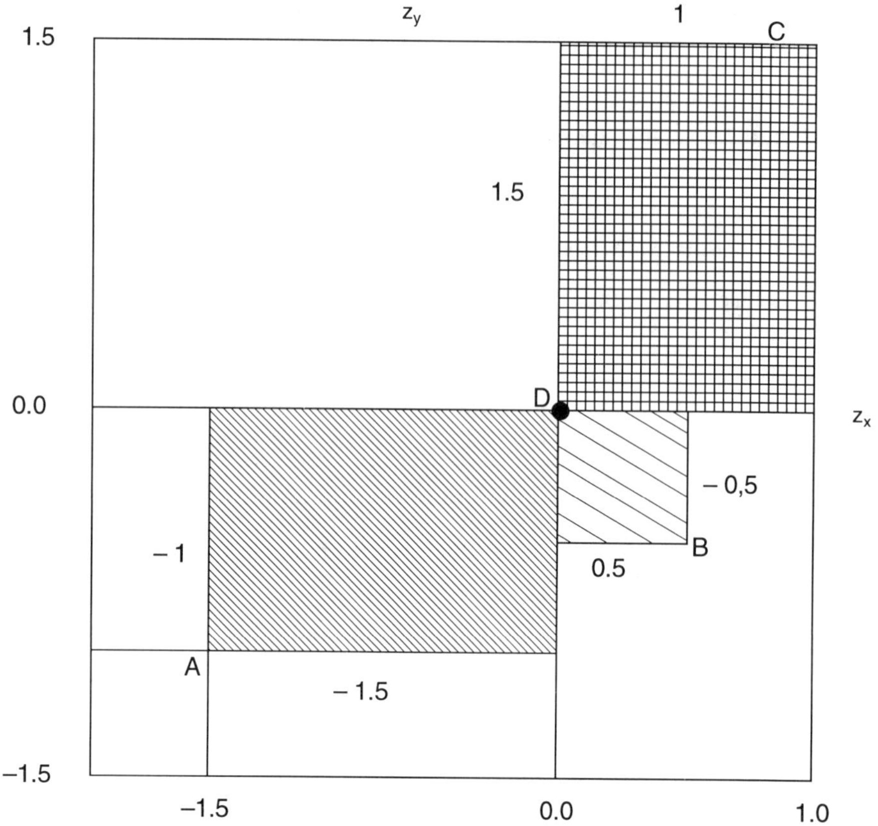

Abbildung 6.3.1: Veranschaulichung von r als mittlerem Abweichungsprodukt $z_x z_y$

Der Korrelationskoeffizient r = 0.69, wie er in Tab. 6.3.1 berechnet und in Abbildung 6.3.1 veranschaulicht wurde, entspricht also der arithmetisch gemittelten Fläche der Abweichungsprodukte, wobei die Rechtecke links unten (A) und rechts oben (C) addiert und die Rechtecke links oben (fehlend) (D) und rechts unten (B) subtrahiert werden.

Tab. 6.3.2 enthält einige Korrelationskoeffizienten (aus Hofstätter und Wendt 1966), die zum Teil auch schulisch relevant sind.

Zu interpretieren sind Korrelationskoeffizienten am besten über das sog. *Bestimmtheitsmaß r^2*, das Quadrat des Korrelationskoeffizienten. Ein r^2 zwischen Körperlänge und Körpergewicht $r^2 = 0.69^2 = 0.48$ (48%) besagt danach, daß 48% der Varianz (interindividuelle Varianz) des Körpergewichts durch die Körperlänge bestimmt wird (und umgekehrt). Anders formuliert kann festgestellt werden, daß Körperlänge und Körpergewicht 48% ihrer Varianz gemeinsam haben (siehe auch Kapitel 6.7).

Tab. 6.3.2
Beispiele für empirisch gefundene Korrelationen

X	Y	r
Körperlänge	Körpergewicht	0.69
Körperlänge	Handdruckstärke	0.53
Handdruck rechts	vs. links	0.75
Kopfumfang	IQ	0.00
Wortschatz	Rechtschreibung	0.50
Schulinteresse	-erfolg	0.5 – 0.8
Schwindeln	IQ	– 0.60
IQ (Freund A)	IQ (Freund B)	0.55
Sozialstatus A	Sozialstatus B	0.73

6.4 Echte und zufallsbedingte Korrelationen

Die Korrelation von r = + 0.88 zwischen den Testleistungen, die unsere N = 4 Schüler in Tab. 6.2.1 in Mathematik und Physik gezeigt haben, ist so hoch, daß wir vermuten, sie sei *echt*, d.h. sie reflektiert einen Zusammenhang, der auch in der Population größer als null ist. Dagegen mag die Korrelation von r = 0,69, die wir in Kap. 6.3 für den Zusammenhang zwischen den Testleistungen in Mathematik und Deutsch errechnet haben, durchaus nur eine *zufallsbedingte Korrelation* zwischen diesen beiden Fächern sein, d.h. nur zufällig von einer Nullkorrelation in der Population abweichen. Im folgenden werden wir untersuchen, ob eine Korrelation echt oder zufallsbedingt ist. In technischen Termini sagt man, daß eine echte Korrelation *signifikant verschieden von Null* ist.

In der Nullhypothese gehen wir davon aus, daß Mathematik- und Deutschleistungen unkorreliert sind. Das bedeutet, daß diese Korrelation in der Population – sie heißt ρ statt r – null ist. Diese Definition gilt unabhängig von der Definition der Population, aus der eine Stichprobe gezogen wurde, d.h. für die einzelne Schulklasse als Population, für die Jahrgangskohorte oder für die gesamte Schülerpopulation.

Inhaltlich läßt sich diese Nullhypothese damit begründen, daß Leistungen in Mathematik durch den Reasoningfaktor, d.h. schlußfolgerndes Denken, Leistungen in Deutsch aber durch den Verbal Comprehension Faktor, d.h. Sprachverständnis, bestimmt sind. Diese beiden Faktoren sind in Thurstones System der sieben *Primärfähigkeiten* unabhängig und damit unkorreliert. (Die sieben Primärfähigkeiten sind: V = verbal comprehension, d.h. Sprachverständnis, W = word fluency, d.h. Wortflüssigkeit, R = reasoning, d.h. schlußfolgerndes Denken, S = spatial orientation, d.h. räumliches Vorstellungsvermögen, M = associative memory, d.h. assoziatives Gedächtnis, N = number facility, d.h. Rechengewandtheit, und P = speed of perception, d.h. Auffassungsgeschwindigkeit).

Tests zur Erfassung dieser Primärfähigkeiten stehen im P.M.A-Test von Thurstone (1938) zur Verfügung und in verdichteter Form im Leistungsprüfsystem von Horn (1969), das für Grund- und Hauptschüler geeignet erscheint. Die Testskalen für die Primärfähigkeiten sind untereinander niedrig korreliert.

Wie beurteilen wir nun, ob eine Korrelation von r = 0.69, aus Tab. 6.3.1, nicht etwa doch zufallsbedingt ist, weil wir, zufallsbedingt, eben gerade vier Schüler ausgelost haben, die solch eine Korrelation zwischen der Performanz in Mathematik und Deutsch aufweisen? Im folgenden Kapitel werden wir dazu wieder ein Simulationsexperiment durchführen.

6.5 Korrelationsbeurteilung durch ein Simulationsexperiment

Um empirisch zu beurteilen, ob eine Korrelation von r = 0.69 durch Zufall entstanden sein kann, gehen wir von der Urnenpopulation in Tabelle 2.1.1 mit einem Mittel von M = 5 und einer Standardabweichung von s = 2 aus. Mit Hilfe dieser Population vollführen wir mit unseren 25 Kursteilnehmern das folgende *Simulationsexperiment.*

Teilnehmer A zieht aus der Urne zuerst mit der linken Hand eine Kugel, z.B. die mit der Zahl 7 und berechnet $z_x = (7 - 5)/2 = +1.0$ als standardisierte Mathematikleistung. Dann zieht derselbe Teilnehmer, nach Zurücklegen, mit der rechten Hand eine ›paarige‹ Kugel, z.B. die Kugel mit der Zahl 4 und berechnet $z_y = (4 - 5)/2 = -0.5$ als standardisierte Deutschleistung. Diese beiden Ziehungen gelten für den Schüler 1, der dann das z-Wertepaar $z_x = +1.0$ und $z_y = -0.5$ zugeordnet erhält. Im Anschluß an diesen Vorgang wiederholt der Teilnehmer A den gleichen Vorgang für die Schüler zwei, drei und vier, jeweils mit vorherigem Zurücklegen der gezogenen Kugel. Dadurch resultiert eine Zufallsverteilung für N = 4 Schüler. Diese Verteilung ist in Tab. 6.5.1 wiedergegeben.

Tab. 6.5.1
Zufallskorrelation der Ergebnisse in Mathematik und Deutsch im Urnenexperiment für vier Schüler

Schüler	z_x	z_y	$z_x\ z_y$
1	1.0	− 0.5	− 0.50
2	0.0	− 0.5	0.00
3	− 0.5	1.5	+ 0.75
4	0.5	0.5	0.25
		r_{xy} = + 0.50/4 = + 0,125	

Wir berechnen aus Tab. 6.5.1 nun die Korrelation zwischen den standardisierten Mathematik- und Deutschleistungen nach Formel 6.2.1 und erhalten für unseren Teilnehmer A eine Korrelation von $r_{xy} = + 0.125$. Die übrigen 24 Teilnehmer führen nun dasselbe Experiment durch und berechnen, jeder für sich, ihren *Zufallskorrelationskoeffizienten.* Es entstehen dadurch 25 Koeffizienten. Diese sind in Abbildung 6.5.1 als Häufigkeitsverteilung in Histogrammform veranschaulicht.

In Abbildung 6.5.1 finden wir immerhin *einen* Zufallskoeffizienten, der größer ist als der von uns in Abbildung 6.3.1 beobachtete Wert von r = 0.69. Die empirische Wahrscheinlichkeit, daß dies im Simulationsexperiment passiert, beträgt P = 1/25 = 0.04. Weil $P < 0.05$ ist, weisen wir H_0 zugunsten von H_1 zurück. Die Korrelation von 0,69 in der Stichprobe der 4 Schüler aus Tab. 6.5.1 ist nicht gleich Null, sondern signifikant positiv.

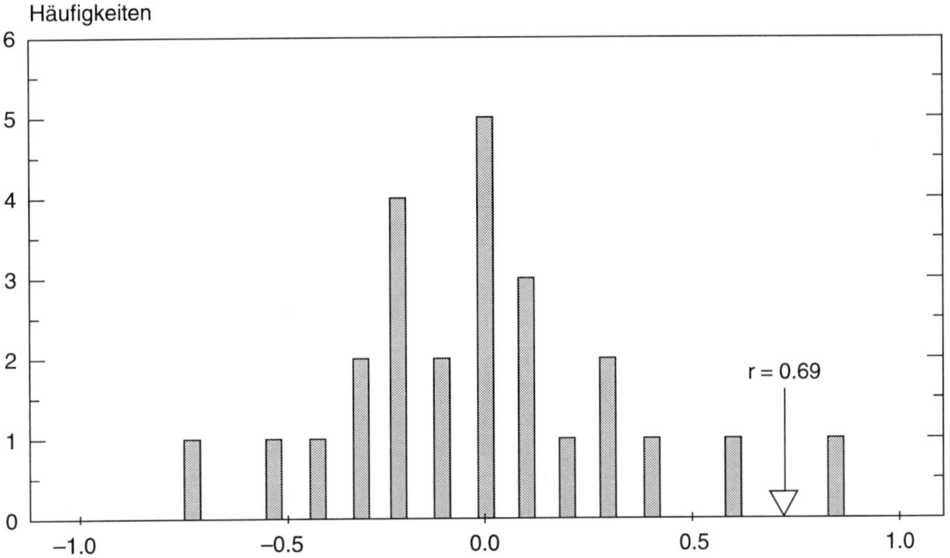

Abbildung 6.5.1: Verteilung von 25 Zufallskorrelationen im Simulationsexperiment

6.6 Signifikanz eines Korrelationskoeffizienten

Im Kap.6.5 haben wir den Simulationsweg beschritten, um zu entscheiden, ob eine Korrelation aus einer Stichprobe von N Individuen, an denen zwei Testleistungen gemessen wurden, auch echt ist, d.h. in der Population aller Individuen, aus der die Stichprobe stammt, ebenfalls existiert. Dieser Weg ist aufwendig und ungenau, wenn er nur an 25 statt etwa an 2500 Loszügen durchgeführt wird. Im folgenden werden wir einen genaueren und bequemeren Weg gehen.

Unter der Nullhypothese, wonach in der Population aller Schüler Testpunkte in Mathematik und Deutsch unkorreliert sind, ist die Zufallsverteilung der Korrelationskoeffizienten in Abbildung 6.5.1 *nicht normalverteilt.* Aus diesem Grund soll man r *normalisieren*, d.h. die r-Skala, die von −1 bis +1 reicht, wie mit einem Gummiband so extendieren, daß sie von minus Unendlich bis plus Unendlich reicht. Diese Transformation der r-Skala wird mit der folgenden Formel durchgeführt:

$$z'_r = \frac{1}{2} \ln \frac{1 + |r|}{1 - |r|}, \qquad (6.6.1)$$

wobei ln den natürlichen Logarithmus bezeichnet, d.h. den Logarithmus zur Basis e = 2.71828... Diese Transformation, *Fisher-z'-Transformation* (Fisher, 1921) genannt, führt zu einem z'-Wert, der annähernd normalverteilt ist mit einem Erwartungswert von 0 und einer Varianz von

$$\mathrm{Var}(z'_r) = 1/(N - 3). \qquad (6.6.2)$$

Demnach ist die Abweichung eines transformierten z'-Wertes vom Erwartungswert 0 unter der Nullhypothese fehlender Korrelation ($\rho = 0$) – analog der Berechnung von Standardwerten – durch

$$z' = (z'_r - 0)/\sqrt{1/(N-3)} \qquad (6.6.3)$$

gegeben. In unserem Beispiel der Abschnitte 6.3 und 6.4 mit r = 0.69 zwischen Mathematik und Deutsch lesen wir in einer Transformationstafel für 6.6.1 nach und finden ein $z'_r = 0,85$. Diese Tafel ist im Anhang (Tafel IV) wiedergegeben. Da bei N = 4 für die Varianz gilt, daß $\mathrm{Var}(z'_r = 0.85) = 1/(4-3) = 1$ ist, ergibt der *Normalverteilungs-z-Test* nach 6.6.3 ein $z = 0.85/\sqrt{1} = 0.85$. Diesem z-Wert ($\neq z'$) ist nach Tafel I ein einseitiges P = 0.198 zugeordnet. Dieser Wert ist größer als alpha = 0.05.

Daher schließen wir hier nach Anwendung von Fishers z'-Test, daß die Nullhypothese nicht zurückgewiesen werden kann. Der Koeffizient von r = 0.69 ist nicht groß genug, um den Schluß nahezulegen, daß die Korrelation in der Population positiv ist. Wir können als Erklärung für diesen Befund anführen, daß die verwendete Stichprobe mit N = 4 zu klein ist. Allgemein läßt sich festhalten, daß Korrelationskoeffizienten in mindestens fünf Individuen umfassenden Stichproben gemessen werden müssen, um statistisch signifikant sein zu können.

Korrelationen zwischen Leistungstests sind in der Population von Schülern stets positiv. Man testet daher (fast) immer *einseitig* gegen die Existenz solch einer positiven Korrelation zwischen zwei Schulleistungen. Nur wenn man eine Leistung (wie die Schnelligkeit, mit der die Grundrechnungsarten angewendet werden) mit einem Persönlichkeitsmerkmal (wie Schulangst) korreliert, testet man zweiseitig, da hier auch die Möglichkeit einer negativen Korrelation besteht.

6.7 Korrelation gruppierter Testwerte

In Klassenarbeiten ist die Anzahl der Aufgaben meist recht gering. Deshalb kommen mittlere Testwertepaare meist mehrfach vor; man spricht von *gruppierten Testwertepaaren*. In diesem Kapitel behandeln wir, wie man die Korrelation gruppierter Testwertepaare berechnen kann.

Für das folgende Beispiel haben N = 20 Schüler einen Test in Mathematik und einen Test in Biologie bearbeitet. Jeder dieser Tests bestand aus nur drei Aufgaben, für deren erfolgreiche Bearbeitung jeweils ein Punkt vergeben wurde. Jeder Schüler konnte daher die Testwertepaare (1 1) bis (3 3) erhalten. Dabei bedeuten (1 1), daß ein Schüler sowohl in Mathematik als auch Biologie einen Punkt erhalten hat, und (3 3), daß ein Schüler in beiden Fächern alle drei Punkte erhalten hat. Die Tests waren so angelegt, daß das Ergebnis null Punkte wegen je einer *Eisbrecheraufgabe* nicht auftrat. Tab. 6.7.1 zeigt die Häufigkeit der Testpunktepaare und gibt ein *Rechenschema* zur Berechnung der Korrelation r zwischen den Punkten in Mathematik und Biologie.

Wie man in Tab. 6.7.1 sehen kann, haben $f(X = 1, Y = 1) = 3$ Schüler sowohl in Mathematik als auch in Biologie einen Punkt erhalten; $f(X = 1, Y = 2) = 2$ Schüler haben einen Punkt in Mathematik und zwei Punkte in Biologie erreicht etc. Aus diesen Punktwertepaare-Häufigkeiten berechnen wir die Produktmoment-Korrelation analog zu 6.2.4 nach der *Bindungsformel* 6.7.1.

Tab. 6.7.1
Schema und Beispiel zur Berechnung der Korrelation r bei gruppierten Testwerten

		Biologie (Y)						
		1	2	3	f		fX	fX^2
Mathematik (X)	3	0	1	4	5		15	45
	2	0	7	2	9		18	36
	1	3	2	1	6		6	6
	f	3	10	7	20 = N		39	87
	fY	3	20	21	44			
	fY^2	3	40	63	106			
	0(3 · 1)	1(3 · 2)	4(3 · 3)	⇒	0	6	36	
	0(2 · 1)	7(2 · 2)	2(2 · 3)	⇒	0	28	12	
	3(1 · 1)	2(1 · 2)	1(1 · 3)	⇒	3	4	3	
				Sum fXY =	3 +	38 +	51	= 92

$$r = \frac{(Sum\,fXY) - ((Sum\,fX)(Sum\,fY))/N}{\sqrt{(Sum\,fX^2 - (Sum\,fX)^2/N)(Sum\,fY^2 - (Sum\,fY)^2/N)}}\,. \qquad (6.7.1)$$

Aus Tabelle 6.7.1 entnehmen wir Sum fX = 39, Sum fY = 44, Sum fX^2 = 87, Sum fY^2 = 106 und Sum fXY = 92. Durch Einsetzen in 6.7.1 erhalten wir

$$r = \frac{92 - (39 \cdot 44)/20}{\sqrt{(87 - 39^2/20)(106 - 44^2/20)}} = +\,0.62.$$

Eine Korrelation von r = 0.62 zwischen Mathematik und Biologie entspricht der Erwartung, daß Leistungen in den eher wissenschaftlichen Fächern mittel bis hoch interkorreliert sind.

Quadriert man den Pearson-Bravais Maßkorrelationskoeffizienten, so erhält man bekanntlich (siehe Kapitel 6.3) das *Bestimmtheitsmaß*. Dieses Maß sagt uns, welcher Varianzanteil der Gesamtvarianz zweier Variablen durch die Korrelation abgedeckt ist. Für das vorliegende Beispiel errechnen wir $r^2 = 0.38$. Das bedeutet, daß 38% der Gesamtvarianz der Leistungsmaße in Biologie und Mathematik von der Korrelation abgedeckt sind. Man könnte noch weiter gehen und sagen, daß die Leistungsunterschiede in den beiden Fächern zu 38% durch die unterschiedlichen IQs bestimmt sind.

Im folgenden prüfen wir, ob der aus N = 20 Wertepaaren errechnete Zusammenhang von r = 0.62 statistisch signifikant größer als null ist. Wir werden einen einseitigen Test durchführen, weil wir eine positive Korrelation erwarten. Wir verwenden zur Prüfung der Nullhypothese, daß die Korrelation zwischen Biologie und Mathematik in der Population kleiner oder gleich null ist ($\rho \leq 0$), Formel 6.6.3. Zu r = 0.62 gehört ein z' = 0.696 nach Tafel IV des Anhangs. Damit ergibt sich für den z-Test $z = (0.696 - 0)/\sqrt{1/(20-3)} = +2.87$. Diesem z-Wert entspricht nach Tafel I ein P = 0.0021, das kleiner ist als $\alpha = 0.05$. Wir haben damit guten Grund, die Nullhypothese zurückzuweisen und können die Aussage aufrechterhalten, daß in der Population, der die N = 20 Schüler angehören, ein substantieller Zusammenhang ($\rho > 0$) zwischen der Performanz in Mathematik und Biologie vorliegt.

Im folgenden Kapitel kehren wir wieder zur Vierfelderkorrelation aus Kapitel 4 zurück. Wir werden sie als Spezialfall aus der Produkt-Moment-Korrelation herleiten.

6.8 Die Vierfelderkorrelation Phi

Falls zwei Variablen *dichotom* sind, d.h. nur je zwei Werte annehmen können, z.B. 0 und 1, dann geht die Produkt-Moment-Korrelation (r) nach 6.2.3 in eine *Vierfelderkorrelation* (Phi) über. In diesem Abschnitt zeigen wir diese Beziehung zwischen den beiden Koeffizienten. Zu diesem Zweck verwenden wir die folgenden Beispieldaten: Eine Stichprobe von N = 10 Schülern legt einen Test ab, in dem zwei Aufgaben gestellt werden, die nur richtig (1) oder falsch (0) beantwortet werden können. Diese Daten sind in Tab. 6.8.1 wiedergegeben.

Tab. 6.8.1 ist so aufgebaut, daß zunächst die a = 4 Schüler, die beide Aufgaben gelöst hatten (X = 1, Y = 1), aufgelistet sind. Danach folgen die b = 2 Schüler, die nur Aufgabe X gelöst hatten (X = 1, Y = 0) und ferner der c = 1 Schüler, der nur Aufgabe Y gelöst hat (X = 0, Y = 1). Am Ende folgen jene d = 3 Schüler, die keine der beiden Aufgaben gelöst haben (X = 0, Y = 0).

Tab. 6.8.1
Schema und Beispiel zur Berechnung von r bei dichotomen Variablen

Schüler	X	Y	X^2	Y^2	XY
L	1	1	1	1	1
I	1	1	1	1	1
E	1	1	1	1	1
N	1	1	1	1	1
E	1	0	1	0	0
R	1	0	1	0	0
T	0	1	0	1	0
A	0	0	0	0	0
V	0	0	0	0	0
E	0	0	0	0	0
N = 10	6	5	6	5	4

Wir sehen in Tab. 6.8.1, daß, und dies ist bei *0/1-skalierten Variablen* allgemein der Fall, Sum X = Sum X^2 ist. Entsprechend ist Sum Y = Sum Y^2. Für unser Beispiel erhalten wir Sum X = Sum X^2 = 6, Sum Y = Sum Y^2 = 5 und Sum XY = 4. Wir setzen diese Summen in Formel 6.7.1 ein und erhalten

$$r = \frac{4 - 6 \cdot 5/10}{\sqrt{(6 - 6^2/10)(5 - 5^2/10)}} = 0.41.$$

Wenn wir in Formel 6.7.1 Sum XY = a setzen, ferner Sum X = Sum X^2 = A und Sum Y

= Sum Y^2 = C, dann resultiert eine *Vierfeldertafel* mit B = N – A und D = N – C als Zeilen und Spaltensummen, sowie b = A – a, c = C – a und d = N – a – b – c. Die Daten unseres Beispiels sind auf diese Weise in Tabelle 6.8.2 zusammengestellt.

Tab. 6.8.2
Vierfeldertafel zur Berechnung der Phi-Korrelation

		Y		
		1	0	
X	1	a = 4	b = 2	A = 6
	0	c = 1	d = 3	B = 4
		C = 5	D = 5	N = 10

Für Vierfeldertafeln wie die in Tab. 6.8.2 verwenden wir den für *Binärvariablen* geltenden Produkt-Moment-Korrelationskoeffizienten Phi. Dieser Koeffizient ist definiert als

$$r = \text{Phi} = \frac{a - AC/N}{\sqrt{(A - A^2/N)(C - C^2/N)}} \; . \qquad (6.8.1)$$

Formel 6.8.1 läßt sich algebraisch umformen in die von uns schon in früheren Kapiteln benutzte und von Pearson (1904) stammende Formel 6.8.2 für den *Vierfelder-Korrelationskoeffizienten*

$$\text{Phi} = (ad - bc)/\sqrt{(ABCD)} \; . \qquad (6.8.2)$$

Setzt man die Frequenzen aus Tab. 6.8.2 in Formel 6.8.2 ein, so erhält man Phi = $(4 \cdot 3 - 2 \cdot 1)/\sqrt{(6 \cdot 4 \cdot 5 \cdot 5)}$ = 0.41. Dieser Wert ist identisch mit dem oben nach 6.7.1 berechneten Wert.

Dieses Ergebnis zeigt, daß die beiden Testaufgaben mäßig hoch positiv miteinander korreliert sind. Sie erfassen das, was den beiden Aufgaben inhaltlich und konzeptuell gemeinsam ist, und sei dies nur die »allgemeine Intelligenz« oder »schulische Kompetenz«.

6.9 *Schulnotenkorrelationen*

Schulnoten sind, wenn sie frei vergeben werden, Rangwerte, die gruppiert erhoben werden. Man zählt dabei aus, wie viele unter N Schülern bestimmte Noten in einem Schulfach erhalten haben.

In diesem Kapitel behandeln wir die Frage, wie man *Paare von Noten*, d.h. Noten aus zwei Fächern wie Mathematik und Deutsch korreliert, wenn sie nur ordinal skaliert sind. Wir werden dazu den *Neunfelder-Phi-Koeffizienten* von Krüger und Heller (1976) vorstellen.

Zur Vereinfachung der rechnerischen Prozedur und um eine Tafel mit neun Feldern herzustellen, schlagen wir hier vor, die Noten in jedem Fach in *drei Notenintervalle* zu teilen. Es bieten sich dazu die Intervalle für *gute Noten* (1–2), *mittlere Noten* (3–4) und *schlechte Noten* (5–6) an. Allgemein sollte man so teilen, daß die Extremguppen je 20–30%, und die Mittelgruppe mindestens 40% der Schüler enthalten. Tab. 6.9.1 gibt ein Beispiel für solch eine *Schulnotenkorrelation* bei N = 40 Schülern, die in Mathematik und Deutsch benotet wurden.

Tab. 6.9.1
Neun-Feldertafel zur Berechnung der Korrelation zwischen ordinalen Variablen

		Deutsch			
		1–2	3–4	5–6	
	1–2	9(= a)	4	2(= b)	15(= A)
Mathematik	3–4	3	9	2	14
	5–6	1(= c)	5	5(= d)	11(= B)
		13(= C)	18	9(= D)	40(= N)

Unter der Nullhypothese sind die beiden Notenabstufungen in Tab. 6.9.1 nicht (oder negativ) korreliert. Unter der Alternativhypothese sind sie positiv korreliert. Dies entspricht einer einseitigen Fragestellung. Die positive Korrelation zwischen Mathematik- und Deutschnoten wird durch die Beobachtung nahegelegt, daß die Hauptdiagonale in Tab. 6.9.1 überbesetzt ist in dem Sinne, daß die Fälle, in denen gleiche Noten in den beiden Fächern erzielt werden, häufiger sind als die anderen Fälle. So haben z.B. a = 9 Schüler gute Noten in beiden Fächern und d = 5 Schüler schlechte Noten in beiden Fächern. Dagegen sind nur b = 2 gute Mathematiker schlecht in Deutsch und nur ein einziger schlechter Mathematiker ist gut in Deutsch (c = 1).

Wenn man die Felder- und Randfrequenzen wie in Tab. 6.9.1 bezeichnet, kann man einen auf die *Extrembesetzungen* a, b, c, und d gegründeten Phi-Koeffizienten berechnen. Dies ist der *Neunfelder-Phi-Koeffizient* (siehe Krüger & Heller, 1976). Der Neunfelder-Phi-Koeffizient (Phi 9) ist durch die folgende Formel gegeben (vgl. auch Kimball, 1954).

$$\text{Phi–9} = \frac{A(Cd - Dc) - B(Cb - Da)}{\sqrt{(A \cdot B \cdot C \cdot D(A + B)(C + D)}} \qquad (6.9.1)$$

Als *Mnemotechnikum*, d.h. Gedächtnishilfe, kann verwendet werden, daß die Großbuchstaben im Zähler von 6.9.1 paarweise ansteigen, während die Kleinbuchstaben durchgängig fallen. Man beachte weiter, daß, zusätzlich zu den Multiplikationen, im Zähler nur Subtraktionen und im Nenner nur Additionen auftreten.

Durch Einsetzen der Werte aus unserem Zahlenbeispiel in Tab. 6.9.1 erhält man für den Zähler $15(13 \cdot 5 - 9 \cdot 1) - 11(13 \cdot 2 - 9 \cdot 9) = 1445$. Für den Ausdruck innerhalb der Wurzel im Nenner erhält man $15 \cdot 11 \cdot 13 \cdot 9(15 + 11)(13 + 9) = 11042460$. Damit beträgt Phi-9 = 0.435. Dieser Wert entspricht der Erwartung einer mäßig positiven Korrelation, die hier über die *Extremnoten* in Mathematik und Deutsch gemessen wurde.

Um zu beurteilen, ob ein Phi-9 von 0.435 auch statistisch signifikant größer als Null, dem Erwartungswert unter der Nullhypothese, ist, setzen wir in 5.4.1 ($X^2 = N \cdot Ph^2$) ein. Wir erhalten ein $X^2 = 40(0.435)^2 = 7.57$. Dieser Wert übersteigt die einseitige, auf positive Korrelationen gerichtete 5%-Schranke von 2.71 entsprechend der 10%-Schranke für zweiseitiges Testen in Tab. III des Anhangs). Damit können wir die Nullhypothese zurückweisen. Wir stellen fest, daß es guten Grund für die Annahme gibt, daß die Noten in den Fächern Mathematik und Deutsch echt, d.h. auch in der Population positiv korreliert sind, aus der die Schüler für unsere Stichprobe gezogen worden waren.

Mit Hilfe der sogenannten *Partialassoziätionsformel* von Kimball (1954), die der Formel 6.9.1 entspricht, kann auch die Interkorrelation von *ternären*, d.h. in drei Kategorien gestuften Items untersucht werden. Ein Beispiel eines ternär gestuften Items ist ein Item mit den Antwortkategorien Ja, Weiß nicht und Nein. Auch *Teillösungen* von *binären* Schulaufgaben können mit einem halben Punkt bewerten werden und so als dritte Antwortkategorie zwischen gelöst (1) und verfehlt (0) eingefügt werden.

6.10 Spearmans Rangkorrelation

Werden N Schüler in zwei Fächern nicht eigentlich benotet, sondern nach ihrer Leistung in jedem der beiden Fächer in eine *Rangordnung* gebracht, dann erhält man anstelle von Meßwerten X und Y Rangwerte R_x und R_y. Dabei erhält jeder Schüler in jedem der beiden Fächer einen Rangplatz $R_x = \{1, 2, 3, ..., N\}$ und $R_y = \{1, 2, 3, ..., N\}$. Setzt man die Rangwerte statt der Meßwerte in die Korrelationsformel 6.2.3 ein, so gewinnt man den *Spearmanschen Rangkorrelationskoeffizienten Rho* (statt ρ, das die Populationskorrelation von r bezeichnet!).

Die Analogie zwischen dem Maß- und dem Rangkorrelationskoeffizienten läßt sich auch auf folgende Weise zeigen. Der Mittelwert M einer Rangreihe von 1 bis N ist $M_R = (N + 1)/2$. Man erhält z.B. für N = 10 ein Mittel von (10 + 1)/2 = 5.5, das ist der Wert in der Mitte zwischen 1 und 10. Die Varianz einer Rangreihe ist $s_R^2 = (N - 1)/12$, wie man durch Einsetzen in Formel 2.5.1 nachrechnen kann. Für das Beispiel mit N = 10 erhält man $s_R^2 = (10 - 1)/12 = 8.25$ und damit die Streuung $s_R = 2.8723$. Setzt man M_R und s_R in Formel 6.2.3 ein und rechnet aus (vgl. Lienert, 1986, Kapitel 9), dann gelangt man zu der folgenden einfachen Formel für Spearmans (1906) Rangkorrelation

$$Rho = 1 - \frac{6 \cdot Sumd^2}{N(N^2 - 1)}, \qquad (6.10.1)$$

wobei d die *Rangdifferenzen* $d = R_x - R_y$ der N Schüler in den beiden Fächern bezeichnet.

Für das folgende Beispiel ersetzen wir die Testwerte X und Y für Mathematik und Physik in Tab. 6.2.1 durch ihre Rangwerte R_x und R_y. Wir erhalten die Werte in Tabelle 6.10.1.

Tab. 6.10.1
Berechnung der Rangkorrelation der Testwerte in Tab. 6.2.1 für N = 4 Schüler

R_x	R_y	d	d^2
1	1	0	0
2	3	– 1	1
3	2	1	1
4 = N	4	0	0
			Sum d^2 = 2

Mit der Varianz der Zuwachsraten Sum $d^2 = 2$ gewinnt man nach 6.10.1 ein Rho = $1 - 6 \cdot 2/(4(4^2 - 1)) = 0.80$. Dieser Wert liegt nahe an r = 0.88 aus Abschnitt 6.2. Beide Werte zeigen einen engen Zusammenhang zwischen den Leistungen in Mathematik und Physik an.

In Tab. 6.2.1 waren keine gleichen Meßwerte (Meßwertbindungen) aufgetreten. Deshalb konnte jedem Meßwert ein und nur ein Rangwert zugeordnet werden. Finden sich gleiche Meßwerte, so werden diesen die gleichen, durchschnittlichen Rangwerte zugeordnet. Man spricht von *Rangaufteilungen.* Solche werden in Tab. 6.10.2 für den Zusammenhang zwischen Biologie und Werken illustriert.

Tab. 6.10.2
Rangkorrelation (Rho) zwischen Rangaufteilungs-Testwerten in Biologie (X) und Werken (Y) bei N = 10 Schülern

X	R_x	Y	R_y	$d = R_x - R_y$	d^2
7	1	8	1	0	0
9	2.5	13	2	0.5	0.25
9	2.5	15	4	–1.5	2.25
10	4	31	9	–5	25
12	6	15	4	2	4
12	6	19	6.5	–0.5	0.25
12	6	19	6.5	–0.5	0.25
17	8.5	28	8	0.5	0.25
17	8.5	15	4	4.5	20.25
26	10	40	10	0	0
	55		55	Sum d^2 = 52.50	

Setzt man die Fußzeilenwerte aus Tab. 6.10.2 in Formel 6.10.1 ein, so resultiert Rho = $1 - 6 \cdot 52.50/10(10^2 - 1) = +0.68$. Dieser Wert ist seiner Größe nach plausibel. Rho wurde anstelle von r deshalb berechnet, weil das Korrelationsdiagramm der (X,Y)-Werte aus Tab. 6.10.2, wie man sich überzeugen kann, offenbar nicht bivariat normal ist.

Wie man Rho auf Signifikanz prüft, ist bei Lienert (1986, Kap. 9) nachzulesen. Näherungsweise setzt man Rho = r und beurteilt es, wie für r beschrieben, über die Fisher-z'-Transformation (siehe Kapitel 6.6).

Es gibt drei Gründe, warum Rho anstelle von r als Korrelationskoeffizient verwendet werden sollte. Der erste Grund ist, daß Leistungen in zwei Fächern nur auf *Rangniveau,* nicht aber auf Intervall oder höheren Niveaus gegeben sind. Dies gilt, wenn die Schüler lediglich in eine Rangreihe gebracht worden sind, aber auch, wenn Noten nicht beanspruchen können, auf Intervallniveau skaliert zu sein.
Der zweite Grund für die Bevorzugung von Rho ist die Möglichkeit, daß die Testwertepaare nicht *bivariat normal,* sondern etwa in einem bananenförmigen statt in einem ellipsenförmigen Punkteschwarm verteilt sind. Der dritte Grund ist, daß *Ausreißerpaare* von Meßwerten, z.B. Over- oder Underachiever beobachtet wurden. Rho ist speziell gegen Ausreißer weniger empfindlich als r, d.h. eine bestehende Korrelation wird durch Ausreißer höchstens attenuiert, nicht aber zum Verschwinden gebracht.

6.11 Regression als Korrelation

Im Begriff der Korrelation sind beide Variablen *wechselseitig*, symmetrisch aufeinander bezogen. Dies wird auch durch den Begriff des Zusammenhangs nahegelegt. Bestimmend für wechselseitige Zusammenhänge ist oft eine dritte Variable wie der IQ, welche die Ausprägungen der beiden korrelierenden Variablen (Schulleistungen) bestimmt (spurious correlation).

Geht es dem Untersucher darum, die (eventuell ursächliche) Abhängigkeit einer Variablen Y von einer als unabhängig angenommenen Variablen X zu beurteilen, so ist er an einer *einseitigen*, asymmetrischen Beziehung zwischen den beiden Variablen interessiert. Diese einseitige Beziehung heißt *Regression* von Y auf X und ist definiert als

$$b_{yx} = (\text{Sum } z_x z_y)/N. \qquad (6.11.1)$$

Dabei müssen X und Y als z-Werte, also in Einheiten ihrer jeweiligen Standardabweichungen gemessen worden sein. Genau unter diesen Bedingungen ist die Regression b_{yx} nach Formel 6.11.1 allerdings identisch mit der Korrelation.

Nach 6.11.1 kann daher jede Korrelation als Regression, als Abhängigkeit einer Leistung Y von einer leistungsbestimmenden Variablen wie dem Lernaufwand X, gedeutet werden und umgekehrt. Wenn z.B. das von Ernährungsbedingungen abhängige Körpergewicht Y von Schülern mit der Körpergröße Y zu $r = 0.5$ korreliert ist, wobei die Körpergröße als genetisch determiniert angesehen wird, dann kann man $r = b_{yx} = 0.5$ wie folgt interpretieren: Wenn die Körpergröße X um eine Standardabweichung ansteigt, so steigt das Körpergewicht Y im Durchschnitt um eine halbe Standardabweichung an, etc.

Bisher waren die Unterschiede zwischen Regression und Korrelation nur interpretativer Art. Dies liegt daran, daß wir, aus Gründen der Vereinfachung, z-Werte zur Einführung der Regression verwendet hatten. Ihren Wert gewinnt die Regression insbesondere dann, wenn die interpretativen Unterschiede auch numerisch zum Ausdruck kommen. Im nächsten Kapitel werden wir die Regression unter Zuhilfenahme von *Rohwerten* definieren, die durch Subtraktion ihres Mittelwerts zu Abweichungswerten transformiert worden sind.

6.12 Der Regressionskoeffizient

Will man wissen, um wieviel sich im Durchschnitt der Wert einer abhängigen Variablen in Abhängigkeit von einer unabhängigen und u.U. auch meßfehlerfreien Variablen verändert, so geht man von der Korrelationsdefinition in 6.2.1 mit

$$r = \frac{(\text{Summe aller Produkte } x \cdot y)/N}{s_x s_y}, \qquad (6.12.1)$$

aus. Dieser Ausdruck erklärt das, was zwei Variablen als sogenannte *Kovarianz* gemeinsam haben (das ist das, was im Zähler steht) in Termini der Gesamtvarianz (das ist das, was im Nenner steht). Dabei entspricht x der Abweichung eines Einzelwertes X vom Mittelwert M_x und y der Abweichung eines Einzelwertes Y vom Mittelwert M_y. Drückt man den gemeinsamen Anteil zweier Variablen in Termini allein der unabhängigen Variablen aus, d.h. $s_x s_y = s_x^2$, so erhält man die Definition des *Regressionskoeffizienten*

$$b_{yx} = \frac{(Sum\,xy)/N}{s_x^2} = \frac{Sum\,xy}{Ns_x^2}. \qquad (6.12.2)$$

Da Ns_x^2 = (Sum x^2) = Sum X^2 – (Sum $X)^2/N$, und Sum xy = Sum XY – (Sum X) (Sum Y)/N ist, kann man analog zu 6.2.3 auch ausführlicher schreiben

$$b_{yx} = \frac{Sum\,XY - (Sum X)(Sum\,Y)/N}{Sum\,X^2 - (Sum\,X)^2/N}. \qquad (6.12.3)$$

Im Unterschied zum Korrelationskoeffizienten hat dieser Regressionskoeffizient keine obere und keine untere Grenze von |1|. Er kann größer als +1 und kleiner als –1 werden. Wenn z.B. eine Mathematik-Testleistung Y vom Alter X der Kinder vorausgesagt werden soll, dann besagt $b_{yx} = +2$, daß z.B. 8jährige im Schnitt zwei Testpunkte mehr als 7jährige und 9jährige im Schnitt zwei Testpunkte mehr als 8jährige erreichen.

Abbildung 6.12.1 stellt den Fall einer *negativen Regression* dar. Im allgemeinen sinkt die Gesamtleistung von Absolventen der Hauptschule mit dem Alter der Schulabgänger. Es handelt sich um eine Klasse von N = 16 Schülern im Alter zwischen 13.5 und 16 Jahren, die in Kreisen (als Meßwertpaare) identifiziert sind.

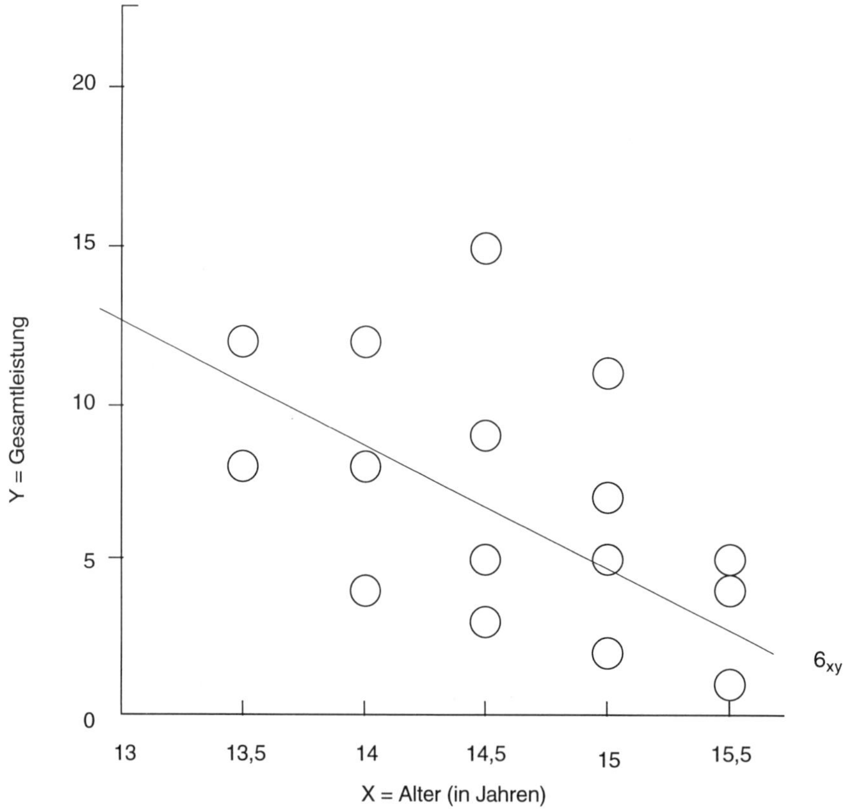

Abbildung 6.12.1: Negative Regressionsbeziehung zwischen Alter und Gesamtleistung von N = 16 Schülern

In Abbildung 6.12.1 haben zwei Schüler der Altersklasse 13.5 Jahre acht und zwölf Testpunkte in der Gesamtleistung erreicht. Weitere drei 14jährige haben 4, 8 und 12 Testpunkte gewonnen usw. bis hin zu drei 15.5jährigen, die ein. vier und fünf Testpunkte erreicht haben.

Bilden wir je Altersklasse gesondert Testpunktmittelwerte und verbinden diese miteinander, so entsteht die in Abbildung 6.12.1 angepaßte *Trendlinie* mit der Steigung b_{yx}. Wir sehen, daß diese Trendlinie mit steigendem Alter sinkt. Die älteren Schüler sind schlechter als die jüngeren.

6.13 Signifikanzprüfung des Regressionskoeffizienten

Mit Hilfe von Tab. 6.13.1 berechnen wir anstelle der empirischen *Trendlinie*, die wir in Abbildung 6.12.1 eingetragen haben, die zu ihr bestpassende *Regressionsgerade*. Der Regressionskoeffizient definiert die *Steigung* dieser Geraden. Es ist zu beachten, daß in der Tabelle die X-Werte zur Vereinfachung des Nachrechnens mit dem Taschenrechner als *Abweichungswerte besonderer Art* definiert sind. Sie entstehen durch Subtraktion des geradzahlig abgerundeten Minimalwerts 13 von jedem X-Wert. Um negative Werte zu vermeiden, haben wir diesen Wert und nicht den Altersmittelwert abgezogen. Die Rechnungen in 6.13.1. und die folgenden Interpretationen werden dadurch nicht beeinflußt.

Tab. 6.13.1
Schema und Beispiel zur Berechnung eines Regressionskoeffizienten

X Alter −13	Y Testwert	X^2	Y^2	XY
0.5	8	0.25	64	4.0
0.5	12	0.25	144	6.0
1.0	4	1.00	16	4.0
1.0	8	1.00	64	8.0
1.0	12	1.00	144	12.0
1.5	3	2.25	9	4.5
1.5	5	2.25	25	7.5
1.5	9	2.25	81	13.5
1.5	15	2.25	225	22.5
2.0	2	4.00	4	4.0
2.0	5	4.00	25	10.0
2.0	7	4.00	49	14.0
2.0	11	4.00	121	22.0
2.5	1	6.25	1	2.5
2.5	4	6.25	16	10.0
2.5	5	6.25	25	12.5
25.5	111	47.25	1013	157.0

Mit Sum X = 25.5, Sum Y = 111, Sum X^2 = 47.25 und Sum Y^2 = 1013 sowie Sum XY = 157 ergibt sich durch Einsetzen in 6.12.3

$$b_{yx} = \frac{157 - 25.5 \cdot 111/16}{47.25 - 25.5^2/16} = -3.012.$$

Das negative Vorzeichen des Regressionskoeffizienten besagt, daß mit einem Anstieg des Alters X um ein Jahr der durchschnittliche Testwert Y um 3.012 abfällt. Die Regressionsgerade hat eine Steigung von b = –3.012.

Im folgenden behandeln wir die Frage, ob der Regressionskoeffizient statistisch signifikant von Null verschieden ist. Es gibt mehrere Lösungen zu diesem Problem. An dieser Stelle wollen wir die Frage nach der *Signifikanz des Regressionskoeffizienten* über einen kleinen Umweg beantworten. Wir werden die Korrelation zwischen Alter und Testwert berechnen und dann die Signifikanz des Korrelationskoeffizienten zur Beurteilung des Regressionskoeffizienten heranziehen.

Zur Berechnung des Korrelationskoeffizienten dient, wie oben, Tab. 6.13.1. Einsetzen dieser Werte in 6.2.3 ergibt r = –0.497. Durch Einsetzen in 6.6.1 erhalten wir z_r = –1.090. Die Standardabweichung dieses Wertes ist s = $1/\sqrt{13}$ = 0.277 und wir erhalten nach 6.6.3 die Prüfstatistik z = 1.792. Nachschlagen in Tafel I des Anhangs ergibt, daß dieser Wert eine Überschreitungswahrscheinlichkeit von P = 0.037 hat, die kleiner ist als das vorher festgelegte alpha = 0.05 (einseitiger Test). Wir können daher die Nullhypothese zurückweisen und die Alternativhypothese annehmen, die lautet: je höher das Alter X desto niedriger die Gesamtleistung Y.

7. Analyse von Aufgabenserien

In Kapitel 5 haben wir jeweils nur eine oder zwei Aufgaben betrachtet und analysiert. In diesem Kapitel wollen wir annehmen, daß ein Lehrer im Rahmen einer Klassenarbeit mehr als zwei Aufgaben stellt und die Lösung einer Aufgabe mit 1 und die Nichtlösung mit 0 Punkten bewertet. Der Frage, der wir zuerst nachgehen, gilt den Bedingungen, die erfüllt sein müssen, um eine Skala von Testpunkten, die möglichst *Intervallniveau* haben soll, zu definieren.

In Abschnitt 7.1 wird die Schwierigkeit von Aufgaben und zugleich die Lösungskompetenz der einzelnen Schüler zu messen versucht. Später werden dann die einzelnen Aufgaben nicht nur nach ihrer Schwierigkeit, sondern auch nach ihrer Trennschärfe beurteilt. Dies dient dazu, ungeeignete Aufgaben zu eliminieren. Wir werden in diesem Kapitel auf die in Kapitel 5 beschriebenen *Gütekriterien* für Testaufgaben zurückgreifen.

Weiterhin werden wir eine Testskala durch die Zahl der von einem Schüler richtig beantworteten Aufgaben definieren. Dabei werden wir nur jene Aufgaben zur *Skalendefinition* benutzen, die die Gütekriterien erfüllen. Wir werden die *innere Konsistenz von Aufgabenserien*, die in einer Klassenarbeit gelöst werden müssen, als wichtigen Aspekt der Zuverlässigkeit solcher Aufgabenserien beurteilen.

In Kapitel 7.6 werden wir sodann zeigen, daß ein von einem Schüler gewonnener Testwert X mit einem Fehler behaftet ist. Dieser Fehler ist als *Standardfehler* bekannt und erlaubt, bestimmte Folgerungen zu ziehen.

7.1 Schwierigkeit von Testaufgaben

Intuitiv kann man eine Aufgabe als schwierig bezeichnen, wenn sie von nur einem kleinen Teil der Schüler, denen sie vorgegeben wird, gelöst wird. Der *Schwierigkeitsindex einer Testaufgabe* ist nun genau komplementär definiert als die Zahl f der Schüler, die Aufgabe i lösen, wenn N Schüler sie bearbeiten.

$$P_i = f_i/N. \tag{7.1.1}$$

Lösen z.B. unter N = 20 Schülern $f_i = 12$ die Aufgabe i, dann ist *die Schwierigkeit* in der Definition des Index gegeben durch $P_i = 12/20 = 0.60$, oder 60%. Man merke sich also folgendes: Eine Aufgabe ist im landläufigen Sinne dann schwierig, wenn sie einen niedrigen Schwierigkeitsindex hat und dann im landläufigen Sinne leicht, wenn sie einen hohen *Schwierigkeitsindex* hat. Der Schwierigkeitsindex sollte demnach eigentlich *Leichtigkeitsindex* heißen. Unsere Aufgabe ist von eher mittlerer Schwierigkeit, da 60% Lösungen nur wenig mehr als die 50% Lösungen bei mittlerer Schwierigkeit sind.

Wenn man, wie in der *Testkonstruktion* gefordert, möglichst *Aufgaben mittlerer*

Schwierigkeit für Tests und Klassenaufgaben benutzen soll, dann prüft man auf mittlere Schwierigkeit von P = 50% bzw. auf die Erwartung, daß e = N/2 von N Schülern eine Aufgabe lösen, mit dem Chi-Quadrat-Test für die Güte der Anpassung wie folgt.

$$X^2 = \frac{(f - N/2)^2}{N/2} + \frac{(g - N/2)^2}{N/2}. \qquad (7.1.2)$$

Formel 7.1.2 läßt sich zu der gängigen Formel

$$X^2 = (f - g)^2/(f + g), \text{ mit } df = 1 \qquad (7.1.3)$$

vereinfachen. In beiden Formeln ist g = N – f die Anzahl der Schüler, die die Aufgabe i verfehlt oder nicht bearbeitet haben, z.B. wegen Zeitmangels, oder weil einzelne Aufgaben so schwer erscheinen, daß sie erst gar nicht in Angriff genommen werden. Bei genau mittlerer Schwierigkeit einer Aufgabe ist die Zahl der gelösten gleich der Zahl der ungelösten Aufgaben. Dadurch erhält man f = g und der Zähler in 7.1.3 wird gleich 0.

Ob die obige Aufgabe, die von f = 12 aus N = 20 Schülern gelöst wurde, aus einer Population (oder einem pool) von Aufgaben mit mittlerer Schwierigkeit von $P = {}^1/_2$ stammen kann, beurteilt man nach 7.1.2 durch $X^2 = (12 - 20/2)^2/(20/2) + (8 - 20/2)^2/(20/2) = 0.80$. Denselben Wert erhält man, wenn man in 7.1.3 einsetzt: $(12 - 8)^2/(12 + 8) = 0.80$. Im Vergleich mit der für df = 1 und alpha = 0.05 geltenden Chi-Quadrat-Schranke von 3.84 ist der empirische X^2-Wert kleiner. Wir haben damit keinen Grund, die Nullhypothese zurückzuweisen, und schließen nicht aus, daß die Aufgabe i in der Population aller Schüler genau eine mittlere Schwierigkeit (P = 50%) besitzt. Sie wird zwar von 60% der Schüler gelöst, der statistische Test zeigt aber, daß sie im Vergleich zu einer Aufgabe mittlerer Schwierigkeit nicht zu leicht ist.

7.2 Schwierigkeitsreihung von Testaufgaben

Ist ein Test dazu bestimmt, die Performanz ausgesprochen unterschiedlich kompetenter Schüler zu beurteilen, dann mag von dem Postulat gleich schwieriger Aufgaben, die alle um P = 0.50 liegen, abgewichen werden. Man kann in solchen Fällen eine bestimmte Anzahl leichterer und schwererer Aufgaben in den Test aufnehmen. Es wird auf diese Weise sichergestellt, daß schwache Schüler auch mindestens eine oder zwei von m Aufgaben schaffen. Zugleich haben gute Schüler die Chance, sich auch an schwierigen Aufgaben (schwierig im landläufigen Sinne) zu versuchen.

Benutzt man *Aufgaben unterschiedlicher Schwierigkeit*, so müssen diese nach ihren Schwierigkeitsindizes geordnet vorgegeben werden. Die leichteste der m = 7 Aufgaben, sie hat (nach Abbildung 7.2.1) einen hohen Schwierigkeitsindex von P = 0.90 (P = 90%), ist als erste zu bearbeiten. Die schwierigste Aufgabe, sie hat einen Schwierigkeitsindex von P = 0.10 (P = 10%), wird als letzte bearbeitet. Die *Bearbeitungszeit* soll so gewählt werden, daß (fast) alle Schüler alle m Aufgaben auch in Angriff nehmen können und nicht durch Zeitnot daran gehindert werden, bis zur letzten Aufgabe vorzustoßen.

Das Denkmodell, nach dem Aufgaben, die in ihrer Schwierigkeit ansteigen, mit je einem Punkt bewertet werden, kann mit einer *Schwierigkeitstreppe* verglichen werden. Dies ist in Abbildung 7.2.1 geschehen, wobei die Skala der Schwierigkeitsindizes P

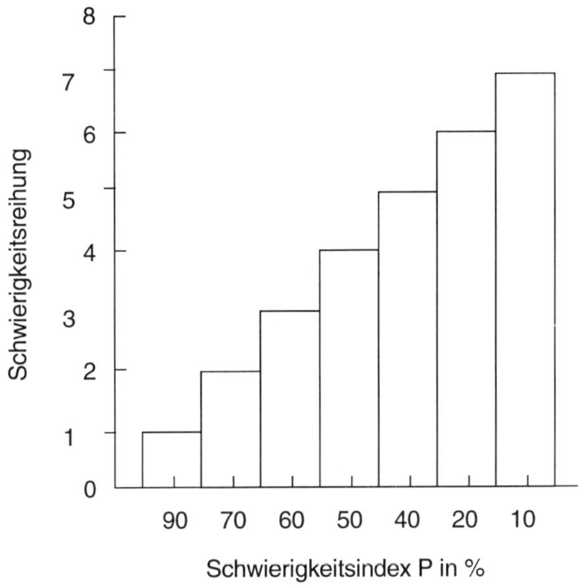

Abbildung 7.2.1: Aufgabenanordnung nach Schwierigkeitsreihung im Treppenmodell

entlang der Abszissenachse von rechts nach links (statt von links nach rechts) läuft. Die Reihungsnummer der Aufgaben sind auf der Ordinatenachse abgetragen.

Nach dem *Treppenmodell* in Abbildung 7.2.1 steigt ein Schüler in der Aufgabenreihung so weit, wie seine Kompetenz es erlaubt. In einer Treppe von m = 7 Aufgaben können so zwischen X = 0 und X = 7 Testpunktwerte erzielt werden.

Für die Praxis bleibt festzuhalten, daß die Leistung von Schülern nicht nur, wie üblich, an der Zahl X richtig gelöster Aufgaben, sondern, bei linear ansteigender Aufgabenschwierigkeit, an der *Reihungszahl Z* der schwierigsten unter den gelösten Aufgaben beurteilt und benotet werden kann. Man spricht hier auch von *Höchstleistungsbewertung* anstelle der sonst üblichen *Gesamtleistungsbewertung*. Die Höchstleistungsbewertung von Aufgabenserien hat allerdings im Regelfall eine geringere Konsistenz (vgl. Kap. 7.3) als die Gesamtleistungsbewertung, weswegen sie sich in der Testkonstruktion nicht durchgesetzt hat. Mit anderen Worten: In der Realität geschieht es oft, daß ein Schüler bei einer leichteren Aufgabe versagt, jedoch die nächst schwierige Aufgabe richtig gelöst hat.

7.3 Konsistenz der Aufgabenbeantwortung

Wenn m Aufgaben, z.B. im Rahmen eines informellen Tests, nach Schwierigkeit geordnet sind und N Schülern mit der Anweisung vorgegeben werden, sie in der nach Schwierigkeit geordneten Reihenfolge zu bearbeiten, so haben wir intuitiv die folgende Erwartung: Die X Aufgaben, die ein Schüler aufgrund seines gegenwärtigen Performanzniveaus eben noch schafft, sind die X leichtesten. Löst nun ein Schüler die X leichtesten Aufgaben und verfehlt derselbe Schüler die m – X schwereren Aufgaben, dann antwortet er *konsistent.*

Tab. 7.3.1 gibt ein Beispiel mit m = 8 Aufgaben, von denen die ersten X = 5 Aufgaben von einem Schüler A richtig (1) und die letzten 3 nicht oder nicht richtig (0) gelöst wurden. Es handelt sich um ein Muster für *konsistente Aufgabenlösung*.

Tab. 7.3.1
Beispielmuster für konsistente Aufgabenbeantwortung eines Schülers A bei m = 8 schwierigkeitsansteigenden Aufgaben

Aufgabe							
1	2	3	4	5	6	7	8
1	1	1	1	1	0	0	0

Wie man sehen kann, ist die *Konsistenz K der Aufgabenbeantwortung* mit einem Punktwert von X = 5 gelösten Aufgaben in Tab. 7.3.1 perfekt. Einem perfekt konsistenten *Antwortmuster* ordnen wir K = 1 zu. Nur bei perfekt konsistenter Aufgabenbeantwortung ist der Punktwert X der richtigen Aufgaben ein optimales Maß für das gegenwärtige Performanzniveau eines Schülers.

Anders liegen die Dinge bei *inkonsistenter Aufgabenbeantwortung*. Ein Beispielmuster einer inkonsistenten Aufgabenbeantwortung eines Schülers B ist in Tab. 7.3.2 gegeben. In diesem Beispiel wird für den Testpunktwert von X = 5 ein perfekt konsistentes mit einem nur *teilkonsistenten* Muster verglichen.

Tab. 7.3.2
Beispielmuster für inkonsistente Aufgabenbeantwortung eines Schülers B bei m = 8 schwierigkeitsansteigenden Aufgaben

	Aufgabe							
	1	2	3	4	5	6	7	8
Soll:	1	1	1	1	1	0	0	0
Ist:	1	1	0	1	0	1	0	1

In Tab. 7.3.2 sind die Aufgaben mit *Reihungsnummern* 3, 5 und 7 nicht gelöst worden. Im Gegensatz dazu sind die Aufgaben mit den *Reihungsnummern* 4, 6 und 8 gelöst worden. Damit widerspricht der *Ist-Zustand* unzureichender Konsistenz dem *Soll-Zustand* perfekter Konsistenz.

Vergleicht man die Ist-Beantwortung der m = 8 Aufgaben mit deren Soll-Beantwortung, so kann man mit Hilfe von Phi für jeden Schüler einen *individuellen Konsistenzkoeffizienten* (nach Guttman, 1944) definieren. Man erstellt eine *Vierfeldertafel* nach dem Muster in Tabelle 7.3.3.

In Tab. 7.3.3 sind a = 3 Aufgaben »sollgerecht« und b = 2 Aufgaben »sollwidrig« gelöst worden; andererseits sind c = 2 Aufgaben »sollwidrig« und d = 1 Aufgabe »sollgerecht« *nicht* gelöst worden.

Der Konsistenzkoeffizient K wird als Phi-Koeffizient definiert; er beträgt für das Beispiel in Tab. 7.3.3 $\text{Phi}(K) = (3 \cdot 1 - 2 \cdot 2)/\sqrt{(5 \cdot 3 \cdot 5 \cdot 3)} = -0.07$. Dieser Wert zeigt, daß

Tab. 7.3.3
Beispiel einer Vierfeldertafel zur Berechnung des Konsistenzkoeffizienten für den Schüler B bei einem Test mit m = 8 Aufgaben

		Soll		
		1	0	
Ist	1	a = 3	b = 2	5
	0	c = 2	d = 1	3
		5	3	8

die acht Aufgaben von dem Schüler inkonsistent beantwortet wurden. Das daraus entstehende Problem ist, daß die Performanz X = a + b = 3 + 2 = 5 dieses Schülers B mit den gemessenen Ergebnissen nicht zuverlässig abgeschätzt werden kann. Sie kann sowohl höher als auch niedriger sein. Sie könnte höher sein, wenn der Schüler durch zufällige Fehler Aufgaben 3, 5 und 7 nicht gelöst hat. Sie könnte niedriger sein, wenn der Schüler die schwierigeren Aufgaben durch Glück und Raten richtig gelöst hat. Dies kann jedoch aufgrund der vorliegenden Information nicht entschieden werden.

7.4 Trennschärfe einer Aufgabe nach Guttman

Ähnlich, wie man die Konsistenz der Aufgabenbeantwortung eines einzigen Schülers beurteilt, kann man auch die *Trennschärfe* einer einzigen Aufgabe (sagen wir Aufg. i = 4 der m = 8 Aufgaben aus Kap. 7.3) bei N Schülern (einer Klasse) beurteilen. Eine Aufgabe ist nach der klassischen Definition trennscharf, wenn kompetente Schüler sie lösen und inkompetente Schüler sie nicht lösen (vgl. Kapitel 5.5).

Definiert man die Kompetenz von Schülern mit Hilfe der Zahl X der Aufgaben, die sie gelöst haben, dann kann man die Schüler anhand der Zahl X auswählen und in eine *Rangordnung der Kompetenz* bringen. In Tab. 7.4.1 ist dies in einem Beispiel geschehen.

Tab. 7.4.1
Schema und Beispiel zur Untersuchung der Trennschärfe einer Aufgabe bei N = 9 Schülern mit fallenden Testleistungen X

		Aufgabe i = 4		
Schüler	X	Ist	Soll	
A	8	1	1	
L	7	1	1	
E	6	1	1	a = 4
V	5	1	1	
O	4	0	1	c = 1
N	3	0	0	
B	2	0	0	
Y	1	1	0	b = 1
F	0	0	0	d = 3

Eine Stichprobe von N = 9 Schülern, von denen das Gesamttestergebnis X bekannt ist, hat die Aufgabe i aus einem Test bearbeitet. Die Tabelle gibt in Spalte 3 an, welcher Schüler die Aufgabe gelöst hat. Neben der *»Ist-Information«* über das Ergebnis für jeden einzelnen Schüler steht in Spalte 4 die *»Soll-Information«*. Dies ist die Lösungserwartung, die man hat, wenn Aufgabe i perfekt trennscharf ist. Wir wollen diese Tabelle im Hinblick auf die Trennschärfe der verwendeten Aufgabe betrachten. Die Eigenschaft, die uns hier am meisten interessiert, ist die *Guttman-Trennschärfe*, nach der eine Aufgabe dann trennscharf ist, wenn sie von guten Schülern gelöst wird, von schlechten aber nicht.

Tab. 7.4.1 zeigt, daß Aufgabe i von den kompetenten Schülern, das sind die Schüler mit Gesamttestleistungen von $X > 4$, gelöst worden ist. Schüler mit niedrigeren X-Werten haben diese Aufgabe meist nicht gelöst. Wir nehmen daher an, daß die Aufgabe genügend trennscharf ist.

Wie in Kapitel 7.3 (vgl. Tab. 7.3.3) vergleichen wir in Tab. 7.4.1 den Ist- mit dem Soll-Zustand und erhalten mit a = 4, b = 1, c = 1 und d = 3 ein $\text{Phi}(T) = (4 \cdot 3 - 1 \cdot 1)/\sqrt{(5 \cdot 5 \cdot 3 \cdot 3)} = +0.73$. Dieser Wert entspricht einer ausreichend hohen Trennschärfe. Die obige Aufgabe eignet sich damit gut zur Verwendung in einer Klassenarbeit. Sie trennt gute von schwachen Schülern.

Die *Guttman-Trennschärfe* ist mit der klassischen Trennschärfe, die wir in Kapitel 5.1 definiert haben, nur dann vergleichbar, wenn die N Schüler in ihrem Testwert X eine *eindeutige Rangordnung* bilden. Dies war in unserem Beispiel in Tabelle 7.4.1 der Fall. Ist die Rangordnung *nicht* eindeutig, weil sich z.B. mehrere Schüler die gleichen Rangplätze teilen müssen, dann wird der Vergleich problematisch. Die Bedingungen der Guttman-Trennschärfe sind nur dann zu erfüllen, wenn die Aufgaben unterschiedlich schwierig sind und nach ansteigender Schwierigkeit geordnet sind.

Sowohl die klassische als auch die Guttman-Trennschärfe sind in ihrer Höhe abhängig von der *Aufgabenschwierigkeit*. Aufgaben extremer Schwierigkeit, d.h. extrem schwere oder extrem leichte Aufgaben, haben i.a. geringere Trennschärfen als Aufgaben mittlerer Schwierigkeit, wenn man die Trennschärfe mit Phi-Koeffizienten beschreibt. Im nächsten Kapitel werden wir einen anderen Korrelationskoeffizienten kennenlernen, der einen gewissen Trennschärfenausgleich für leichte und schwere Aufgaben schafft und überdies stets die Konsistenz von *Aufgabenreihen* mißt.

7.5 Konsistenz von Klassenarbeiten

Eine Klassenarbeit besteht im Regelfall aus mehreren voneinander unabhängig lösbaren Aufgaben, die als richtig (1) oder falsch bzw. nicht bearbeitet (0) beurteilt werden. Voneinander unabhängig bedeutet, daß die Lösung einer vorangehenden Aufgabe nicht die Lösung einer nachfolgenden Aufgabe begünstigt oder überhaupt erst ermöglicht. Dies sind Forderungen auf der Basis der klassischen Testtheorie, die auch als Grundlage der Konstruktion solcher Tests dient, die vom Lehrer erstellt werden.

Um die *Konsistenz einer Klassenarbeit* mit m = 8 Aufgaben zu beurteilen, kann ein Schema wie in Tab. 7.5.1 erzeugt werden. Tab. 7.5.1 wurde nach zwei Ordnungsgesichtspunkten aufgebaut. Die N = 16 Schüler sind nach ihren X-Werten in absteigender Ordnung aufgelistet. Die m = 8 Aufgaben sind nach Schwierigkeit steigend geordnet, und zwar so, daß die leichteste Aufgabe zuerst und die schwierigste zuletzt aufgeführt ist.

Tab. 7.5.1
Schema und Beispiel zur Bestimmung der Konsistenz von Aufgabenreihen

	Aufgaben								
Schüler	1	2	3	4	5	6	7	8	X
G	1	1	1	1	1	1	1	1	8
A	1	1	0	1	1	1	1	1	7
L	1	1	1	1	1	0	1	0	6
I	1	1	1	1	1	1	0	0	6
E	1	1	0	1	0	1	1	0	5
N	1	1	1	0	1	1	0	0	5
E	1	0	1	1	0	1	0	0	4
R	1	1	1	0	1	0	0	0	4
T	1	1	1	0	1	0	0	0	4
A	1	1	1	0	0	0	0	0	3
V	1	0	1	0	1	0	0	0	3
O	1	1	0	1	0	0	0	0	3
N	1	0	1	0	0	0	0	0	2
E	1	1	0	0	0	0	0	0	2
Y	0	0	0	1	0	0	0	0	1
E	1	0	0	0	0	0	0	0	1
	14	12	10	8	8	6	4	2	64

Die *Treppenkurve* in Tab. 7.5.1 wurde so gezogen, daß bei perfekter Konsistenz der Aufgabenbeantwortung durch alle N = 16 Schüler links über der Treppenkurve nur Einsen und rechts unter der Treppe nur Nullen stehen (Barth & Lienert, 1986). Ist dies wie im vorliegenden Beispiel nicht der Fall, dann ist die Klassenarbeit nur teilkonsistent. Allgemein legt man die Treppe so, daß die folgenden beiden Kriterien bestmöglich erfüllt sind:

(1) Senkrechte Striche werden bei der Aufgabe gezogen, die von einem Schüler mit dem Testwert X bei perfekter Konsistenz als letzte gelöst worden wäre. So hat z.B. Schüler A (der siebte Schüler von unten in Tab. 7.5.1) die ersten drei Aufgaben gelöst und erhält X = 3. Schüler V (der sechste Schüler von unten in Tab. 7.5.1) hat mit ebenfalls X = 3 die fünfte Aufgabe gelöst, Aufgaben zwei und vier aber nicht. Damit wird bei beiden Schülern der senkrechte Strich bei Aufgabe drei gezogen.

(2) Waagrechte Striche werden so gezogen, daß sie Schüler mit unterschiedlichen X-Werten zu unterscheiden erlauben, und daß sie senkrechte Striche so verbinden, daß eine Treppenkurve entsteht.

Ein *Maß der Konsistenz K* wurde von Barth und Lienert (1986) vorgeschlagen. Man zählt die folgenden Größen aus:

a = Zahl der Einsen links oberhalb der »Treppe«
b = Zahl der Nullen links oberhalb der »Treppe«
c = Zahl der Einsen rechts unterhalb der »Treppe«
d = Zahl der Nullen rechts unterhalb der »Treppe«.

Für das vorliegende Beispiel erhalten wir a = 52, b = 12, c = 12 und d = 52. Diese Zahlen können zur Berechnung des *Yuleschen Korrelationskoeffizienten* eingesetzt werden, der hier als *Konsistenzkoeffizient* interpretiert wird. Der Koeffizient von Yule (1900) ist

$$K = \frac{ad - bc}{ad + bc}. \qquad (7.5.1)$$

Für unser Beispiel ergibt sich K = (52 · 52 – 12 · 12)/(52 · 52 + 12 · 12) = 0.90. Dieser Konsistenzkoeffizient ist recht hoch. Die untersuchten Aufgaben würden sogar den Anforderungen an einen standardisierten Test genügen. Für informelle Tests ist man mit K = 0.70 meist auch zufrieden.

In Tab. 7.5.1 wurden jene Aufgaben, die von allen 16 Schülern gelöst wurden, außer acht gelassen. Man gibt oft leichte Aufgaben als sogenannte *Eisbrecher* zu Beginn eines Tests, um die Erfolgsmotivation zu steigern (Heckhausen, 1963). Bei der Auswertung nach Punktwerten X können sie weggelassen werden. Schließt man diese Aufgaben in die Auswertung mit ein, erhöhen sie den Punktwert nur um eine Konstante, die der Anzahl der Eisbrecheraufgaben entspricht. Die Streuung der Testwerte wird durch die Konstante nicht verändert: So haben N = 4 Schüler mit den Testwerten 3, 5, 7, 9 dieselbe Streuung wie die Schüler mit den Testwerten 0, 2, 4, 6, bei denen die drei Eisbrecheraufgaben nicht mitgezählt wurden.

7.6 Meßfehler von Testpunktwerten

Stellt man aufgrund der Ergebnisse in Tab. 7.5.1 fest, daß Schüler L X = 6 der m = 8 Testaufgaben richtig beantwortet hat, so gilt diese Feststellung uneingeschränkt nur bei perfekter Konsistenz der Klassenarbeit, d.h. bei K = 1. Bei weniger als perfekter Konsistenz ist angeraten, vorsichtig zu vermuten, daß der »wahre« Testwert des Schülers L mit großer Wahrscheinlichkeit zwischen fünf und sieben liegt. Dieses Unsicherheitsintervall wird damit begründet, daß man mit einem *Meßfehler* rechnen muß.

Die Höhe des Meßfehlers eines Testwerts X hängt von der *Zuverlässigkeit* des Tests ab. Diese wird durch den Konsistenzkoeffizienten K gemessen. Der *Standardmeßfehler* eines Testpunktwertes X (standard error of measurement, SE) ist in der klassischen Testtheorie definiert als

$$SE = s_x \sqrt{1 - K}, \qquad (7.6.1)$$

wobei s_x die Standardabweichung der Testwerte X bezeichnet. Die Berechnung der Zwischenwerte für s_x ist für die Beispieldaten in Tab. 7.5.1 in Tab. 7.6.1 illustriert.

Mit einer Standardabweichung von $s_x = \sqrt{4.27} = 2.07$ ergibt sich für den Acht-Aufgaben-Test ein Standardmeßfehler von $SE = 2.07 \sqrt{1 - 0.9} = 2.07 \cdot 0.316 = 0.654$.

Unter der Annahme, die Testpunktwerte seien in der Population der Schüler normalverteilt, können wir den *Vertrauensbereich* eines Testwertes, meist Konfidenzintervall genannt, für einen beobachteten Testpunktwert X schätzen. Das *Konfidenzintervall* gibt an, innerhalb welcher Grenzen der *wahre Testwert* eines Schülers, seine Kompetenz, liegen kann, wenn wir bereit sind, einen Fehler der Größe alpha in Kauf zu nehmen. Zur Bestimmung des Konfidenzintervalls schätzen wir die *obere* Grenze des Intervalls nach

$$X_{max} = X + z_{1-\alpha} (SE) \qquad (7.6.2.a)$$

Tab. 7.6.1
Schema und Beispiel zur Berechnung des Standardmeßfehlers für N = 16 Schüler

X	x	x^2
8	4	16
7	3	9
6	2	4
6	2	4
5	1	3
5	1	3
4	0	0
4	0	0
4	0	0
3	– 1	1
3	– 1	1
3	– 1	1
2	– 2	4
2	– 2	4
1	– 3	9
1	– 3	9
$M = \frac{64}{16} = 4$	0	$s_x^2 = \frac{64}{16-1} = 4{,}27$

und die *untere* Grenze nach

$$X_{min} = X - z_{1-\alpha}\,(SE), \qquad (7.6.2.b)$$

wobei $z_{1-\alpha}$ für $\alpha = 5\%$ (95% Sicherheit) bei 1.96 und für $\alpha = 10\%$ (90% Sicherheit) bei 1.65 liegt. Damit erhalten wir für den Schüler L mit X = 6 eine obere Vertrauensgrenze $X_{max} = 6 + 1.96 \cdot 0.654 = 7.282$. Die untere Vertrauensgrenze ist $X_{min} = 6 - 1.96 \cdot 0.654 = 4.718$. Wir können damit mit 95%iger Sicherheit feststellen, daß der wahre Testwert X unseres Schülers zwischen 4.718 und 7.282 liegt. Begnügt man sich mit 90%iger Sicherheit, was für die pädagogische Diagnostik oft ausreicht, dann beträgt $z_{1-\alpha}$ nur 1.65, womit X zwischen 4.921 und 7.079 zu liegen kommt.

Aus Formel 7.6.1 ist ersichtlich, daß der Standardmeßfehler eines Tests um so kleiner ist, je kleiner die Streuung der Testwerte s_x und je größer die Zuverlässigkeit K sind. Standardisierte Tests haben auch standardisierte Streuungen, z.B. s = 15 bei IQ-Werten, und hohe Zuverlässigkeiten von K > 0.9. Z.B. hat der *Intelligenz-Struktur-Test* von Amthauer (1973) eine Zuverlässigkeit von K = 0.96. Die IQ-Werte dieses Tests haben damit einen Meßfehler von $SE(IQ) = 15\sqrt{1 - 0.96} = 3$. Ein IQ-Wert von 112 hat demnach ein 95%-Vertrauensintervall zwischen 106 und 118, wenn man nach 7.6.2 schätzt.

Wie man die *Retest-Zuverlässigkeit* einer Klassenarbeit als Korrelation einer Erstvorgabe (X) und einer Zweitvorgabe – im Mindestabstand von 4 Wochen – (Y) schätzt, ist in Tab. 7.6.2 aus den Daten der Erstvorgabe aus Tab. 7.6.1 illustriert:

Tab. 7.6.2:
Berechnung der Retestkorrelation r_{xx} der Testwerte X_1 = X und der Testwerte X_2 = Y für die N = 16 Schüler aus Tab. 7.6.1

X	Y	X^2	Y^2	XY
8	9	64	81	72
7	7	49	49	49
6	8	36	64	48
6	6	36	36	36
5	7	25	49	35
5	5	25	25	25
4	4	16	16	16
4	5	16	25	20
4	4	16	16	16
3	5	9	25	15
3	4	9	16	12
3	3	9	9	9
2	4	4	16	8
2	2	4	4	4
1	3	1	9	3
1	2	1	4	2
64	78	320	444	370

Wir sehen aus Tab. 7.6.2, daß sich der Testmittelwerte $M_x = 64/16 = 4.00$ in der Erstvorgabe auf $M_y = 78/16 = 4.875$ in der Zweitvorgabe erhöht hat, was als Folge eines Übungseffektes (test sophistication) zu deuten ist. Die Teststreuung, als Varianz s^2 definiert, hat sich (nach Formel 2.5.2) hingegen von $s_x^2 = 320/(16–1) – 4.00(64/15) = 4.27$ auf $s_y^2 = 444/(16–1) – 4.875(78/15) = 4.25$ *nicht* erhöht, was damit zu erklären ist, daß alle Schüler in etwa den gleichen Übungsgewinn erzielt haben.

Die Höhe der Retest-Korrelation r_{xx} (Test X Mal Test X –Korrelation) ergibt sich aus der Rechenformel 6.2.4 gemäß Tab. 6.2.1 wie folgt

$$r_{xx} = \frac{370 - 64 \cdot 78/16}{\sqrt{(320–64^2/16)\,(444–78^2/16)}} = +0.91.$$

Mit einer Standardabweichung der Erstvorgabe-Testwerte von $s_x = \sqrt{4.27} = 2{,}07$ resultiert für den Acht-Aufgabentest aus Tab. 7.6.1 ein Standardmeßfehler von SE = $2.07\sqrt{1 - 0.91} = 0.621$, der dem von 0.654 praktisch gleicht. Der Testwert Y = 9 wurde wegen vorzeitiger beendeter Lösung aller 8 Aufgaben vergeben.

7.7 Prozentränge von Testpunktwerten

Ein Testwert von X = 6 in Tab. 7.5.1 besagt jenen Lesern nichts, die den Test nicht kennen. Will man eine Testleistung so an Leser, z.B. die Eltern der Schüler, vermitteln, daß sie leicht zu interpretieren ist, dann führt man die sogenannte *Prozentrangtransformation* durch. Durch diese Transformation ordnet man Testwerten X *Prozentrangwerte*

PR(X) zu. Der *Prozentrang* gibt an, welchen Rangplatz ein Schüler einnimmt, der zu einer Zufallsstichprobe von 99 Schülern als hundertster Schüler hinzugenommen wird. Läßt man etwa 99 Schüler nach ihrer Körpergröße antreten und nach Rangwerten von 1 bis 99 abzählen, so mag unser hundertster Schüler zwischen die Schüler mit den Rangnummern 69 und 70 eingeordnet werden. Er hat dann einen Prozentrang von 69.5.

Es ist dabei darauf zu achten, daß die Prozentrangwerte mit einem Mittelwert von 50 im gesamten Bereich zwischen 0 und 100 *gleich* (nicht normal!) verteilt sind.

Wie berechnet man aber Prozentränge, wenn mehr oder weniger als 100 Schüler gemessen bzw. getestet worden sind? Zur Beantwortung dieser Frage stellen wir folgende Überlegungen an.

Hätten die N = 16 Schüler in Tab. 7.5.1 *bindungsfreie*, d.h. unterschiedliche Testwerte von X_1, dem niedrigsten, bis zu X_{16}, dem höchsten, geliefert, dann könnte man ihnen die Rangwerte von 1 bis 16 zuordnen. Aus den Rangwerten R ergeben sich die *Prozentränge PR* nach der in 2.9.1 schon vorweggenommenen Formel.

$$PR = 100(R - {}^1/_2)/N \tag{7.7.1}$$

Ein Schüler aus der in Tab. 7.5.1 untersuchten Stichprobe mit dem Testwert X = 7 und der Rangposition R = 15 hat demnach einen Prozentrang von $PR = 100(15 - {}^1/_2)/16 = 90.63$. Der Prozentrang hat die folgende Interpretation. Wählt man nach Los 99 Schüler aus der Population aus, dann rangiert dieser 100. Schüler an 91. Stelle. Mit anderen Worten, die Leistung dieses Schülers übertrifft die Leistungen von 91% der Schüler der Vergleichspopulation. Dies entspricht einer guten bis sehr guten Testleistung.

In den meisten Fällen, z.B. auch in Tab. 7.5.1, sind Testnoten *bindungsbehaftet*, d.h. gruppiert. Manche Testwerte treten mehrfach auf. Ist dies der Fall, so berechnet man PR nach der ebenfalls schon aus 2.9.2 bekannten Formel

$$PR = 100(F - {}^1/_2 f)/N, \tag{7.7.2}$$

wobei F = cum(f) die *kumulierten Frequenzen* von X_1, dem kleinsten Testwert, bis X_i, dem zu normierenden Testwert, bezeichnet. Dies wird in Tab. 7.7.1 illustriert.

Tab. 7.7.1
Schema und Beispiel zur Berechnung von Prozenträngen bei Testwerten mit Bindungen

X	f	F	F – f/2	PR	gerundet
8	1	N = 16	15.5	96.88	~ 97
7	1	15	14.5	90.63	~ 91
6	2	14	13.0	81.25	~ 81
5	2	12	11.0	68.75	~ 69
4	3	10	8.5	53.13	~ 53
3	3	7	5.5	34.38	~ 34
2	2	4	3.0	18.75	~ 19
1	2	2	1.0	6.25	~ 6

Wie man aus Tab. 7.7.1 ersehen kann, hat ein Schüler, der nur X = 1 Aufgabe über die Eisbrecheraufgaben hinaus gelöst hat, einen Prozentrang von PR = 6. Ein Schüler, der X = 7 Aufgaben gelöst hat, erreicht einen PR = 91, wie oben, etc.

Die *Prozentrangnormierung* von Testwerten hat den Vorteil, daß sie leicht zu interpretieren ist. Zudem ist sie auch dann noch zulässig, wenn die Testwerte X *nicht* normalverteilt sind. Dies kommt bei informellen Tests häufig, bei standardisierten Tests nur selten vor.

8. Das Normalverteilungsmodell

Sowohl Theorie (Fischer, 1974) als auch Anwendung schulischer Leistungstests gehen zumeist von der Annahme aus, daß die zu messenden Leistungsdispositionen in der Population der Schüler nach Art einer Gauß'schen Glockenkurve *normalverteilt* sind. Zufallsstichproben von N Schülern aus solchen Populationen sollten demnach ebenfalls normalverteilt sein oder sich zumindest einer Normalverteilung annähern. Die Näherung wird immer dann als ausreichend angesehen, wenn die Testpunktwerte um ihren Mittelwert eingipfelig *symmetrisch* verteilt sind. Dabei wird der Gipfel in etwa über dem arithmetischen Mittelwert erwartet.

Um sich die Stichprobenverteilung einer Klasse von N Schülern anschaulich zu machen, faßt man die Testwerte X in gleiche Intervalle zusammen und trägt über diesen Intervallen ein *Histogramm* ab. Das am stärksten besetzte Intervall sollte in der Mitte, d.h. über dem Mittelwert der Testwerte X liegen. Die Besetzungszahlen für die Intervalle links und rechts dieses sogenannten *Modalintervalls* sollten symmetrisch und glockenförmig abfallen. Die Verteilung der N Testwerte sollte weder ausgeprägt linksgipfelig (= *rechtsasymmetrisch*) noch ausgeprägt rechtsgipfelig (= *linksasymmetrisch*) sein. Auf keinen Fall sollte die Verteilung einer Stichprobe zwei- oder mehrgipfelig sein, wenn sie aus einer normal verteilten Population kommt.

In den folgenden Abschnitten wollen wir überlegen, wie eine *Normalverteilung* von Testwerten *hergeleitet* und legitimiert werden kann. Wir werden dazu, beginnend mit zwei Aufgaben, die Zahl X der gelösten Aufgaben als Zufallsvariable betrachten.

8.1 Von der Binomial- zur Normalverteilung

Wir haben bereits in Tab. 4.8.1 das Modell der diskreten, auf dichotome, d.h. Ja-Nein-Merkmale bezogenen *Binomialverteilung* im Zusammenhang mit der Benotung vorweggenommen. Das Modell der stetigen, auf Testwerte bezogenen *Normalverteilung* haben wir in Tab. 2.1.1 vorweggenommen. Es ist nun an der Zeit, daß wir beide Modelle miteinander verbinden. Konkret wollen wir den Übergang von der Binomial- auf die *Normalverteilung* erklären.

Nehmen wir an, Intelligenz (I), gemessen über den IQ, sei durch Ja-Nein-Gene bedingt, die durch die Allele I+ und I– übertragen werden. Gäbe es nur ein einziges I-Allel, dann bestünden nur zwei Manifestationen der Intelligenz, und zwar in Form von guten (I+) und schwachen (I–) Schülern. Liegen zwei Gene vor, dann kommt eine mittlere phänotypische Ausprägung hinzu (Dominanz und Rezessivität werden hier der Einfachheit halber nicht berücksichtigt). Die vier möglichen Ausprägungen sind dann I+I+, I+I–, I–I+, und I–I–. Die mittleren Ausprägungen (I+I– und I–I+) führen zu einer mittleren Ausprägung der Intelligenz. Die Häufigkeit von hoher, mittlerer, und niedriger

Intelligenz ist hier 1:2:1. Bei drei Genen entstehen vier I-Kombinationen im Verhältnis von 1:3:3:1, bei vier Genen entstehen fünf Ausprägungen im Verhältnis 1:4:6:4:1.

Im folgenden setzen wir dieses Gedankenexperiment mit 50 roten und 50 weißen Kugeln in einer Urne fort. Mit diesen Kugeln kann man das sogenannte *Pascalsche Dreieck* reproduzieren, das die obigen Verhältniszahlen in seinen Zeilen enthält. Im vorliegenden Zusammenhang werden diese Zahlen *Binomialkoeffizienten* genannt. Tab. 8.1.1 gibt ein Beispiel für das Pascalsche Dreieck. Es werden bis zu fünf Kugeln gezogen (jeweils mit Zurücklegen). Die Tab. ist wie folgt zu lesen: Zieht man wiederholt je eine Kugel (ein Gen), so wird man gleich häufig rote und weiße Kugeln ziehen. Das Verhältnis ist damit 1:1. Zieht man wiederholt je zwei Kugeln (zwei Gene), so wird man im Verhältnis 1:2:1 zwei rote, eine rote und eine weiße sowie zwei weiße Kugeln ziehen, etc., wie in Tab. 8.1.1 aufgelistet.

Tab. 8.1.1
Pascalsches Dreieck der Binomialkoeffizienten als Näherung an eine Normalverteilung

						1					
1 Kugel					1		1				
2 Kugeln				1		2		1			
3 Kugeln			1		3		3		1		
4 Kugeln		1		4		6		4		1	
5 Kugeln	1		5		10		10		5		1
....	....										

Setzt man Tab. 8.1.1 bis zur Entnahme von je neun Kugeln (neun Gene) fort, so resultieren die Binomialkoeffizienten f und deren *Prozent-Anteile*, wie sie in Tab. 8.1.2 wiedergegeben sind. Darin bezeichnet X = 0 eine Kombination von 0 roten und 9 weißen Kugeln; X = 1 bezeichnet 1 rote und 8 weiße Kugeln etc. bis X = 9, die 9 rote und 0 weiße Kugeln kombiniert.

Tab. 8.1.2
Binomialkoeffizienten und ihre Prozentanteile f% bei Entnahme von je neun Kugeln relativ zu den Prozentanteilen f(C)% einer Normalverteilung

X	0	1	2	3	4	5	6	7	8	9	Summe
f	1	9	36	84	126	126	84	36	9	1	= 512
f%	0.2	1.8	7.0	16.4	24.6	24.6	16.4	7.0	1.8	0.2	= 100%
f(C)%	0.8	2.8	7.9	15.9	22.6	22.6	15.9	7.9	2.8	0.8	= 100%
z	− 2.4	− 1.8	− 1.2	− 0.6	0	− 0.6	+ 1.2	+ 1.8	+ 2.4		

Aus Tab. 8.1.2 ist erkennbar, daß die Anteile f% einer Binomialverteilung mit neun weißen oder roten Kugeln sich bereits recht gut einer *Standard-Normalverteilung* mit den Anteilen f(C)% und den Klein-z-Werten, die sich aus Tafel I herleiten lassen, annähert.

Man kann die Meßwerte X in Tab. 8.1.2 als Farbmischungen von rein weiß (mit 0 roten Kugeln) über rosa (fünf weiße und vier rote Kugeln oder umgekehrt) bis satt rot (9 rote Kugeln) interpretieren. Analog kann man sich vorstellen, daß eine größere Anzahl an Genen (aus voneinander unabhängig vererbten Chromosomen) zu niedriger oder hoher Intelligenzausprägung beiträgt und, in Kombination mit Einflüssen aus der Umwelt, Schulleistungen mitbestimmt.

8.2 Dichtefunktion der Normalverteilung

Die kontinuierlichen Helligkeitsabstufungen von Rottönen oder die Ausprägungsabstufungen einer sog. *stetigen Variablen* der psychometrischen Intelligenz (= IQ) lassen sich durch die *Dichtefunktion der Normalverteilung* wie folgt beschreiben (wir legen dabei eine *Centilverteilung* zugrunde):

$$f(C)\% = \frac{100\%}{S\sqrt{2 \cdot \pi}} \exp\left[-½\left(\frac{X-M}{S}\right)^2\right]. \quad (8.2.1)$$

Die in 8.2.1 verwendeten Symbole haben die folgende Bedeutung:

f(C)% = Häufigkeitsanteil eines Centilwerts X

exp(X) = $e^x = (2.71828...)^x$, z.B. hier: exp $(-^1/_2) = e^{-1/2} = 1/\sqrt{e}$

M = arithmetischer Mittelwert der Centilverteilung (= 5)

S = Standardabweichung der Centilverteilung (= 2)

π = pi = 3.14159...

Um zu illustrieren, wie man via Formel 8.2.1 zu den *Centilfrequenzen* f(C)% in Tab. 8.1.2 gelangt, setzen wir z.B. den Testwert X = 7 ein und erhalten mit M = 5 und S = 2

$$f(C=7)\% = \frac{100\%}{2\sqrt{2(3.14159)}} \exp\left[-½\left(\frac{7-5}{2}\right)^2\right] = 12.09854\%$$

Wir kommen also via 8.2.1 mit $19.947122\%/\sqrt{2.71828}$ zu praktisch genau dem für X = 7 in Tab. 2.1.1 angegebenen 12%-Anteil, der eine ganzzahlige Rundung darstellt. Analog erhalten wir die Anteile für andere X-Werte.

In Tab. 8.2.1 sind als Beispiel die *Promilleanteile* für die X-Werte von 0 bis 10 angegeben, wobei wir dieselben Werte für Mittelwert und Streuung wie oben angenommen haben.

Tab. 8.2.1
Promilleanteile für X-Werte von 0 bis 10 unter der Annahme einer Normalverteilung mit M = 5 und S = 2

X	0	1	2	3	4	5	6	7	8	9	10
f ‰	9	28	66	121	174	199	174	121	66	28	9

Im vorangegangenen Beispiel wurde die Normalverteilung wie eine *diskrete Verteilung* behandelt, die nur ganzzahlige Werte annehmen kann. Im folgenden werden wir die Normalverteilung als *stetige Verteilung* kennenlernen, die beliebig fein abgestufte Werte von X annehmen kann.

Geht man von dem Konzept der stetigen Verteilung aus, so können z.B. die im obigen Beispiel verwendeten Rottönungen oder das Merkmal Intelligenz alle möglichen Größen zwischen minus und plus unendlich annehmen.

Eine *Normalverteilungsurne*, die besser als Tab. 2.1.1 eine Normalverteilung mit M = 5 und S = 2 simuliert, hätte nach Tab. 8.2.1 also N = 998 (etwa 1000) Kugeln zu enthalten, wovon neun mit dem Wert X = 0 und 28 mit dem Wert X = 1 etc. bis zu den neun Kugeln mit dem Wert X = 10 zu signieren wären.

8.3 Normalverteilung und Prozentränge

Abbildung 8.3.1 gibt eine sogenannte *Standardnormalverteilung* wieder. Man erhält eine solche Verteilung, wenn man M = 0 und S = 1 in Formel 8.2.1 setzt oder wenn eine beliebig normalverteilte Größe X mit dem Mittelwert M und der Streuung S nach z = (X–M)/S in z-Werte transformiert wird, wie in Abbildung 8.3.1 veranschaulicht. Die Fläche unter der Normalverteilung beträgt 1 oder 100%.

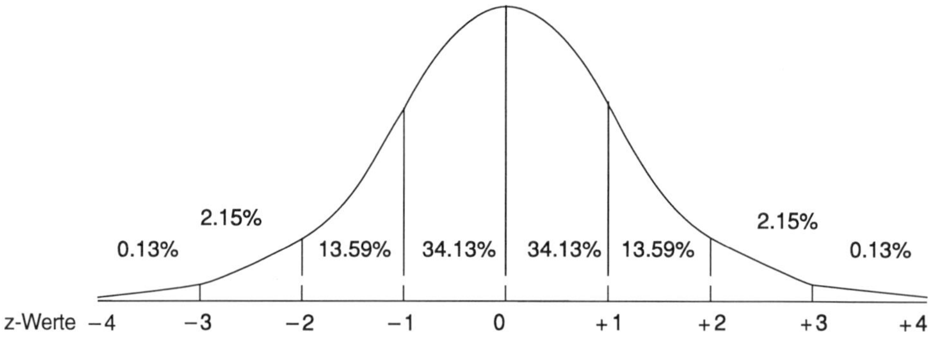

Abbildung 8.3.1: Standardnormalverteilung mit Prozentanteilen innerhalb der z-Wert-Grenzen

Wenn die Testwerte X in einer Population von Schülern normalverteilt sind, dann liegen nach Abbildung 8.3.1 z.B. genau 0.13% der Schüler unterhalb von –3z. Das bedeutet, daß 0.13% der Schüler Testwerte aufweisen, die drei oder mehr als drei Standardabweichungen unter dem Mittelwert liegen.

Anders ausgedrückt hat ein Schüler mit dem Testwert X und einem z = z(X) = (X – M)/ S = –3 einen *Prozentrang* von 0.13, da nur 0.13% der Population aller Schüler in dem betreffenden Test niedrigere Testwerte haben als der Schüler, dessen Testwert X einem z-Wert von –3 entspricht. Analog hat ein Schüler mit einem z = –2 einen Prozentrang 0.13 + 2.15 = 2.28, und ein Schüler mit z = –1 hat einen Prozentrang von 0.13 + 2.15 + 13.59 = 50 – 34.13 = 15.87, wie mit Hilfe der Abbildung 8.3.1 nachgerechnet werden kann.

Natürlich hat ein Schüler mit einem exakt durchschnittlichen Testwert X nach Abbildung 8.3.1 mit z = 0 einen Prozentrang von 50. Ein Schüler mit einem z(X) = +1 hat einen überdurchschnittlichen Prozentrang von 50 + 34.13 = 84.13 etc. Jenseits des Testwertes, dem z = +3 entspricht, liegen, analog zu z = –3, nur noch 0.13% aller Schüler einer Population. Damit gehört zu z = +3 ein PR = 100% – 0.13% = 99.87.

Tafel I des Anhangs listet, wie schon Tab. 2.9.1 zuvor, für verschiedene z-Werte die entsprechenden Prozentrangwerte auf. Umgekehrt kann man zu verschiedenen Prozentrangwerten dort die unter dem *Normalverteilungsmodell* geltenden z-Werte ablesen. Davon werden wir im folgenden Gebrauch machen.

Das Verhältnis von z-Werten, Prozenträngen, Centilwerten, IQ-Werten und *standardisierten Schulnoten* mit M = 3 und S = 1 ist in Tafel V des Anhangs, wie schon zuvor in Tab. 2.8.2, verzeichnet. Dabei wird unterstellt, daß die den IQ-Werten zugrunde liegenden Testwerte X in der Population normalverteilt sind. Im nächsten Kapitel werden wir den Begriff des IQ historisch vor dem Hintergrund des Normalverteilungsmodells diskutieren.

8.4 *Prozentränge und IQ-Äquivalente*

Der klassische IQ nach William Stern (1911) ist definiert als Quotient von *Intelligenzalter* (IA) und *Lebensalter* (LA) eines Schülers

$$IQ = (IA/LA) \cdot 100. \tag{8.4.1}$$

Bestimmt wird das Intelligenzalter durch altersspezifische Serien von Aufgaben im *Stanford-Binet-Test* (Lückert, 1965). Erhebt man Zufallsstichproben von je N = 18 Schülern aus der Population der 8-, 10-, 12- und 15jährigen mit dem Stanford-Binet-Test und berechnet die IQs dieser Schüler, so mögen sich die in Tab. 8.4.1 wiedergegebenen Verteilungen ergeben haben.

Tab. 8.4.1
Verteilung von klassischen IQs (IA/LA) in vier Zufallsstichproben von Schülern unterschiedlichen Alters

							x						
							xx						
							xx x						
			x		xx		xxxxxx		x x		x		
8 Jahre, N = 18:			80		90		100		110		120		s = 9
							x						
							xx x						
			x	x	xx	x	xxxxx		x	xx		x	
12 Jahre, N = 18:			80		90		100		110		120		s = 12
							xx x						
		x	x	x	x		xxxxxxx		xx		x	x	
14 Jahre, N = 18:			80		90		100		110		120		s = 14
							x						
							xx						
	x		x	x		xx	xxxx		x x		xx	x	x
15 Jahre, N = 18:			80		90		100		110		120		s = 16

Wie man aus Tab. 8.4.1 erkennt, steigen die empirisch berechneten Standardabweichungen s der klassischen IQ-Werte wegen der kognitiven Differenzierung (Differenzierungstheorie der Intelligenz, Burt 1954) von S = 10 für 8jährige bis S = 16 für 15jährige. Bei 16jährigen hat man in verschiedenen Studien IQ-Streuungen von 14 bis 17 gewonnen. Deshalb wurde vereinbart, für die Definition des sogenannten *psychometrischen IQ* nach Terman (1916) ein S = 15 zugrunde zu legen:

$$IQ = 100 + 15z, \qquad (8.4.2)$$

wobei $z = (X - M)/S$ aus einem Test stammt, der das Gesamt der IQ-relevanten Aufgaben umfaßt. Damit ist der psychometrische IQ mit dem klassischen IQ direkt vergleichbar, denn beide haben einen Mittelwert von 100 und eine Streuung von 15.

Sind die Testwerte X eines IQ-Tests *normal* verteilt, dann berechnet man $z = (X - M_x)/s_x$ als *Standardnormalvariable*. Sind die Testwerte *nicht normal* verteilt, dann berechnet man für die Testwerte X wie für Tab. 8.2.1 *Prozentränge* PR und transformiert diese mit Hilfe von Tafel I des Anhangs in z-Werte. Diese können dann via 8.4.1 in IQ-Werte umgewandelt werden, wobei die in Tab. 8.4.2 wiedergegebene *Verbal-Bewertung* gilt (Dorsch, 1991, S. 160).

Tab. 8.4.2
Empirische Anteile der IQ-Bewertungsgrade für den Stanford-Binet-Test

IQ	Bewertungsgrad	empirischer %-Anteil
über 140	hervorragende Intelligenz	1.5
120–139	sehr gute Intelligenz	11.0
110–119	gute Intelligenz	18.0
90–109	normale Intelligenz	48.0
80– 89	geringe Intelligenz	4.0
70– 79	leichter Schwachsinn	5.0
unter 70	schwerer Schwachsinn	2.5

Die empirischen Anteile der IQ-Bewertungsgrade in Tab. 8.4.2 stammen aus einer US-Population, die mit dem Stanford-Binet-Test untersucht wurde. Sie entsprechen nicht den aufgrund einer Normalverteilung theoretisch erwarteten Anteilen.

Es ist noch anzufügen, daß der psychometrische IQ für *alle* Altersklassen definiert ist. Der klassische IQ gilt dagegen nur für jene Altersstufen, in welchen nach den damaligen Annahmen die Leistungskompetenz in etwa proportional zum Lebensalter wächst. Es wird dabei angenommen, daß das Intelligenzalter mit steigendem Lebensalter einer sogenannten *Wachstumskurve* folgt. Zwischen 5 und 15 Jahren ist die Wachstumskurve des Intelligenzalters in etwa proportional zu der des Lebensalters. Danach flacht die Kurve ab, weil die Intelligenz nicht mehr proportional zum Lebensalter zunimmt.

Im folgenden Kapitel gehen wir von den *individuellen* IQs der Schüler einer Klasse zum *durchschnittlichen* IQ dieser Klasse über. Wir wollen damit abschätzen, »wie gut« eine Klasse ist, weil es bekanntlich zwischen Schulklassen erhebliche Niveauunterschiede gibt. Dem Stichprobenkonzept folgend nehmen wir dabei an, daß nicht der IQ der ganzen Klasse, sondern nur einer vergleichsweise kleinen Zahl N der Schüler, jeder nach Los ausgewählt, gemessen worden ist, z.B. mit dem zeitaufwendigen, aber gut standardisierten HAWIK-R-Test (1983).

8.5 Die empirische Standardabweichung des Mittelwerts

Wählen wir N = 4 Schüler aus unserer Schulklasse nach Los aus und testen sie mit einem aufwendigen Intelligenztest wie dem HAWIK-R, dann können wir den Mittelwert μ der IQs aller Schüler dieser Klasse schon recht gut abschätzen. Diese Annahme folgt dem schon zitierten Motto, nach dem »jenseits von drei« unendlich liegt.

In diesem Kapitel wollen wir nun anstelle des IQ-Tests mit N = 4 Schülern wieder ein *Simulationsexperiment* durchführen. Wir wollen feststellen, wie gut ein Stichprobenmittelwert aus N = 4 ausgelosten Schülern einen bekannten Populationsmittelwert μ zu schätzen erlaubt. Dazu greifen wir wieder auf die Normalverteilungsurne von Tab. 2.1.1 zurück, in der Styroporkugeln mit den Testwerten X = 0 bis X = 10 enthalten sind. Wir lassen von jedem der n = 25 Kursteilnehmer je vier Styroporkugeln ziehen (mit Zurücklegen) und deren Mittelwert berechnen. So hat z.B. einer der Teilnehmer die Kugeln 2, 5, 5 und 7 gezogen und damit einen Mittelwert von M = (2 + 5 + 5 + 7)/4 = 4.75 erhalten. Dieser Mittelwert und die übrigen 24 Mittelwerte aus je N = 4 Kugeln sind in Abbildung 8.5.1 abgetragen.

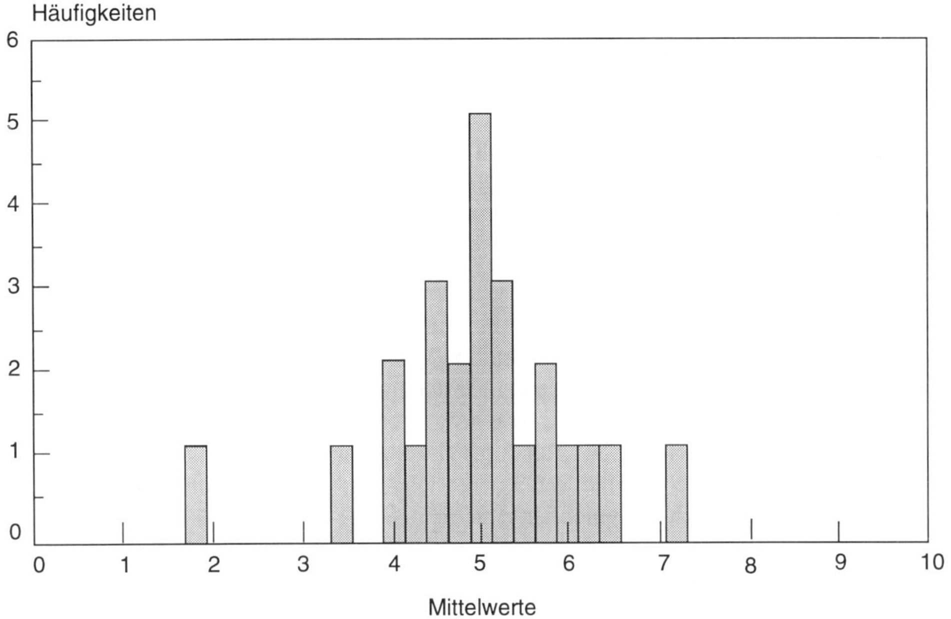

Abbildung 8.5.1: Verteilung der Mittelwerte aus 25 Ziehungen von je vier Kugeln aus der Normalverteilungsurne (μ = 5, σ = 2) in Tab. 2.1.1 mit Testwerten von 0–10

Man kann aus Abbildung 8.5.1 leicht erkennen, daß sich die meisten der 25 Mittelwerte aus N = 4 Kugeln eng um den Mittelwert der Population μ = 5 der Urnenverteilung in Tab. 2.1.1 scharen und sich einer *Normalverteilung* gut annähern.

Tab. 8.5.1
Schema und Beispiel zur Berechnung der empirischen Standardabweichung des Mittelwerts von je N = 4 Dezilwerten mit $\mu = 5$ und $\sigma = 2$

M	f	fM	fM^2
1.75	1	1.75	3.06
3.50	1	3.50	12.25
4.00	2	8.00	32.00
4.25	1	4.25	18.06
4.50	3	13.50	60.75
4.75	2	9.50	45.13
5.00	5	25.00	125.00
5.25	3	15.75	82.69
5.50	1	5.50	30.25
5.75	2	11.50	66.13
6.00	1	6.00	36.00
6.25	1	6.25	39.06
6.50	1	6.50	42.25
7.25	1	7.25	52.56
$M_M = 4.97$	n = 25	124.25	645.19
$s_M^2 = 645.19 - 4.97\,(124.25)/24 = 1.153$ $s_M = 1.07$			

In Tab. 8.5.1 sind jene 25 Mittelwerte von 1.75 bis 7.25 eingetragen, die der Abbildung 8.5.1 zugrunde liegen. Wir berechnen den Mittelwert der n = 25 Mittelwerte M_M nach Formel 2.4.1 und erhalten aus der Fußzeile von Tab. 8.5.1

$$M_M = (\text{Sum fM})/N = 124{,}25/25 = 4{,}97$$

einen Wert, der erwartungsgemäß nach Abbildung 8.5.1 dicht am Mittelwert $\mu = 5$ der Urnenwerte aus Tab. 2.1.1 liegt. Das Mittel M_M der n Stichprobenmittel (mit je N = 4 Einzelwerten) ist also – wie man allgemein feststellt – eine erwartungstreue (biasfreie) Schätzung des Populationsmittels $M_M \rightarrow \mu = 5$.

Im Anschluß berechnen wir aus Tab. 8.5.1 die Standardabweichung der n = 25 Mittelwerte und erhalten nach Formel 2.5.3 deren Quadrat, die sogenannte *Fehlervarianz* der Mittelwerte, die durch s_M^2 symbolisiert wird.

$$s_M^2 = (\text{Sum fM}^2)/(n-1) - M_M\,(\text{Sum fM})/(n-1)$$

$$= 645{,}19/24 - 4{,}97(124{,}25)/24 = 26{,}883 - 25{,}730 = 1{,}153$$

Die Standardabweichung der n = 25 Mittelwerte aus Tab. 8.5.1 – sie wird auch *Standardfehler* der Mittelwerte genannt – ergibt sich als Wurzelwert der Fehlervarianz zu $s_m = \sqrt{1.153} = 1.07$. Die Streuung, genauer: die Standardabweichung der n = 25 Mittelwerte von 1.07, ist damit nur etwa halb so groß wie die Standardabweichung der Einzelwerte (Urnenwerte), die S = 2 beträgt.

Hätten wir durch unsere n = 25 Kursteilnehmer 8 statt 4 Kugeln aus der Normalurne von Tab. 2.1.1 ziehen lassen, so wäre eine schon fast »ideal normale« Mittelwertverteilung analog zu Tab. 8.5.1 entstanden mit einem M_M von ebenfalls nahe 5, aber einer Standardabweichung s_M von nur etwa 0.7. Bei 16 Kugeln hätte s_M etwa gar nur 0.5 betragen. Mit wachsenden Stichprobenumfängen (von 4 über 8 nach 16) sinkt also die Streuung der Mittelwerte dieser Stichproben.

Im allgemeinen wollen wir die empirische Schätzung von s_M via Urnensimulation durch eine theoretische Schätzung ersetzen, in welcher s_M aus einer Stichprobe von N einzelnen Testwerten (Urnenlosen) erwartungstreu (biasfrei) berechnet wird. Wir werden sehen, daß unsere simulatorische Schätzung mit der theoretischen Schätzung von s_M gut übereinstimmt.

8.6 *Die theoretische Standardabweichung des Mittelwerts*

In Tab. 8.5.1 haben wir 25 Mittelwerte aus einer Normalverteilung (NV) von Einzelwerten erhoben und mit $M_M = 4.97$ einen Mittelwert der 25 Mittelwerte erhalten. Hätten wir durch unsere Kursteilehmer 100 Mittelwerte erheben lassen, dann hätte vielleicht ein Mittelwert von 5.002 resultiert, d.h. ein Wert, der vom wahren Mittelwert nur in der dritten Kommastelle differiert. Bei 1000 Erhebungen hätte sich die Schätzung des Mittelwerts mit hoher Wahrscheinlichkeit kaum noch vom wahren Wert $\mu = 5$ unterschieden.

Setzt man die Zahl der Stichprobenentnahmen von je N = 4 Testwerten aus Tab. 2.1.1 beliebig fort, so gelangt man an einen Grenzwert. Dieser Wert wird *Erwartungswert des Mittelwerts* genannt. Er ist in der folgenden Formel gegeben, die besagt, daß der Mittelwert vieler normalverteilter Mittelwerte – auch aus kleinen Stichproben – dem Populationsmittelwert zustrebt.

$$E(M) \Rightarrow M_M \Rightarrow \mu. \qquad (8.6.1)$$

Wie schätzt man nun die *Standardabweichung* der als normalverteilt angenommenen Mittelwerte in Tab. 8.5.1? Sofern die Standardabweichung der Testwerte X aus der Population *bekannt* ist – in unserem Simulationsexperiment beträgt die Varianz $s^2 = 2^2 = 4$ aus Tab. 2.1.1 – kann die Schätzung auf

$$s_M^2 = S^2/N \qquad (8.6.2)$$

gestützt werden. In unserem Fall beträgt sie $s_M^2 = 2^2/4 = 1.0$. Dieser Wert ist sehr nahe an dem von uns in Tab. 8.5.1 errechneten Wert von 1.07 (Fußzeile in Tab. 8.5.1).

Bei *unbekannter* Populationsstreuung S muß man s_M^2 und damit s_M aus der Stichprobe der Testwerte schätzen. Dies geschieht, wohl oder übel, aber erwartungstreu nach

$$s_M^2 = s^2/N. \qquad (8.6.3)$$

In Tab. 8.5.1 haben wir nur den Mittelwert für jeden Kursteilnehmer und nicht auch die Streuungen s der jeweils vier Loskugeln aus Tab. 2.1.1 berechnet.

Angenommen, wir hätten aus den fünf Kursteilnehmern, die einen Mittelwert von 5 in Tab. 8.5.1 gezogen hatten, nicht nur den Mittelwert, sondern auch die Testwertestreuung s geschätzt. Dann erhielten wir für die Testwerte X = {2, 5, 5, 8} eine Schätzung von $s^2 = (-3^2 + 0 + 0 + 3^2)/(4 - 1) = 6$. Diese Schätzung, die die Populationsvarianz von $S^2 = 4$ übersteigt, liefert ihrerseits eine Schätzung von $s_M^2 = 6/4 = 1.5$ für die Streuung der Mittelwerte in Tab. 8.5.1 und damit ein $s_M = \sqrt{1.5} = 1.22$. Diese theoretische Schätzung liegt nach 8.6.3 etwas oberhalb der empirischen Schätzung von $s_M = 1.07$ aus Tab. 8.5.1.

Im nächsten Kapitel werden wir uns überlegen, wie gut ein aus einer Stichprobe von nur N = 4 Schülern einer Klasse geschätzter *Testmittelwert* ist, wenn es darum geht zu bestimmen, innerhalb welcher Grenzen der Populationsmittelwert dieser Klasse liegt. Zudem denken wir darüber nach, welche Sicherheit wir haben, daß der Populationsmittelwert tatsächlich innerhalb dieser Grenzen liegt. Wir unterstellen dabei, daß die Testwerte der Stichprobe von N = 4 Schülern aus einer normal verteilten Population stammen.

8.7 Der Vertrauensbereich eines Testmittelwerts

In diesem Kapitel gehen wir wieder davon aus, daß wir einen validen IQ-Test wie dem HAWIK-R (1983) bei nur wenigen ausgelosten Schülern einer Klasse als Schülerpopulation durchführen und auswerten wollen. Nehmen wir an, vier Realschüler hätten die folgenden IQs: 100, 108, 112 und 120. Aus diesen Werten sollen nun der Klassenmittelwert und jener Bereich geschätzt werden, innerhalb dessen der *wahre*, d.h. der aus den Werten von allen Schülern der Population berechnete Mittelwert gelegen ist. Dieser Bereich heißt *Vertrauensbereich*, Vertrauensintervall oder *Konfidenzintervall*. Die Grenzen des Vertrauensbereichs sind wie folgt definiert:

$$\text{Obere Grenze: } M + z_{i-\alpha} \cdot (s_M) = M_{sup} \qquad (8.7.1a)$$

$$\text{Untere Grenze: } M - z_{i-\alpha} \cdot (s_M) = M_{inf} \qquad (8.7.1b)$$

Legt man die Konstante z für eine Fehlerwahrscheinlichkeit von 0.05 fest, so ist z = 1.96 einzusetzen. Dies ist, wie man Tafel I des Anhangs entnehmen kann, der z-Wert für die Normalverteilung, der 95% der Stichprobenmittelwerte einschließt. Will man sich mit 90%iger Sicherheit begnügen, dann wählt man 1.65 anstelle von 1.96. Damit wird der Wertebereich, in dem man den wahren Mittelwert vermutet, enger als bei 95%. Der Fehler, den man einzugehen bereit ist, hat sich aber von 5% auf 10% verdoppelt.

Wie ist nun das Vertrauensintervall für den mit dem HAWIK-R gemessenen Klassen-IQ, wenn man es auf der Basis von nur N = 4 ausgelosten Schülern abschätzt? Wir berechnen zunächst die Schätzung für den mittleren IQ der Klasse und erhalten M = (100 + 108 + 112 + 120)/4 = 110. Mit den Abweichungswerten x = {–10, –2, 2, 10} ergibt sich eine IQ-Varianz $s^2 = (100 + 4 + 4 + 100)/(4 - 1) = 69.33$ und eine Standardabweichung $s = \sqrt{69.33} = 8.33$ als die *geschätzte Standardabweichung* des Klassen-IQ. Diese Schätzung fällt wesentlich kleiner aus als die Populationstandardabweichung, die S(IQ) = 15 beträgt (vgl. Tab. 2.8.2). Wir können daraus schließen, daß die Schüler unserer Klasse in ihren IQs wesentlich homogener sind als die Gesamtpopulation. Offenbar sind Schüler mit IQs kleiner als 100 in unserer Klasse unterrepräsentiert, da Schüler mit niedrigen IQs nicht die Realschule besuchen werden.

Mit einem Stichprobenmittel von M(IQ) = 110 und einer *Varianz des Mittelwerts* (Fehlervarianz des Mittelwerts) von $s_M^2 = s^2/N = 69.33/4 = 17.33$ resultiert ein $s_M = \sqrt{17.33} = 4.16$ (Standardabweichung des Mittelwerts). Setzt man in 8.7.1 ein, so gewinnt man nach 8.7.1a eine *obere Vertrauensgrenze* von $M_{sup} = 110 + 1.96 \cdot 4.16 = 118.15$ und nach 8.7.1b eine *untere Vertrauensgrenze* von $M_{inf} = 110 - 1.96 \cdot 4.16 = 101.85$. Wir können daraus die Schlußfolgerung ziehen, daß der Populationsmittelwert aller Schüler unserer Schulklasse mit 95%iger Sicherheit in den Grenzen zwischen 102 und 118 (jeweils gerundet) liegt. Das bedeutet, daß der durchschnittliche Klassen-IQ mit »an Sicherheit grenzender Wahrscheinlichkeit« über 102 und unter 118 liegt. Wir sehen daraus, daß es dem Klassenlehrer gelungen ist, durch HAWIK-R-Tests an nur vier ausgelosten Schülern mit »Fast-Sicherheit« festzustellen, daß seine Klasse im Mittel über dem Populationsdurchschnitt liegt, der beim IQ den Wert $\mu = 100$ annimmt.

Es handelt sich damit um eine überdurchschnittlich gute, und, wegen der unterdurchschnittlichen Streuung von s(IQ) = 8.33 (verglichen mit s = 15 der Standardisierungspopulation), auch leistungshomogene Klasse; eine solche Klasse sollte es dem Lehrer leicht machen, auch schwierigen Stoff an die Schüler erfolgreich zu vermitteln.

8.8 Der Einschließungsbereich für Testwerte

Bisher haben wir behandelt, wie man den Mittelwert, die Streuung und das Konfidenzintervall um diese Parameter herum berechnet. Oft ist darüber hinaus von Interesse, wie viele Individuen innerhalb bestimmter Testwertgrenzen, den *Inklusionsgrenzen*, zu erwarten sind. Die Inklusionsgrenzen definieren das *Einschließungsintervall*, in dem sich 100% $(1-\alpha)$, also z.B. 95% aller Schüler befinden.

$$M + 1.96(s) \quad (8.8.1a)$$
$$M - 1.96(s). \quad (8.8.1b)$$

Die aus unseren N = 4 Schülern geschätzte IQ-Varianz aller Schüler ist nach unseren Berechnungen in Kapitel 8.7 $s^2 = 69.33$. Die dazugehörige Standardabweichung ist s = 8.33. Mit 8.8.1 können wir also feststellen, daß 95% aller Schüler IQs zwischen $110 - 1.96 \cdot 8.33 = 94$ und $110 + 1.96 \cdot 8.33 = 126$ haben. Es ist nicht zu erwarten, daß die Klasse Schüler enthält, deren IQ niedriger als 94 oder höher als 126 ist. Diese Aussage kann mit einer Sicherheit von 95% getroffen werden.

Ist man sicher, daß die Testwerte normal verteilt sind, dann kann man 8.7.1 wie folgt abwandeln:

68% Inklusion: M – 1s bis M + 1s (8.8.2a)
95% Inklusion: M – 2s bis M + 2s (8.8.2b)
99% Inklusion: M – 3s bis M + 3s. (8.8.2c)

In dem Intervall, das zwischen –1s und +1s liegt und den Mittelwert einschließt, befinden sich 68% aller Testwerte. Im Intervall zwischen –2s und +2s liegen 95% und im Intervall zwischen –3s und +3s rangieren 99.7% aller Schüler jener Population, aus der die Stichprobe der N Schüler nach Los gezogen wurde. In unserem Beispiel liegen 68% aller IQs zwischen 110 – 8.33 = 101.67 und 110 + 8.33 = 118.33. Die verbleibenden 34% liegen zu je 17% oberhalb und unterhalb dieser Grenzen.

Die *Einschlußgrenzen* können auch als *Ausschlußgrenzen* fungieren, wenn Ausreißer-Testwerte, d.h. ungewöhnlich extreme Testwerte nach oben oder unten beobachtet worden sind. Es kann sich dabei um technische oder dispositionelle Ausreißer handeln. *Technische Ausreißer* nennt man solche Meßwerte, die durch Registrierfehler zustande gekommen sind. *Dispositionelle Ausreißer* nennt man solche Meßwerte, die zeitweilig ungewöhnlich hohe oder niedrige Ausprägungen des Verhaltens widerspiegeln.

8.9 Nicht-normalverteilte Testwerte

Verschiedentlich sind Testwerte oder Punktwerte aus Klassenarbeiten nicht normal-, oft sogar nicht einmal eingipfelig verteilt. Handelt es sich um kleine Stichproben wie Schulklassen, dann sind Abweichungen von der Normalverteilung oft dem Zufall zuzuschreiben. In diesem Fall können Mittelwerte, Streuungen und Korrelationen so berechnet werden, als ob die Testwerte normalverteilt wären.

Liegen jedoch begründete Zweifel daran vor, daß Testwerte aus einer normalverteilten Grundgesamtheit stammen, dann kann ein Lehrer eine *normalisierende Transformation* durchführen, wie sie für Prozentrangwerte (PR) in Kapitel 7.7 (siehe Tab. 7.7.1) durchgeführt wurde. Die resultierenden Prozentrangwerte werden dann in z-Werte nach Tafel I des Anhangs transformiert, die stets normalverteilt sind, und zwar auch für kleine Stichproben von Schülern, wie sie eine Schulklasse darstellt. Um negative und vielstellige Dezimalwerte zu vermeiden, kann man im Anschluß die Klein-z-Werte in Groß-Z-werte mit $\mu = 100$ und $\sigma = 10$ nach Kapitel 2 ohne Verlust an Information weitertransformieren. Mit diesen Werten kann man dann weiterrechnen wie mit normalverteilten Meßwerten.

Einfacher als eine *Transformation* von X über z nach Z ist die *Stanine-Transformation*. Man ordnet den niedrigsten 4% der als bindungsfrei angenommenen Testwerte X eine 1, den nächsthöheren 7% eine 2, den folgenden 12% eine 3, den folgenden 17% eine 4 und den mittleren 20% eine 5 zu. Dieses Schema ist in Tab. 8.9.1 komplett illustriert.

Tab. 8.9.1
Prozentverteilung von Staninewerten St = 1(1)9

St	1	2	3	4	5	6	7	8	9	
%	4	7	12	17	20	17	12	7	4	100

Auch mit diesen einstelligen Staninewerten kann man dann so wie mit normalverteilten Testwerten rechnen.

Als Beispiel für eine *normalisierende* Stanine-Transformation betrachten wir die 25 bindungsarmen Testwerte, die in Tab. 8.9.2 wiedergegeben sind.

Diese Testwerte sind offenbar *zweigipfelig* und zugleich *schief* verteilt. Der rechte Ast ist länger als der linke. Im folgenden führen wir an diesen Testwerten die Stanine-Transformation durch. Wir ordnen nach Tab. 8.9.1 dem niedrigsten der N = 25 Werte, d.h. 4% der Testwerte, eine 1 zu. Den nächsten beiden Testwerten, d.h. etwa 7%, ordnen wir eine 2 zu und den folgenden drei, das sind etwa 12%, eine 3. Danach folgen vier,

Tab. 8.9.2
Beispiel einer Zuordnung von Staninewerten (St) zu Testwerten (x) in einer Stichprobe von N = 25 Schülern

X	x	x x	xxx	x x x x	xx	x	x x	x xxx	x x x	x x	x
St	1	2 2	333	4 4 4 4	55	5	5 5	666 6	7 7 7	8 8	9

das sind etwa 17%, Meßwerte, denen wir eine 4 zuordnen. Fünf weitere Meßwerte, das sind genau 20%, erhalten den Staninewert 5. Der Stanine-Wert 6 muß wegen der Symmetrie wieder viermal vertreten sein (weil auch der Stanine-Wert 4 viermal vertreten ist), der Stanine Wert 7 – analog zum Stanine-Wert 3 – muß dreimal vertreten sein etc., bis zum Stanine-Wert 9, der einmal – wie der Stanine-Wert 1 – vertreten ist.

Die *Stanineskala* in Tab. 8.9.2 ist eine Centilskala nach Tabelle 2.1.1, in der die Centilwerte 0 und 1 zu 1 sowie die Centilwerte 9 und 10 zu 9 zusammengefaßt worden sind. Dadurch werden den untersten und obersten je 1% + 3% = 4% der Testwerte die Staninewerte 1 bzw. 9 zugeordnet.

Bekannte Schuleignungstests, z.B. das Begabungstestsystem von Horn (1969), sind nach Staninewerten normiert. Zu jedem X-Wert eines Untertests ist ein Staninewert aus einer Normierungstabelle abzulesen. Historisch ist die Stanineskala aus dem Bedürfnis entstanden, nur einstellige Testwerte von 1 bis 9 zuzulassen.

Statt nicht-normalverteilte Testwerte zu normalisieren, kann man sie auch nach einem *Trennpunkt* (cut-off point) dichotomieren, d.h. in zwei Hälften zerlegen. Auf diese Weise werden *Meßwerte* in Frequenzen von Einsen und Nullen übergeleitet. Von diesem Prinzip haben wir schon beim Mediantest (vgl. Kap. 3.10) Gebrauch gemacht. (Wir werden im nächsten Kapitel noch auf den Median zurückkommen.)

Handelt es sich nicht um Meßwerte eines Leistungstests, sondern um *Zuwachswerte* in einem Lernfortschrittstest, dann können die individuellen Zuwachswerte $D = X_2 - X_1$ von einem ersten zu einem zweiten Test am Nullpunkt dichotomiert werden. Damit verbleiben nur die Vorzeichen der Änderungswerte erhalten. Diesem Prinzip folgt der *Vorzeichentest* (siehe Lienert, 1986, Kap. 5), den wir in Kapitel 3.11 bereits besprochen haben.

8.10 Medianwert

Sind Meßwerte nicht normalverteilt, dann sind sie meist auch nicht gut durch arithmetische Mittelwerte und Standardabweichungen zu beschreiben. Dies gilt auch für Stichproben von N Meßwerten, die Ausreißerwerte enthalten, z.B. extrem hohe Werte, die den rechten Ast einer Verteilungskurve verlängern (linksgipfelige Verteilung). Dies ist in Tab. 8.10.1 für eine Stichprobe von N = 12 Schülern veranschaulicht, die an einem Reaktionszeitexperiment teilgenommen hatten.

Die Reaktionszeiten der zwölf Schüler in Tab. 8.10.1 sind in der Tat linksgipfelig verteilt. Es liegt ein *Rechtsausreißer* vor, für den eine Reaktionszeit von 100 msec gemessen wurde. Der arithmetische Mittelwert liegt, wie man leicht nachrechnen kann, bei M = (20 + 24 + 26 + 30 + 40 + 50 + 60 + 80 + 100)/12 =35.8; er ist damit höher als

Tab. 8.10.1
Beispiel einer linksgipfeligen Verteilung von Reaktionszeiten X (in msec) mit Median (Md) und Quartilwerten (Q_1, Q_2 und Q_3)

	x	xx	xxx	x	xx	x	x		x
X:	20	24	26	30	40	50	60	80	100
			Md						
		Q_1 = 25		Q_2 = 28	Q_3 = 45				

sieben der zwölf Meßwerte. Somit ist offenbar, daß in einem solchen Fall der arithmetische Mittelwert die empirischen Daten nicht gut repräsentiert.

Es ist bei schiefen, d.h. links- oder rechtsgipfeligen Verteilungen anzuraten, einen anderen Wert als den arithmetischen Mittelwert zur Beschreibung der *zentralen Tendenz* dieser Meßwerte zu verwenden: den *Median*, Md. Der Median ist definiert als jener Meßwert, der die nach Rängen geordneten N Meßwerte halbiert. In Tab. 8.10.1 sind die Meßwerte bereits geordnet. Bei zwölf Meßwerten ist der Median zwischen dem sechsten und dem siebten Meßwert zu plazieren. Damit erreicht man, daß auf jeder Seite des Medians sechs Meßwerte liegen. Auf der Meßwertskala kann man in unserem Beispiel ablesen, daß der Median den Wert Md = (26 + 30)/2 = 28 annimmt. Dies resultiert aus den Werten X = 26 für den sechsten Schüler und X = 30 für den siebten Schüler.

Trifft der Median, bei *ungerader* Stichprobenzahl, auf einen und nur einen Testwert, dann ist dieser Testwert als Median definiert. Trifft der Median, bei *gerader* Stichprobenzahl, zwischen zwei Testwerte, dann definiert man den Medianwert als das arithmetische Mittel aus diesen beiden, den sogenannten *Paramedianwerten.* Dies ist für das vorliegende Beispiel in Tab. 8.10.1 geschehen.

Trifft der Median auf einen Testwert X, der zweimal oder öfter auftritt, dann ist er nicht eindeutig bestimmt. Das gleiche gilt für gruppierte Testwerte, bei denen der Medianwert in der Regel durch viele Testwerte repräsentiert wird (vgl. Clauß und Ebner, 1992). Hier ist angeraten, den Median durch den *Modalwert*, Mo (Modus), zu ersetzen als dem Testwert, der am häufigsten unter den gruppierten Testwerten vertreten ist.

8.11 Quartilwerte

Teilt man die Meßwerte *unterhalb* des Medianwertes in zwei gleiche Hälften, so definiert man mit diesem Halbierungswert den *unteren Quartilwert*, Q_1. Entsprechend ist der *obere Quartilwert*, Q_3, durch die Halbierung der Meßwerte in der oberen Medianhälfte gekennzeichnet. Der *mittlere Quartilwert*, Q_2, ist mit dem Median Md identisch. Für das Beispiel aus dem letzten Kapitel in Tab. 8.10.1 errechnen sich $Q_1 = 25$ und $Q_3 = 45$. Für Q_2, den Median, hatten wir bereits Md = Q_2 = 28 berechnet.

Der Medianwert ist das geeignete Maß zur Beschreibung der *zentralen Tendenz* von nicht normalverteilten, speziell schiefverteilten Meßwerten. Wie aus dem Beispiel in Tab. 8.10.1 ersichtlich, liegt der Median häufig dort, wo die größte Häufung von Meßwerten zu beobachten ist. Dies gilt besonders für eingipfelige Verteilungen. Zwei bekannte Beispiele für schiefe, nicht normalverteilte Meßwerte sind der *Deckeneffekt* (ceiling effect) und der *Bodeneffekt* (floor effect). Beim Deckeneffekt ist die Skala so angelegt, daß die meisten Schüler im oberen Meßwertebereich liegen. Dies ist z.B. dann der Fall, wenn eine Arbeit oder ein Test zu leicht sind. Wir erhalten dann eine rechtsgipfelige Verteilung, weil die meisten Schüler Testwerte nahe ihrer Obergrenze erreichen.

Beim Bodeneffekt ist genau das Gegenteil der Fall. Die meisten Schüler landen weit unten in der Bewertungsskala. Wir erhalten damit eine linksgipfelige Verteilung der Noten, die z.B. ihren Gipfel bei der vier hat. In beiden Fällen sind der Modus oder der Median dem arithmetischen Mittelwert zu bevorzugen.

Der Abstand des oberen Quartils vom unteren Quartil wird auch als Maß der Streuung nicht normal verteilter Testwerte definiert. Wir erhalten den *Quartilabstand*

$$Q = Q_3 - Q_1. \qquad (8.11.1)$$

Es ist hier darauf zu achten, daß Q_3 tatsächlich numerisch größer als Q_1 ist. Bei absteigenden Skalen, bei denen Q_3 kleiner als Q_1 ist, sollte 8.11.1 durch $Q = Q_1 - Q_3$ ersetzt werden, um negative Streuungsmaße zu vermeiden. Q beschreibt den *Testwertbereich*, innerhalb dessen sich 50% aller Meßwerte befinden. In Tabelle 8.10.1 sind dies sechs Meßwerte, wie man leicht auszählen kann. Der Quartilabstand, innerhalb dessen die sechs Meßwerte liegen, beträgt $Q = Q_3 - Q_1 = 45 - 25 = 20$.

Kennt man nur die Quartile einer Testwert-Verteilung, so kann man daraus, daß Q_3 weiter vom Median entfernt ist als Q_1 (oder umgekehrt), schließen, daß eine linksgipfelige (bzw. rechtsgipfelige) Testwertverteilung vorliegt.

9. Zusammenhang zwischen kategorialen Schülermerkmalen

Bei der Diskussion von kategorialen Schülermerkmalen hatten wir bisher nur solche Merkmale betrachtet, die in zwei Kategorien (Valenzen) vorlagen. Beispiele waren die ordinalen Aufgabenkategorien »gelöst« und »nicht gelöst« und die nominalen Geschlechtskategorien »männlich« und »weiblich«. Unterteilt man in internationalen Schulen die Schüler nach ihrer Muttersprache, dann genügen zwei Kategorien meist nicht, ebenso, wenn man Schüler nach ihren Berufswünschen befragt.

In Abhängigkeit von der Art des *Skalenniveaus* unterscheidet man, wie wir in Kapitel 1 schon besprochen haben, zwischen nominalen Merkmalen wie der Muttersprache von Schülern und ordinalen Merkmalen wie z.B. Stufen der Schulleistung. Kreuzt man zwei Merkmale mit je zwei oder mehr Kategorien, so entsteht eine Anordnung, in der jede Kategorie des einen Merkmals mit jeder Kategorie des anderen Merkmals je einmal auftritt. Eine solche Anordnung nennt man *Kontingenztafel.* Eine Kontingenztafel hat die r Kategorien des einen Merkmals als Zeilen und die c Kategorien des anderen Merkmals als Spalten. Die *Kontingenztafel* ist im allgemeinen rechteckig; sie ist quadratisch, wenn r = c, d.h. die Zahl der Ausprägungen beider Merkmale gleich ist.

Den Zusammenhang zwischen zwei kategorialen Merkmalen beurteilt man im allgemeinen global für alle Merkmalsausprägungen. Man verwendet dazu einen der sogenannten *Kontingenzkoeffizienten.*

9.1 Die Kontingenz zweier Merkmale

Zur Einführung des Konzepts der *Kontingenz* zweier kategorialer Merkmale verwenden wir das folgende Beispiel: Angenommen, wir befragen N = 100 Hauptschulabsolventen nach ihrem Berufswunsch, und klassifizieren die Berufe ternär nach (1) handwerklich-technischen Berufen (H), (2) gewerblich-dienstleistenden Berufen (G) und (3) kaufmännischen Berufen (K). Die Schüler selbst unterteilen wir nach ihrer Nationalität in (1) deutsche Schüler, (2) türkische Schüler und (3) Schüler anderer Nationalität.

Die *Kreuzklassifikation* dieser beiden Merkmale ergibt eine 3 x 3–Felder-Kontingenztafel. Diese Tafel ist in Tab. 9.1.1 wiedergegeben.

Uns interessiert, ob in Tab. 9.1.1 ein Zusammenhang zwischen Berufswunsch und Nationalität vorliegt. Dies ist die Alternativhypothese. In der Nullhypothese nehmen wir an, daß die beiden Merkmale unabhängig voneinander variieren.

Um diese Hypothesen zu untersuchen, müssen wir feststellen, ob die in Tab. 9.1.1 beobachteten Häufigkeiten f den Häufigkeiten entsprechen, die wir erwarten, wenn die Nullhypothese zutrifft. Die erwarteten Häufigkeiten der Berufswünsche für die drei Nationalitäten ergeben sich aus den *beobachteten Häufigkeiten* ihrer Spaltensummen. Die

Tab. 9.1.1
Kreuzklassifikation der ternären Variablen Berufswunsch (H = handwerklich, G = gewerblich, K = kaufmännisch) und Nationalität von Schülern (beobachtete Häufigkeiten)

		Berufswunsch			
		H	G	K	
Nationalität	Deutsche D	13	9	28	50
	Türken T	11	3	6	20
	andere A	6	18	6	30
		30	30	40	100

100 Schüler verteilen sich im Verhältnis 30:30:40 auf die drei Berufswünsche. Nach demselben Verhältnis sollten sich alle drei Nationalitätengruppen verteilen. Für die 50 deutschen Schüler erwarten wir daher eine Häufigkeitsverteilung von 15:15:20, für die 20 türkischen Schüler erwarten wir eine Häufigkeitsverteilung von 6:6:8, und für die 30 Schüler anderer Nationalitäten erwarten wir eine Häufigkeitsverteilung von 9:9:12.

Algorithmisch vereinfacht ergeben sich die *erwarteten Häufigkeiten* e aus der Formel

$$e = \frac{Zeilensumme \times Spaltensumme}{Gesamtsumme}. \qquad (9.1.1)$$

Formel 9.1.1 führt mit $e = 50 \cdot 30/100 = 15$ für die Zelle DH bis zu $e = 30 \cdot 40/100 = 12$ für die Zelle AK zu den $3 \cdot 3 = 9$ Erwartungswerten, die in Tab. 9.1.2 aufgelistet sind.

Tab.e 9.1.2
Erwartete Häufigkeiten unter der Annahme der Unabhängigkeit zwischen Berufswunsch und Nationalität

		Berufswunsch			
		H	G	K	
Nationalität	Deutsche D	15	15	20	50
	Türken T	6	6	8	20
	andere A	9	9	12	30
		30	30	40	100

Den *globalen Zusammenhang* zwischen Nationalität und Berufswunsch prüft man mit Hilfe des Chi-Quadrat-Tests nach

$$X^2 = \text{Summe aller } ((f - e)^2/e). \qquad (9.1.2)$$

Dieser Test hat $(r - 1)(c - 1)$ Freiheitsgrade, in unserem Fall also 4 Freiheitsgrade. Jeder einzelne der Summanden wird *Chi-Quadrat-Komponente* genannt. Für die Daten in den Tab. 9.1.1 und 9.1.2 erhalten wir die folgenden Chi-Quadrat-Komponenten: $(13 - 15)^2/15 = 0.27$, ..., $(6 - 12)^2/12 = 3.00$. Die Komponenten sind in Tab. 9.1.3 komplett eingetragen.

Tab. 9.1.3
Chi-Quadrat-Komponenten für die Daten aus den Tabellen 9.1.1 und 9.1.2

		Berufswunsch			
		H	G	K	
Nationalität	Deutsche	0.27	2.40	3.20	
	Türken	4.17	1.50	0.50	
	andere	1.00	9.00	3.00	
	X^2 =	5.44	+12.90	+ 6.70	= 25.03

Durch Summierung erhält man aus den Chi-Quadrat-Komponenten aus Tab. 9.1.3 den Wert des Kontingenz-Chi-Quadrats, in unserem Beispiel $X^2 = 25.03$. Die 5%-Schranke von Chi-Quadrat liegt für df = (3–1)(3–1) = 4 bei 9.49 (siehe Tafel III des Anhangs). Dieser Wert wird von unserem empirischen Wert 25.03 überschritten. Wir haben daher Grund, die Nullhypothese zu verwerfen und einen Zusammenhang zwischen Nationalität und Berufswunsch zu vermuten.

9.2 *Der Kontingenzkoeffizient*

In Kapitel 9.1 haben wir nachgewiesen, daß ein Zusammenhang zwischen den beiden kategorialen Variablen Nationalität und Berufswunsch existiert. Die natürliche nächste Frage ist nun, wie stark dieser Zusammenhang ist. Diese *Stärke der Kontingenz* kann man der Höhe des X^2-Wertes nicht entnehmen, weil dieser in seiner Höhe auch vom Stichprobenumfang abhängt.

Um die X^2-Werte vom Einfluß des Stichprobenumfangs zu befreien und damit allein die Stärke des Zusammenhangs zwischen Nationalität und Berufswunsch zu messen, verwenden wir den von Pearson (1904) entwickelten *Kontingenzkoeffizienten.*

$$C = \sqrt{\frac{X^2}{X^2 + N}}. \tag{9.2.1}$$

Dieser Koeffizient variiert zwischen C = 0 und C = 1, wobei der Grenzwert C = 1 jedoch nur bei großen Tafeln, z.B. bei 10x10-Felder-Tafeln approximiert werden kann. C = 0 zeigt an, daß zwei Merkmale statistisch voneinander völlig unabhängig sind.

Für unser Beispiel in Tab. 9.1.3 ergeben sich $C^2 = 25.03/(25.03 + 100) = 0.2002$ und damit C = 0.447. Dies entspricht einem Zusammenhang mittlerer Stärke.

Da unsere Tafel mit 3 x 3 Feldern relativ klein war, konnte C nur einen deutlich unter eins liegenden Grenzwert erreichen. Dieser Grenzwert beträgt $C_{max} = \sqrt{(k-l)/k}$, wie Pawlik (1959) gezeigt hat. Der Wert k bezeichnet die Zahl der Zeilen oder Spalten, je nachdem, welche von beiden die kleinere ist. Für unser Beispiel sind r = c = 3 und damit auch k = 3. Damit ergibt sich $C_{max} = \sqrt{(3-1)/3} = 0.8165$.

Im folgenden rechnen wir unseren Kontingenzkoeffizienten so um, daß er auch den Wert 1 annehmen kann. Zu diesem Zweck bilden wir den *Pawlik-korrigierten Kontingenzkoeffizienten*

$$C_{kor} = C/C_{max}. \tag{9.2.1}$$

In unserem Fall ergibt sich C_{kor} = 0.447/0.8165 = 0.547. Dies entspricht einem soliden Zusammenhang, wenn man C_{kor} wie einen Korrelationskoeffizienten interpretiert.

Oft ist es schwer, einen nachgewiesenen *Globalzusammenhang* zwischen zwei Merkmalen zu interpretieren. Eine der Möglichkeiten, solchen Zusammenhängen Sinn zu verleihen, ist im felderweisen *Vergleich der Chi-Quadrat-Komponenten* zu sehen. In Tab. 9.1.3 fällt z.B. auf, daß die Komponente von 9.00 mit Abstand die größte ist. Nachfolgend wollen wir statt eines globalen Zusammenhangs sogenannte *lokale Zusammenhänge* (Havránek & Lienert, 1984) zwischen bestimmten Ausprägungen zweier Merkmale untersuchen.

9.3 Konfigurationstypen

Eine naive Betrachtung von Tab. 9.1.1 legt die Annahme nahe, daß deutsche Hauptschulabsolventen sich in erster Linie für kaufmännische Berufe (K) interessieren und danach erst für handwerklich-technische (H) und gewerblich-dienstleistende (G) Berufe. Wir untersuchen in diesem Kapitel die Frage, ob die 28 Schüler, die sich für K interessieren, in ihrer Zahl größer sind, als man auf der Basis der Nullhypothese der Unabhängigkeit zwischen Berufswunsch und Nationalität erwarten kann (e = 20). Sofern dies der Fall ist, sprechen wir von einem *Konfigurationstyp* der deutschsprachigen Kaufmannsbewerber.

Definiert man solch einen Typ dadurch, daß er häufiger auftritt, als unter der Nullhypothese zu erwarten ist, dann braucht man einen statistischen Test, mit dem dies nachgewiesen werden kann. Im vorliegenden Zusammenhang könnten wir dazu auf die *Chi-Quadrat-Komponenten* zurückgreifen, die wir in Kapitel 9.1 eingeführt hatten.

Schärfer als mit dem Chi-Quadrat-Komponententest $X^2 = (f - e)^2/e$ prüft man auf den vermuteten Konfigurationstyp mittels eines *Vierfelder-Chi-Quadrat-Tests*. Das Schema für einen solchen Test ist in Tab. 9.3.1 mit den Häufigkeiten unseres Zahlenbeispiels wiedergegeben.

Tab. 9.3.1
Schema und Beispiel einer Vierfeldertafel zur Identifikation des Konfigurationstyps deutscher Kaufmannsbewerber

Nationalität	Berufswunsch		
	K	andere	
Deutsche	28	22	50
andere	12	38	50
	40	60	100

Die Vierfeldertafel in Tab. 9.3.1 ist durch Zusammenfassen (»Kollabieren«) der Neunfeldertafel in Tab. 9.1.1 entstanden. Um den vermuteten Typ des deutschsprachigen Kaufmannsbewerbers nachzuweisen, setzen wir in die Vierfelder-Chiquadrat-Formel 5.1.2 ein und erhalten

$$X^2 = 100(28 \cdot 38 - 12 \cdot 22)^2/(50 \cdot 50 \cdot 40 \cdot 60) = 10.67$$

Wurde der vermutete Konfigurationstyp als der allein interessierende schon vor der Kontingenzprüfung in Tab. 9.1.3 festgelegt, dann darf unser $X^2 = 10.67$ wie üblich mit der 5%-Schranke 3.84 der Chi-Quadrat-Verteilung mit 1 Fg beurteilt werden.

Im allgemeinen wird jedoch die Suche nach Konfigurationstypen erst nach der Erstellung der Kontingenztafel vorgenommen, so daß alle möglichen R = 9 Felder in Tab. 9.1.1 auf Typeneigenschaft zu beurteilen sind. In diesem Fall des Prüfens im nachhinein (Post-hoc-testing) gilt nicht die obige 5%-Schranke von 3.84, sondern eine für R = 9 gleichzeitig (simultan) durchzuführende Typentests. Die neue Schranke ergibt sich, wenn man das konventionelle Signifikanzniveau alpha durch die Zahl R der simultanen Typentests dividiert

$$\text{alpha}^* = \text{alpha}/R \qquad (9.3.1)$$

In unserem Beispiel mit alpha = 0.05 und R = 9 ergibt sich alpha* = 0.05/9 = 0.00556 als sog. *Bonferroni-Signifikanzniveau* (s. Miller 1981, S. 8)

Die zugehörige *Bonferroni-Schranke* erhalten wir, indem wir in Tafel I den zu P = 0,00556 gehörenden z-Wert aufsuchen; er beträgt z (0.00556) = 2,54. Diesen z-Wert quadrieren wir zu $z^2 = \chi^2 = 6.45$, welchen Wert wir auch als Bonferroni-Schranke (Zeile R = 9, Spalte 1) in Tafel VI des Anhangs (vgl. Dunkl et al., 1990) nachlesen. Da unser $X^2 = 10.67$ die Bonferroni-Schranke von 6.45 übersteigt, betrachten wir den vermuteten Typ der deutschsprachigen Kaufmannsbewerber (f = 28) als signifikant.

Einen signifikanten Typ kann man ebenso wie eine signifikante Korrelation durch einen Koeffizienten beschreiben, der die Stärke seiner Ausprägung, die *Prägnanz*, angibt:

$$\text{Phi–T} = \sqrt{X^2/N} \qquad (9.3.2)$$

In unserer Kontingenztafel 9.3.1 mit einem Stichprobenumfang von N = 100 Schülern, ergibt sich der *Prägnanzkoeffizient* nach Formel 9.3.2 zu Phi–T = $\sqrt{10.67/100} = 0.33$, was einer relativ schwachen Ausprägung entspricht, wenn man – wie geboten – Phi–T als einen Vierfelder-Korrelationskoeffizienten interpretiert.

Der Leser ist aufgerufen, nachzuprüfen, ob sich noch weitere Berufswunschtypen in Tab. 9.3.1 befinden, wie z.B. der Wunsch der Türken nach Handwerksberufen, wie dies die Chi-Quadrat-Komponente von 4.17 in Tab. 9.1.3 nahelegt.

Konfigurale Typen aus mehr als zwei Merkmalen sind oft aussagekräftiger als Typen aus nur zwei Merkmalen. Methoden für die Suche nach Typen als *lokalen Zusammenhängen* zwischen zwei oder mehr Merkmalen sind bei Krauth (1993; vgl. Lienert, 1988, von Eye, 1990 und Lautsch und von Weber, 1990) nachzulesen. Es handelt sich um Methoden der *Konfigurationsfrequenzanalyse*.

10. Ausblick auf multivariate Methoden

Wir sind in diesem Einführungskurs zumeist davon ausgegangen, daß von jedem der N Schüler nur zwei Informationen vorliegen, z.B. 2 Aufgaben oder 2 Testwerte. In Klassenarbeiten werden aber praktisch immer mehr als zwei Aufgaben vorgegeben, und Tests umfassen sehr oft mehr als zwei Subtests. Die Ergebnisse von Testwerten können in *Aufgaben-Profile* angeordnet werden. So ergibt sich bei der Bearbeitung von sechs Aufgaben, die alle mit gelöst – nicht gelöst beurteilt wurden, z.B. das Aufgabenprofil 101101.

Ob diese sechs Aufgaben einer Klassenarbeit das gleiche Merkmal (z.B. abstraktes Denken) oder unterschiedliche Merkmale (z.B. konkretes, abstraktes und räumliches Denken) erfassen, kann mit Hilfe einer *Korrelationstabelle* beurteilt werden. Diese Tabelle enthält die $6(6-1)/2 = 15$ Interkorrelationen nach Art von Tabelle 5.7.1. Diese Interkorrelationen lassen sich mit der Methode der *Faktorenanalyse* weiter analysieren. Ergibt die Faktorenanalyse nur einen einzigen *Faktor* (z.B. abstraktes Denken), dann kann die obige Frage positiv beantwortet werden. Ergeben sich dagegen zwei Faktoren (z.B. abstraktes und konkretes Denken), dann teilt man die sechs Aufgaben in zwei Gruppen. Über die Mitgliedschaft in den beiden Gruppen wird nach Zugehörigkeit der sechs Aufgaben zu den zwei Faktoren entschieden. Bei drei Faktoren werden die Aufgaben in drei Untergruppen geteilt und durch 3 Subtests repräsentiert.

Wechselt man die Blickrichtung und betrachtet nicht mehr die Aufgaben, sondern die Schüler, so kann man mit den Aufgabenprofilen versuchen, die Schüler zu gruppieren. Eine solche Gruppierung kann auf der Basis der Ähnlichkeit der Muster der Aufgabenbeantwortung erfolgen. So können die Schüler, die nur die leichten Aufgaben beantwortet haben und z.B. Aufgabenprofile wie 111000 oder 110000 haben, einer Gruppe der eher schwachen Schüler zugeordnet werden. Eine zweite Gruppe mag die Aufgaben (011011) gelöst haben, die Faktor eins angehören, die Aufgaben für Faktor zwei aber nicht. In jedem Fall werden die Gruppen so gebildet, daß die Aufgabenprofile der Schüler aus einer Gruppierung untereinander ähnlicher sind als die Aufgabenprofile von Schülern aus unterschiedlichen Gruppen. Mit Hilfe der Methode der *Clusteranalyse* (vgl. Krüger et al., 1979) kann nach solchen Gruppierungen gesucht werden. Es werden dabei Stichproben von N Schülern in m Untergruppen, *Cluster* genannt, untergliedert. Meist wird dabei das Ziel verfolgt, daß jeder Schüler mindestens einem Cluster angehören soll. Eine solche Lösung wird als *exhaustiv* bezeichnet. Zusätzlich soll die Lösung jeden Schüler nur *einer* Gruppierung zuweisen. Die Cluster sollen also *disjunkt* sein.

Andere multivariate Methoden, z.B. die *Diskriminanzanalyse* (Fisher, 1936), die Kriteriumsanalyse (Eysenck,1950) oder die kanonische Korrelationsanalyse von Aufgaben (Maxwell, 1961), können bei Bortz (1987) nachgelesen werden. Dort findet der Leser auch jene Ergänzungen zu diesem Statistikkurs, die ihm über die Grundlagen der empirischen Forschung hinaus viele Anwendungen der Statistik in der Erziehungswissenschaft nahebringen (vgl. auch Glass und Stanley, 1970).

Neben multivariaten Modellen wären noch alternative *Modelle der Leistungsbenotung* jenseits von Binomial- und Normalmodell zu betrachten. Es hätten sich z.B. die Modelle von Nedelsky (1954) angeboten, die auf Mehrfachantworten anstelle von Ja-Nein-Antworten aufbauen. Dieses Modell wurde von Meskaukas (1976) auf lehrzielorientierte Tests hin spezifiziert. Darüber hinaus ist weiterhin das Lehrbuch von Ebel (1972) über »essentials of educational testing« führend. Zusätzlich zur Querschnittsanalyse der Leistungsbenotung wird die Längsschnittanalyse bei Lienert in seiner Schulnoten-Evaluation (1987) abgehandelt.

In neuerer Zeit hat sich eine spezielle Art von Lehrbüchern der Statistik in den Vordergrund geschoben. Es handelt sich dabei um Lehrbücher, die den Aspekt der »Computation«, d.h. der Berechnung von statistischen Ergebnissen mit Computern, betonen. Die meisten dieser Lehrbücher nehmen an, daß den Lesern Personalcomputer zur Verfügung stehen. Ein bekannteres Beispiel dafür ist das Buch von Welkowitz, Ewen und Cohen (1988). Dieses Buch ist in zwei Versionen auf dem Markt. Die erste Version ist ein normales Lehrbuch der Statistik. In der zweiten Version ist MYSTAT inbegriffen. MYSTAT ist ein umfassendes Programmpaket, das alle Methoden, die in einführenden Texten behandelt werden, abdeckt. MYSTAT wird von SYSTAT vertrieben, einer Firma, die mit dem Programmpaket SYSTAT eines der leistungsfähigsten Statistikpakete anbietet.

Anhang

A. Computer und Statistik: Programme und Übungen

In den vorangegangenen Kapiteln haben wir Konzepte der Statistik und Zahlenbeispiele so eingeführt, daß die Leser jeden Schritt ohne weitere Hilfsmittel nachvollziehen konnten. Sogar die Stichprobenverteilungen (z-, t- und Chi-Quadrat-Verteilung) konnten mit Hilfe der Urnenexperimente leicht nachvollzogen werden. In diesem Kapitel betrachten wir Statistik von genau der gegengesetzten Perspektive. Wir illustrieren, wie Computer genutzt werden können, um statistische Fragen zu beantworten.

Für diesen Schritt bedarf es keiner ausführlichen Begründung. Es ist offenbar, daß die Lösung statistischer Probleme selbst dann, wenn man sich auf dem Niveau bewegt, das in diesem Buch bevorzugt wurde, vom Einsatz von Computern erheblich profitieren kann. Dies betrifft die Genauigkeit und Nachvollziehbarkeit der Rechnungen ebenso wie die Geschwindigkeit, mit der größere Datenmengen bewältigt werden können. Die problemlose Verfügbarkeit von schnellen Computern und erstklassigen Programmpaketen macht es jedoch erforderlich, daß in einem modernen Einführungstext das Gebiet der *Computerstatistik*, d. h. Anwendung von Statistik mit Hilfe von Computern, abgehandelt wird.

Die verfügbaren modernen *Programmpakete für Statistik* können meist auf Computern aller Größen eingesetzt werden. Wir können also Programme mit nur geringen Änderungen auf der Befehlsebene, die den Benutzer betrifft, auf Großrechnern (main frame computer), Mini-Rechnern (work stations) oder Personalcomputern (micro computer) einsetzen. Die bekanntesten Beispiele für solche Programme sind das BMDP (Dixon, 1981), SAS (1982), SPSSX (Schubö et al., 1986) und SYSTAT (Wilkinson, 1988). Im folgenden werden wir zwei Arten von Beispielen für die Verwendung solcher Programmpakete geben. Die erste Art von Beispielen erzeugt Stichprobenverteilungen nach den bereits gegebenen Spezifikationen, d. h. Verteilungen mit bestimmten Mittelwerts- und Streuungsparametern. Die zweite Art von Beispielen enthält Illustrationen zur Verwendung von deskriptiven und signifikanzstatistischen Methoden.

Zur Bearbeitung dieser Beispiele verwenden wir das Programmpaket SYSTAT 4.0 (Wilkinson, 1988). Dieses Paket enthält 14 *Module*, die es erlauben, einen sehr weiten Bereich statistischer Verfahren abzudecken. Alle der in diesem Buch behandelten Verfahren sind in diesem Paket enthalten. Darüber hinaus findet man eine große Zahl multivariater Verfahren.

A.1 Die Erzeugung von normalverteilten Stichproben mit SYSTAT

In Kapitel 2.1 haben wir eine Stichprobenverteilung simuliert, indem wir für 100 Schüler ausgezählt haben, wie häufig von den zehn Aufgaben eines Tests in Mathematik 0, 1, ... oder 10 richtig gelöst worden waren (siehe auch Kapitel 4.2). Tab. 2.1.1 zeigt die Verteilung dieser Häufigkeiten. In diesem Kapitel wollen wir diese Simulation mit anderen Mitteln wiederholen. Zudem wollen wir prüfen, ob die mit dem Computer gewonnene Verteilung den Spezifikationen einer *Normalverteilung* entspricht.

Schritt 1. Wir erzeugen eine Stichprobe mit 1000 Fällen, die wir aus einer normalverteilten Population ziehen. Zu diesem Zweck verwenden wir einen *Zufallszahlengenerator*, der normalverteilte Zufallszahlen mit den vorher festgelegten Parametern Mittelwert und Streuung liefert. Ein Zufallszahlengenerator ist ein Programm, das Zahlen so erzeugt, daß kein System, d.h. kein Bias, erkennbar ist. Die meisten Programmpakete und Programmsammlungen enthalten Zufallszahlengeneratoren.

SYSTATs DATA Modul, ein Programm zur Ein- und Ausgabe, zur Erzeugung und Transformation von Daten aller Art, enthält eine Reihe von Zufallszahlengeneratoren. Mit den folgenden Befehlen erzeugen wir 1000 normalverteilte Zufallszahlen (vgl. Dudewicz, 1981):

SAVE NRANDOM1	(Initiiert das Abspeichern der Zufallszahlen in file NRANDOM1.SYS)
REPEAT 1000	(Führt den folgenden Befehl 1000mal aus)
LET Z=ZRN	(Weist der Variable Z den Wert zu, der vom Zufallszahlengenerator ZRN erzeugt wird; der Mittelwert dieser Zahlen ist M = 0, die Standardabweichung ist S = 1.0)
RUN	(Startet die 1000 Durchgänge).

Nach Durchführung der 1000 Durchgänge haben wir den *Datenfile* NRANDOM1.SYS, der 1000 Zufallszahlen aus einer normalverteilten Population enthält. Die ersten 20 Zahlen aus diesem file sind: 0.071, 0.355, –0.176, –0.043, 1.572, 0.129, –0.428, –1.495, 2.590, 1.319, 0.377, –0.700, –1.269, –0.843, 0.190, –0.795, 1.398, 0.640, 0.869, –1.709. Wir erhalten mit den folgenden Befehlen einen Ausdruck von diesen Zahlen:

OUTPUT@	(Sendet Ergebnisse sowohl zum Bildschirm als auch zum Drucker)
USE NRANDOM1	(Liest file NRANDOM1.SYS und gibt Liste der zur Verfügung stehenden Variablen)
REPEAT 20	(Führt den folgenden Befehl 20mal durch)
CASELIST	(Sendet die Daten der ersten zwanzig Fälle zum Bildschirm und Drucker)
RUN	(Startet die zwanzig Durchgänge).

Schritt 2. Im zweiten Schritt nehmen wir die im Anhang in Tafel I wiedergegebenen Werte der *theoretischen Normalverteilung* zur Hand und stecken elf Sektoren ab, die die gleichen Prozentanteile der Stichprobe abdecken wie in Tab. 2.1.1 wiedergegeben. Wir suchen z. B. den z-Wert, der 1% der Häufigkeiten abdeckt. Die Tafel gibt uns den Wert z = 2.33. Tabelle A.1.1 stellt die Ergebnisse dieses Schritts zusammen.

Tab. A.1.1
Zuweisung von X-Werten zu z-Werten zur Absteckung von Prozentanteilen der Normalverteilung

P%	1		3		7		12		17		20		17		12		7		3		1
z		−2.33		−1.75		−1.23		−0.74		−0.25		0.25		0.74		1.23		1.75		2.33	
X	0		1		2		3		4		5		6		7		8		9		10
$X + ^1/_2$		0.5		1.5		2.5		3.5		4.5		5.5		6.5		7.5		8.5		9.5	

Tab. A.1.1 enthält zunächst die *Prozentwerte* aus Tab. 2.1.1. Diesen Prozentwerten sind die z-Werte zugeordnet, die diese Flächenanteile abgrenzen (aus Tafel I des Anhangs). Jedem dieser Flächenanteile ist ein Wert X zugeordnet, der analog zur Anzahl der in einem Mathematiktest gelösten Aufgaben gesehen werden kann.

Die Zuordnung von *X-Werten* zu den aus Tafel I abgelesenen *z-Werten* erfolgt im DATA Modul des SYSTAT Programmpakets mit den folgenden Befehlen:

USE NRANDOM1	(Liest den file NRANDOM1.SYS, den die 1000 normalverteilten Zufallszahlen enthält)
SAVE NRANDOM2	(Initiiert das Abspeichern der Daten nach der Zuordnung von X-Werten in file NRANDOM2.SYS)
Let X=0	(Setzt alle X-Werte gleich 0)
IF Z>-2.33 THEN LET X=1	(Setzt X-Werte gleich 1, wenn ein Z-Wert größer als –2.33 ist)
IF Z>-1.75 THEN LET X=2	(Setzt X-Werte gleich 2, wenn ein Z-Wert größer als –1.75 ist)
IF Z>-1.23 THEN LET X=3	(Setzt X-Werte gleich 3, wenn ein Z-Wert größer als –1.23 ist)
IF Z>-0.74 THEN LET X=4	(Setzt X-Werte gleich 4, wenn ein Z-Wert größer als –0.74 ist)
IF Z>-0.25 THEN LET X=5	(Setzt X-Werte gleich 5, wenn ein Z-Wert größer als –0.25 ist)
IF Z>0.25 THEN LET X=6	(Setzt X-Werte gleich 6, wenn ein Z-Wert größer als 0.25 ist)
IF Z>0.74 THEN LET X=7	(Setzt X-Werte gleich 7, wenn ein Z-Wert größer als 0.74 ist)
IF Z>1.23 THEN LET X=8	(Setzt X-Werte gleich 8, wenn ein Z-Wert größer als 1.23 ist)
IF Z>1.75 THEN LET X=9	(Setzt X-Werte gleich 9, wenn ein Z-Wert größer als 1.75 ist)
IF Z>2.33 THEN LET X=10	Setzt X-Werte gleich 10, wenn ein Z-Wert größer als 2.33 ist)
RUN	(Startet die Wertzuweisung).

Das Ergebnis dieser Operationen ist in Tab. A.1.2 für die ersten zwanzig Werte wiedergegeben.

Tab. A.1.2
Die ersten zwanzig z– und X-Werte bei einer Simulation der Standardnormalverteilung

	z	X
CASE 1	0.071	5.000
CASE 2	0.355	6.000
CASE 3	– 0.176	5.000
CASE 4	– 0.043	5.000
CASE 5	1.572	8.000
CASE 6	0.129	5.000
CASE 7	– 0.428	4.000
CASE 8	– 1.495	2.000
CASE 9	2.590	10.000
CASE 10	1.319	8.000
CASE 11	0.377	6.000
CASE 12	– 0.700	4.000
CASE 13	– 1.269	2.000
CASE 14	– 0.843	3.000
CASE 15	0.190	5.000
CASE 16	– 0.795	3.000
CASE 17	1.398	8.000
CASE 18	0.640	6.000
CASE 19	0.869	7.000
CASE 20	– 1.709	2.000
	+ 0.15	5.15

Schritt 3. Im dritten Schritt zählen wir aus, wie häufig die X-Werte von 0 bis 10 aufgetreten sind. Dies entspricht dem Auszählen der richtigen Lösungen im Mathematiktest. Wir überprüfen mit dieser Auszählung, ob die mit dem Zufallszahlengenerator erzeugte Verteilung den Vorgaben einer Normalverteilung, die in Tab. 2.1.1 vorgegeben sind, folgt.

Die Auszählung kann im DATA Modul selber nicht vorgenommen werden. Wir müssen daher in den Modul TABLES springen. Dieser Modul erlaubt es uns, Auszählungen vorzunehmen, Tabellen für *Chi-Quadrat-Analysen* zu erzeugen und solche Tabellen zu analysieren. Der Befehl

SWITCHTO TABLES

transferiert uns zum *TABLES Modul.* Innerhalb dieses Moduls geben wir die folgenden Befehle ein:

OUTPUT@	(schickt Protokoll zum Bildschirm und zum Drucker)

TABULATE X/SORT,LIST (Startet die Auszählung für die Kategorien der Variablen X; ordnet für den Ausdruck die Kategorien der Variablen X der Größe nach und erzeugt ein Listenprotokoll)

Das für unser Beispiel entstandene *Listenprotokoll* ist in Tab. A. 1.3 wiedergegeben.

Tab. A.1.3
Auszählung der Ergebnisse einer Simulation der Standardnormalverteilung

COUNT	CUM COUNT	PCT	CUM PCT	X
9	9	.9	.9	0.000
24	33	2.4	3.3	1.000
72	105	7.2	10.5	2.000
113	218	11.3	21.8	3.000
175	393	17.5	39.3	4.000
211	604	21.1	60.4	5.000
172	776	17.2	77.6	6.000
122	898	12.2	89.8	7.000
58	956	5.8	95.6	8.000
28	984	2.8	98.4	9.000
16	1000	1.6	100.0	10.000

Tab. A.1.3 enthält fünf Spalten. In der ersten steht, wie oft die einzelnen Kategorien von X vorgefunden worden sind. In der zweiten Spalte sind diese Häufigkeiten kumulativ aufsummiert, d. h. mit Angabe der Zwischenergebnisse. In der dritten Spalte steht, wie groß die gesuchten Anteile in Prozent sind. Die vierte Spalte enthält die Ergebnisse der kumulativen Aufsummierung der Prozentzahlen. In der letzten Spalte stehen die X-Werte.

Vergleicht man die in dieser Simulation gefundenen *Prozentwerte* mit den in den Tab. 2.1.1 und A.1.1 postulierten, so zeigt sich die hohe Qualität des Zufallszahlengenerators in SYSTAT. In keinem Fall ist die Abweichung als dramatisch zu bezeichnen. In Tab. 8.2.1 stehen die Häufigkeiten, die wir für die theoretische Normalverteilung bei einem N = 1000 erwarten. Vergleicht man diese erwarteten mit den hier in der Simulation erhaltenen mit Hilfe des Chi-Quadrat-Tests, so errechnet sich $X^2 = 8.95$. Da die Verteilungen in N (Stichprobenumfang), M (Mittelwert) und S (Streuung) übereinstimmen, haben wir df = 11 – 3 = 8 Freiheitsgrade, wobei die elf die Zahl der Kategorien anzeigt. Der für alpha = 0.05 und df = 8 kritische Chi-Quadrat-Wert ist 15.5. Unser empirischer Wert ist kleiner. Wir haben daher keinen Grund, die Nullhypothese zurückzuweisen, nach der die simulierte von der postulierten Verteilung nur zufällig abweicht.

A.2 *Simulation der Chi-Quadrat-Verteilung, der t-Verteilung und der Standardabweichung des Mittelwerts: eine Programmsammlung*

Im letzten Kapitel haben wir im Detail beschrieben, wie eine *Simulationsuntersuchung* der Art, wie wir sie in den vorangegangenen Kapiteln mit Styroporkugeln per Hand durchgeführt hatten, mit einem Personal Computer und einem geeigneten Programmpaket durchgeführt werden kann. Mit einer solchen Simulation können die folgenden vier Ziele verfolgt werden. Das erste ist die Erzeugung einer Zufallsstichprobe, die bestimmte Eigenschaften aufweist. Im letzten Kapitel haben wir eine normalverteilte Stichprobe erzeugt, in diesem werden wir Chi-Quadrat- und t-verteilte Stichproben erzeugen. Das zweite Ziel ist die Überprüfung der Verteilungseigenschaften einer erzeugten Stichprobe. Dazu verwendet man meist den Chi-Quadrat-Test. Drittens kann man die erzeugten Daten zur Illustration der Form einer Stichprobenverteilung verwenden. Viertens kann man eine simulierte Tabelle mit kritischen Werten erstellen und Untersuchungen zu den Effekten unterschiedlicher Stichprobengrößen auf Verteilungsparameter wie Mittelwert, Streuung oder Standardfehler des Mittelwerts anstellen.

In diesem Kapitel beschränken wir uns darauf, die Schritte anzugeben, die in SYSTAT zur Erzeugung der Stichprobenverteilungen erforderlich sind. Die weiteren Schritte hängen von der jeweiligen Fragestellung ab. Ein Beispiel dafür haben wir im letzten Kapitel gegeben.

A.2.1 Simulation der Chi-Quadrat-Verteilung

Wie in den Kapiteln 4.2 und 4.4 bereits ausgeführt wurde, hängt die Form der *Chi-Quadrat-Verteilung* lediglich von der Anzahl der zur Verfügung stehenden Freiheitsgrade ab. Für df = 1 ist die Kurve stark asymmetrisch. Die Chi-Quadrat-Verteilung erreicht ihren größten Wert, das *Maximum*, jeweils bei $\chi^2 = df - 1$. Für df = 1 wird das Maximum daher bei 0 erreicht. Steigt die Zahl der Freiheitsgrade an, so wird die Kurve zunehmend symmetrischer. So hat die Kurve für df = 10 ihr Maximum bei $\chi^2 = 10 - 1 = 9$; sie ist fast symmetrisch.

Mit dem DATA Modul werden Chi-Quadrat-Verteilungen nach einem Muster hergestellt, das dem in den Kapiteln 4.2 und 4.4 verwendeten sehr ähnlich ist. Man addiert so viele unabhängige quadrierte z-Werte aus einer normalverteilten Population, wie Freiheitsgrade vorhanden sind. Die jeweils entstehende Summe bildet einen *Wert der Chi-Quadrat-Verteilung*.

Das folgende Programm, das innerhalb des DATA Moduls eingegeben wird, erzeugt 25 Chi-Quadrat-Werte (Wilkinson, 1988, S. 182). Wir wiederholen damit das Experiment in Kapitel 4.2, Abbildung 4.2.1 für Chi-Quadrat mit *einem* Freiheitsgrad.

SAVE CHIRAND	(Initiiert das Abspeichern der Chi-Quadrat-Werte in file CHIRAND.SYS)
REPEAT 25	(Führt die folgenden Befehle 25mal durch)
LET NDF=1	(Legt die Anzahl der Freiheitsgrade auf df = 1 fest)
LET CHISQ=0	(Legt den Anfangswert für die Summe der quadrierten z-Werte auf 0 fest)

FOR I=1 TO NDF	(Zählt die Anzahl der Summanden ab)
LET CHISQ=CHISQ+ZRN^2	(Addiert auf den jeweils vorliegenden Wert von CHISQ einen quadrierten z-Wert; dieser z-Wert wird von demselben Zufallsgenerator wie im letzten Kapitel erzeugt)
NEXT	(Identifiziert das Ende der Summierung)
DROP NDF	(Löscht NDF, die Anzahl der Freiheitsgrade; dadurch wird erreicht, daß nur die Chi-Quadrat-Werte gespeichert werden)
RUN	(Startet die 25 Durchgänge)

Mit den folgenden Befehlen erhält man einen Ausdruck der erzeugten Chi-Quadrat-Werte. Diese Befehle werden ebenfalls im DATA Modul eingegeben.

OUTPUT@	(Sendet Ausgabe zum Bildschirm und zum Drucker)
CASELIST	(Gibt die Daten für alle Fälle wieder)
RUN	(Startet Ausgabe)

Wir erhalten die folgenden Werte (in dieser Reihenfolge): 0.099, 3.747, 5.186, 0.022, 3.123, 5.945, 0.001, 0.147, 1.570, 4.037, 0.069, 0.877, 2.353, 0.020, 0.072, 2.155, 0.275, 0.019, 7.096, 8.328, 0.287, 1.090, 0.366, 0.012, 3.497. Die Leser sind eingeladen, diese Werte zu ordnen, halbzahlig zu runden (d. h. 0.25 zu addieren und danach den Betrag abzuschneiden, der eine Zahl größer als x.0 oder x.5 macht), und in eine Abbildung einzutragen, die einen Vergleich mit Abbildung 4.2.1 ermöglicht. Es wird sich zeigen, daß auch in der vorliegenden Simulation die meisten Werte bei 0 liegen und nur wenige extreme Werte auftreten.

In Abbildung A.2.1.1 wurde eine *Dichteverteilung*, d.h. eine Schätzung der Dichtefunktion nach der Histogramm-Methode, der hier simulierten Daten erzeugt. Eine Dichteverteilung zeigt, wie viele Datenpunkte in einem bestimmten Wertebereich liegen. Für diese Abbildung wurde die Auswahl der Wertebereiche dem Computerprogramm überlassen (SYGRAPH, dem Graphik-Modul von SYSTAT). Wie erwartet, sind die meisten Werte kleiner als 1.8. Danach erfolgt ein größerer Abfall bis zum fünften Intervall, das bei neun abgeschlossen ist.

In Kapitel 4.5 (vgl. Abbildung 4.5.1) haben wir eine Chi-Quadrat-Verteilung mit *drei Freiheitsgraden* mit Hilfe eines Urnensimulationsexperiments erzeugt. Das folgende Programm, das wieder im DATA Modul eingegeben wird, wiederholt dieses Experiment. Die Erläuterung der Befehle entspricht der für Chiquadrat mit *einem Freiheitsgrad* für die letzte Simulation.

```
SAVE CHIRAND3
REPEAT 25
LET NDF=3                  (Hier werden die Freiheitsgrade auf 3 festgelegt)
LET CHISQ=0
FOR I=1 TO NDF
LET CHISQ=CHISQ+ZRN^2
NEXT
DROP NDF
RUN
```

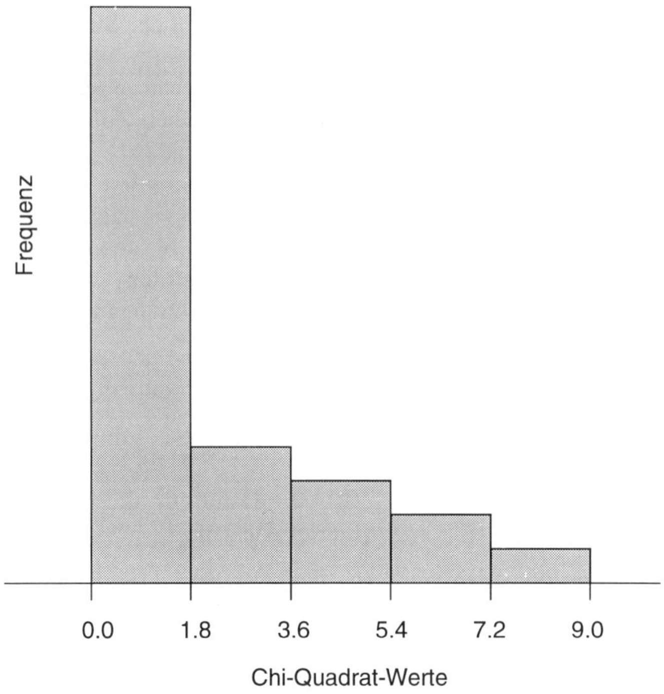

Abbildung A. 2.1.1: Computersimulierte Chi-Quadrat-Verteilung, df = 1

Mit den Befehlen

CASELIST
OUTPUT@
RUN

holen wir uns die erzeugten Chi-Quadrat-Werte auf den Bildschirm und den Drucker. Für den vorliegenden Fall erhalten wir: 1.999, 2.597, 4.507, 2.871, 3.164, 2.532, 2.222, 0.671, 2.439, 2.208, 10.788, 2.976, 0.183, 3.644, 0.315, 10.222, 4.179, 6.055, 2.065, 0.427, 1.035, 3.409, 9.214, 2.815, 2.198. Wiederum sind die Leser eingeladen, eine Verteilungskurve aus diesen Daten herzustellen. Es zeigt sich, daß wir hier eine deutlich flachere Kurve als für df = 1 erzeugt haben, die zudem nur geringfügig asymmetrisch ist. Die Asymmetrie wird durch drei Extremwerte hervorgerufen, die jeweils über neun liegen.

Auch hier haben wir zur Illustration eine Dichteverteilung mit dem Computer erzeugt. Es zeigt sich, wie erwartet, daß das *Dichtemaximum* deutlich nach rechts gerückt ist. Es liegt klar vor $X^2 = 4$. Wegen des kleinen Stichprobenumfangs kann es nicht überraschen, daß wir mehr extreme Werte finden als nach der theoretischen Chi-Quadrat-Verteilung mit df = 3 zu erwarten war. In größeren Simulationsstichproben ist dies nicht zu erwarten. Die Dichteverteilung für diese Simulation ist in Abbildung A.2.1.2 wiedergegeben; sie ähnelt der aus Abbildung 4.5.1.

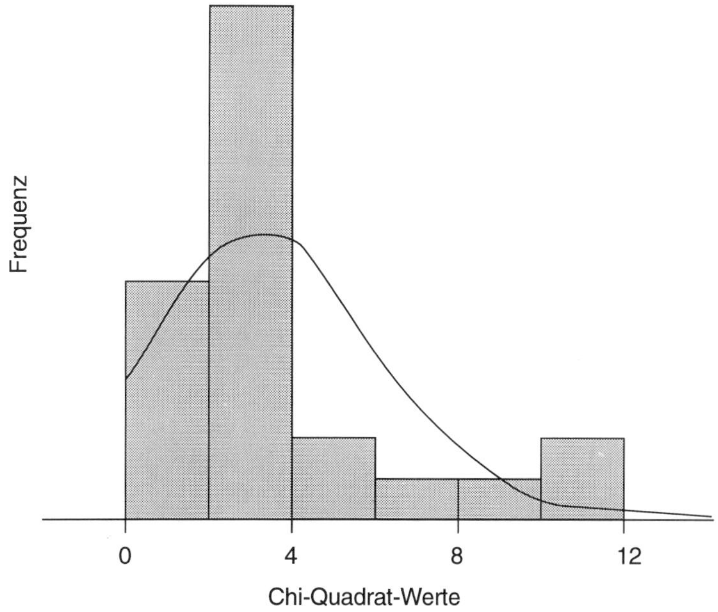

Abbildung A. 2.1.2: Computersimulierte Chi-Quadrat-Verteilung, df = 3

Aus Vergleichsgründen haben wir in Abbildung A.2.1.2 eine Normalverteilung eingeblendet, die aus den simulierten Daten errechnet wurde. Offenbar sind diese Daten noch nicht normal verteilt. Man erkennt allerdings, daß die Chi-Quadrat-Verteilung mit df = 3 bereits symmetrischer ist als die Chi-Quadrat-Verteilung mit df = 1. Allgemein läßt sich festhalten, daß mit Zunahme der Freiheitsgrade die Chi-Quadrat-Verteilungen sich einer Normalverteilung immer mehr annähern.

A.2.2 Simulation der t-Verteilung

In Kapitel 3.9 haben wir eine *t-Verteilung* mit df = 1 in einem Urnenexperiment simuliert. Die t-Werte ergaben sich dabei aus dem Durchschnit zweier Meßwerte, geteilt durch die auf die Stichprobengröße bezogene Standardabweichung dieser Werte. Für die Simulation hatten wir 25 solcher t-Werte erzeugt. Diese Simulation wollen wir hier mit SYSTAT wiederholen.

Mit SYSTAT kann man eine t-Verteilung mit beliebiger Zahl von Freiheitsgraden erzeugen, indem man eine normalverteilte Größe durch die Wurzel einer Chi-Quadrat-verteilten Größe teilt, die auf ihre Freiheitsgrade bezogen worden ist. Anders formuliert ist

$$t(df) = z/\sqrt{(X^2/df} \qquad \text{(A.2.2.1)}$$

Für df = 1 erzeugen wir mit dem folgenden Programm 25 t-Werte. Die Erläuterungen für die einzelnen Befehle entsprechen dabei wieder denen für die vorangegangenen Beispiele.

```
SAVE TRAND1
REPEAT 25
LET NDF=1
LET CHISQ=0
FOR I=1 TO NDF
LET CHISQ=CHISQ+ZRN^2
NEXT
LET T=ZRN/SQR(CHISQ/NDF)
DROP NDF,CHISQ
RUN
```

Im Ausdruck erhalten wir die folgenden Werte für unser Beispiel: 5.021, 0.260, –0.944 6.087, –1.118, –0.752, –1.290, –0.102, –1.306, 0.694, 11.700, 1.333, 4.425, 17.443, –1.913, 0.333, 6.775, 2.741, 0.177, –1.531, –20.295, –0.301, 6.249, –2.836, –0.677. Mit einem Histogramm wie in Abbildung 3.9.1 können die Leser dieses Simulationsergebnis wieder mit der Urnensimulaton vergleichen. Es zeigt sich, daß hier wie dort die Mehrzahl der t-Werte sehr nahe bei Null liegt. In beiden Fällen erhalten wir mehr Extremwerte als wir für eine Normalverteilung erwarten würden. Dies kennzeichnet die t-Verteilung. Im vorliegenden Fall ist dies noch ausgeprägter als in Kapitel 3.9. Es wird wieder empfohlen, die Simulation mehrfach zu wiederholen.

Auch hier haben wir zur Illustration wieder eine Dichteverteilung mit dem Computer erzeugt. Diese ist in Abbildung A.2.2.1 wiedergegeben und auch hier ist zum Vergleich eine Normalverteilung eingeblendet. Man sieht, daß die t-Verteilung klar symmetrischer ist als die beiden simulierten Chi-Quadrat-Verteilungen. Es ist auch erkennbar, daß mehr extreme Werte auftreten, als für eine Normalverteilung zu erwarten war.

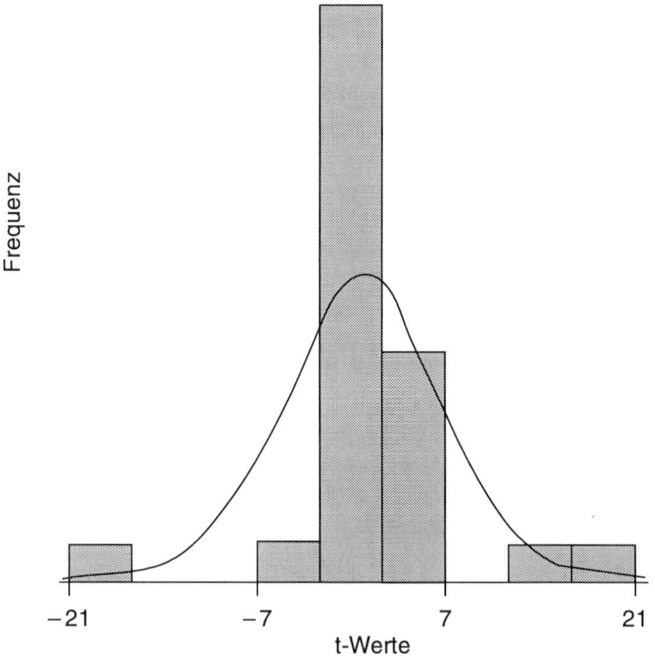

Abbildung A. 2.2.1: t-Verteilung mit df = 1

A.2.3 Simulation der Standardabweichung des Mittelwerts

Die *Standardabweichung des Mittelwerts*, die wir in Kapitel 8.5 simuliert haben, kann nicht durch SYSTAT Standardroutinen nachvollzogen werden. Es läßt sich jedoch zeigen, daß auch diese Simulation ohne großen Aufwand nachvollzogen werden kann. Wir haben hierzu die folgenden Schritte durchzuführen:

1. Für jeden der 25 Mittelwerte, die wir – analog zu Abbildung 8.5.1 mit Stichproben des Umfangs N = 4 – simulieren wollen, erzeugen wir vier Einzelwerte. Jeder dieser Einzelwerte entstammt einer normalverteilten Population mit $\mu = 5$ und $\sigma = 1$.
2. Die vier Einzelwerte werden arithmetisch gemittelt.
3. Die 25 Mittelwerte werden gemittelt. Wir errechnen auf diese Weise den Mittelwert der Stichprobenmittelwerte M_M.
4. Wir errechnen die Standardabweichung und Varianz der 25 Mittelwerte. Die Standardabweichung ist der gesuchte *Standardfehler des Mittelwerts*, den wir mit dem aus den Kapiteln 8.5 und 8.6 vergleichen können.

Das folgende Programm, das innerhalb des SYSTAT DATA Moduls eingegeben wird, erledigt diese Simulation:

SAVE MM1	(Initiiert das Abspeichern der Mittelwerte in file MM1.SYS)
REPEAT 25	(Führt die folgenden Befehle 25mal aus)
LET M=0	(Setzt den Stichprobenmittelwert vor der Summation gleich 0)
LET NW=4	(Legt die Stichprobengröße für jeden Mittelwert auf 4 fest)
LET MU=5	(Legt den Mittelwert der normalverteilten Population, aus der gezogen wird, auf 5 fest)
LET SIGMA=2	(Legt die Streuung der normalverteilten Population, aus der gezogen wird, auf 2 fest)
FOR I=1 TO NW	(Zählt die Einzelwerte ab, die wir mitteln)
LET Z=MU+SIGMA·ZRN	(Erzeugte z-Werte für eine normalverteilte Variable mit M = 5 und S = 2)
LET M=M+Z	(Summiert z-Werte)
NEXT	(Ende der Ziehung und Summierung der z-Werte)
LET M=M/NW	(Bildet Mittelwert der NDF z-Werte)
DROP Z,NW,MU,SIGMA	(Verhindert, daß nicht benötigte Variablen abgespeichert werden)
RUN	(Startet Berechnungen)

Für das vorliegende Beispiel erhalten wir in einem SYSTAT-Lauf die folgenden Werte: 5.104, 4.889, 6.793, 3.641, 5.598, 3.008, 5.438, 4.236, 4.005, 7.278, 3.995, 4.223, 5.234, 6.067, 4.802, 3.179, 3.367, 7.229, 5.393, 5.151, 6.220, 6.226, 2.208, 6.027, 4.967. Auch hier sind die Leser eingeladen, ein Histogramm wie in Abbildung 8.5.1 zu erstellen, um den Vergleich der beiden Simulationen zu erleichtern. Der Vergleich wird zeigen, daß die in dieser Simulation erzeugten Stichprobenmittelwerte M von N = 4 Einzelwerten ähnlich eng um den Populations-Mittelwert $\mu = 5$ geschart sind wie die in Kapitel 8.5.

Ähnlich wie für die vorangegangenen Simulationen haben wir hier die diskretisierte Dichteverteilung der simulierten Stichprobenmittelwerte M dargestellt. Diese Verteilung ist in Abbildung A.2.3.1 wiedergegeben.

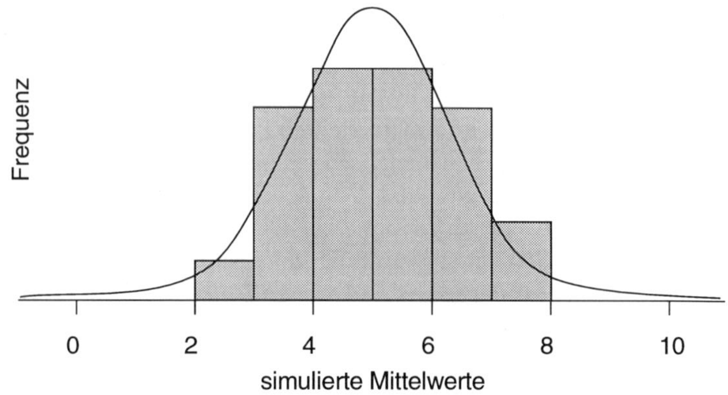

Abbildung A. 2.3.1: Standardabweichung des Mittelwerts (simuliert)

Auch in Abbildung A.2.3.1 haben wir zum Vergleich eine Normalverteilungskurve eingeblendet. Der Leser ist zum Vergleich der beiden Dichteverteilungen eingeladen.

Zur Schätzung der Parameter M_M und der zugehörigen Streuung verwenden wir den SYSTAT Modul STATS, der es u. a. erlaubt, univariate Statistiken zu berechnen. Wir transferieren uns zu diesem Modul mit dem Befehl

SWITCHTO STATS

Innerhalb des STATS Moduls geben wir die folgenden Befehle ein:

OUTPUT@	(Sendet Resultate zu Drucker und Bildschirm)
USE MM1	(Liest file MM1.SYS)
STATS	(Erzeugt deskriptive Statistiken für alle Variablen des files; in unserem Fall ist dies nur die Variable M für die Mittelwerte)

Die deskriptiven Statistiken, die wir von dieser Prozedur erhalten, sind N OF CASES (= Stichprobenumfang) = 25, MINIMUM = 2.208, MAXIMUM = 7.278, MEAN (= arithmetischer Mittelwert) = 4.971, STANDARD DEVIATION (= Standardabweichung) = 1.325. Aus diesen Werten erkennen wir, daß der Mittelwert sehr nahe am Populationsmittelwert von $\mu = 5.0$ liegt. Die Standardabweichung ist etwas größer als die theoretische Schätzung aus Kapitel 8.6 mit $s_M = 1.22$ und ebenfalls größer als die empirische Schätzung aus Kapitel 8.5 mit $s_M = 1.07$ (vgl. Fußzeile Tab. 8.5.1).

A.3 Statistische Prozeduren in SYSTAT: Beispiele

In diesem Kapitel wollen wir zwei Beispiele geben, die illustrieren, wie mit SYSTAT *signifikanzstatistische Fragen* behandelt werden können. Ein Beispiel zur deskriptiven Statistik haben wir im letzten Kapitel gegeben, in dem wir Mittelwert und Standardabweichung einer Stichprobe von Mittelwerten geschätzt haben. Im ersten Beispiel berechnen wir Chi-Quadrat für die Daten aus Tab. 5.1.1. Im zweiten Beispiel schätzen wir den Regressionskoeffizienten für die Daten aus Tab. 6.13.1.

A.3.1 Chi-Quadrat-Testen mit SYSTAT

Im ersten Beispiel rechnen wir den *Chi-Quadrat-Test* nach, den wir in den Tab. 5.1.1 und 5.1.2 illustriert hatten. Um dieses Beispiel nachrechnen zu können, müssen wir die Daten zuerst in das Programmpaket SYSTAT »einfüttern«. Dazu bietet das Paket mehrere Möglichkeiten, von denen wir hier eine aus dem DATA Modul verwenden. Das folgende Programm erledigt die Dateneingabe (wir nehmen dabei wieder an, daß wir uns bereits im DATA Modul befinden):

SAVE CHI2TEST	(Initiiert das Abspeichern der Daten in file CHI2TEST.SYS)
INPUT SEX,JANEIN, FREQUENZ	(Spezifiziert Variablennamen. Die erste Variable bezeichnet das Geschlecht der Kinder, die zweite die Korrektheit der Lösung und die dritte die Häufigkeit einer Ereigniskombination)
LABEL SEX/1='BUBEN', 2='MÄDCHEN'	(Bezeichnet die Kategorien der Geschlechtsvariablen)
LABEL JANEIN/1='RICHTIG', 2='FALSCH'	(Bezeichnet die Kategorien der Korrektheitsvariablen)
RUN	(Startet Dateneingabe; das Programm fragt jetzt nach den Daten, die fallweise eingegeben werden sollen. Im vorliegenden Beispiel gilt jede Zelle als ein Fall. Wir müssen daher die folgende Information eingeben: Zeilenindex, Spaltenindex und Zellhäufigkeit. Wir geben daher für die erste Zelle ein: 1 1 6. Die Zahlen werden durch Leerstellen oder Kommas voneinander getrennt. Nach der Frequenz betätigen wir jeweils die Return Taste.)
NEW	(Beendet Dateneingabe, speichert Daten in file CHI2TEST.SYS und macht den Arbeitsspeicher frei)

Die Daten sind damit komplett eingegeben und können verarbeitet werden. Wir werfen vorher noch einen Blick auf die Daten, und geben dazu, immer noch im DATA Modul, die folgenden Befehle ein:

CASELIST	(Gibt die Daten für jeden einzelnen Fall wieder)
RUN	(Startet die Wiedergabe)

Auf dem Bildschirm entsteht dann das folgende Bild:

	SEX	JANEIN	FREQUENZ	SEX$	JANEIN$
CASE 1	1.000	1.000	6.000	BUBEN	RICHTIG
CASE 2	1.000	2.000	2.000	BUBEN	FALSCH
CASE 3	2.000	1.000	4.000	MÄDCHEN	RICHTIG
CASE 4	2.000	2.000	8.000	MÄDCHEN	FALSCH

Wir sehen, daß der file CHI2TEST.SYS die folgende Information enthält. Für jede Zelle der 2×2 Tafel, d. h. für jeden CASE, werden fünf Variablen gespeichert: SEX, JANEIN, FREQUENZ, SEX$ und JANEIN$. Die ersten drei dieser Variablen sind so abgespeichert, wie wir sie eingegeben haben. Die LABEL Befehle haben zur Erzeugung von zwei weiteren Variablen geführt, SEX$ und JANEIN$. Diese Variablen enthalten die Bezeichnungen für die Variablenkategorien. Wir sehen z. B., daß CASE 1 sechs Buben enthält, die richtige Lösungen abgegeben haben, usw.

Der DATA Modul erlaubt es uns, Daten zu erzeugen, aufzubereiten, ein- und auszugeben und zu transformieren. Zur Anwendung von statistischen Testverfahren verwenden wir andere Module. Für kategoriale Variablen steht z. B. der Modul TABLES zur Verfügung. Wir transferieren uns zu diesem Modul mit dem folgenden Befehl:

SWITCHTO TABLES

Sind wir im TABLES Modul angelangt, so verwenden wir die folgenden Befehle zur Berechnung eines Chi-Quadrat-Tests:

WEIGHT=FREQUENZ	(Die Zellhäufigkeiten werden als Gewichte bezeichnet. Vergißt man die Eingabe dieses Befehls, so erhält jede Zelle die Häufigkeit, mit der ihr Zellindex gefunden worden ist, als Gewicht, d.h. im vorliegenden Beispiel das Gewicht 1)
OUTPUT @	(Sendet Ergebnisse zum Drucker und zum Bildschirm)
PRINT=LONG	(Erzeugt einen ausführlichen Ausdruck, der u.a. den gewünschten Chi-Quadrat-Test enthält)
TABULATE SEX$* JANEIN$	(Erzeugt eine Tafel, in deren Zeilen die Bezeichnung »Buben« und »Mädchen« steht und in deren Spalten »richtig« und »falsch« steht)

Hätten wir im TABULATE Befehl die Variablen SEX und JANEIN verwendet, so wären die Bezeichnungen für die Kategorien im Ausdruck nicht verwendet worden. Die Zeilen und Spalten wären lediglich mit Ziffern bezeichnet worden.

Der Ausdruck, den wir mit den obigen Befehlen erzeugt haben, sieht wie folgt aus:

TABLE OF FREQUENCIES	SEX$	(ROWS) BY	JANEIN$ (COLUMNS)
	RICHTIG	FALSCH	TOTAL
BUBEN	6	2	8
MÄDCHEN	4	8	12
TOTAL	10	10	20

Nach dieser Tafel folgt eine Reihe statistischer Tests, von denen in diesem Buch der Pearson Chi-Quadrat-Test, der exakte Fisher Test, der Rangkorrelationskoeffizient Rho und Phi behandelt worden sind. Für den hier interessierenden Chi-Quadrat-Test erhalten wir $X^2 = 3.333$, df = 1 und die Überschreitungswahrscheinlichkeit $p = 0.068$. Wir schließen also auch hier, daß der Unterschied zwischen den Lösungen von Jungen und Mädchen statistisch nicht signifikant ist.

A.3.2 Regressionsanalysen mit SYSTAT

In Tab. 6.13.1 stehen die Daten für 16 Hauptschulabsolventen, an denen der Zusammenhang zwischen Alter und einem Testwert Y abgeschätzt werden sollte. Wir haben versucht, die Testleistung vom Alter der Absolventen her vorauszusagen und haben einen *Regressionskoeffizienten* von $b_{yx} = -3.012$ erhalten. Dieser Koeffizient war nach unseren Überlegungen in Kapitel 6.13 statistisch signifikant.

Um diese Berechnungen mit SYSTAT nachvollziehen zu können, müssen wir die Daten zunächst in das Programm eingeben. Dazu verwenden wir die gleiche Prozedur wie im letzten Kapitel. Wir geben die folgenden Befehle ein:

SAVE REGRESS
INPUT X,Y
RUN (Startet die Dateneingabe. Jedes X-Y-Paar wird, durch eine Leerstelle oder ein Komma voneinander getrennt, eingegeben; nach jedem Paar wird die Return Taste betätigt)

NEW

Nach der Dateneingabe springen wir wieder zu einem Modul, der uns die Datenanalyse ermöglicht. Für das vorliegende Beispiel handelt es sich um den *Modul MGLH*. Dieser Modul erlaubt es, eine sehr große Zahl von Verfahren aus der Familie des *Allgemeinen Linearen Modells* anzuwenden. Dazu gehört auch die Regressionsanalyse. Mit dem Befehl

SWITCHTO MGLH

transferieren wir uns in den MGLH Modul. Innerhalb dieses Moduls haben wir nur drei Befehle einzugeben:

OUTPUT@

MODEL Y=CONSTANT+X	(Regressionsgleichung der Form y = a + bx; wir sagen die Testleistung Y mit Hilfe von X, dem Alter, voraus)
ESTIMATE	(startet die Regressionsanalyse)

SYSTAT gibt uns die folgenden Ergebnisse. Wir erhalten einen Regressionskoeffizienten von $b_{yx} = -3.012$. Für den t-Test, den SYSTAT zur statistischen Beurteilung dieses Koeffizienten verwendet, wird eine Teststatistik von $t = -2.142$ errechnet. Die einseitige Überschreitungswahrscheinlichkeit für diesen Wert ist $p \leq 0.025$. (Es sollte hier angemerkt werden, daß SYSTAT nur die zweiseitigen Überschreitungswahrscheinlichkeiten ausdruckt; die einseitigen Überschreitungswahrscheinlichkeiten erhält man durch Halbierung der zweiseitigen). Wir kommen also auch hier zu dem Schluß, daß die Nullhypothese zurückgewiesen werden kann, nach der die Testleistung Y nicht vom Alter vorausgesagt werden kann.

Tafel I

P-Tabelle für einseitige z-Tests

Die z-Tabelle enthält die (klein) z-Werte mit einseitigen (rechtsseitigen) Überschreitungswahrscheinlichkeiten P von z = 0.00 bis z = 2.99

	Dezimalstellen von z									
z	00	01	02	03	04	05	06	07	08	09
0.00	5000	4960	4920	4880	4840	4801	4761	4721	4681	4641
0.10	4602	4562	4522	4483	4443	4404	4364	4325	4286	4247
0.20	4207	4168	4129	4090	4052	4013	3974	3936	3897	3859
0.30	3821	3783	3745	3707	3669	3632	3594	3557	3520	3483
0.40	3446	3409	3372	3336	3300	3264	3228	3192	3156	3121
0.50	3085	3050	3015	2981	2946	2912	2877	2843	2810	2776
0.60	2743	2709	2676	2643	2611	2578	2546	2514	2483	2451
0.70	2420	2389	2358	2327	2296	2266	2236	2206	2177	2148
0.80	2119	2090	2061	2033	2005	1977	1949	1922	1894	1867
0.90	1841	1814	1788	1762	1736	1711	1685	1660	1635	1611
1.00	1587	1562	1539	1515	1492	1469	1464	1423	1401	1379
1.10	1357	1335	1314	1291	1271	1251	1230	1210	1190	1170
1.20	1151	1131	1112	1093	1075	1056	1038	1020	1003	0985
1.30	0968	0951	0934	0918	0901	0885	0869	0853	0838	0823
1.40	0808	0793	0778	0764	0749	0735	0721	0708	0694	0681
1.50	0668	0655	0643	0630	0618	0606	0594	0582	0571	0559
1.60	0548	0537	0526	0516	0505	0495	0485	0475	0465	0455
1.70	0446	0436	0427	0418	0409	0401	0392	0384	0375	0367
1.80	0359	0351	0344	0336	0329	0322	0314	0307	0301	0294
1.90	0287	0281	0274	0268	0262	0256	0250	0244	0239	0233
2.00	0228	0222	0217	0212	0207	0202	0197	0192	0188	0183
2.10	0179	0174	0170	0166	0162	0158	0154	0150	0146	0143
2.20	0139	0136	0132	0129	0125	0122	0119	0116	0113	0110
2.30	0107	0104	0102	0099	0096	0094	0091	0089	0087	0084
2.40	0082	0080	0078	0075	0073	0071	0069	0068	0066	0064
2.50	0062	0060	0059	0057	0055	0054	0052	0051	0049	0048
2.60	0047	0045	0044	0043	0041	0040	0039	0038	0037	0036
2.70	0035	0034	0033	0032	0031	0030	0029	0028	0027	0026
2.80	0026	0025	0024	0023	0023	0022	0021	0021	0020	0019
2.90	0019	0018	0018	0017	0016	0016	0015	0015	0014	0014

zitiert nach: Lienert, G.A. (1975), S. 2–3

Ablesebeispiel: Ein z-Wert von 2.54 hat eine Überschreitungswahrscheinlichkeit von P = 0.0055, die sehr viel kleiner ist als das vorvereinbarte α-Risiko von 0.05. Damit ist ein durch den z-Test vermuteter Unterschied oder Zusammenhang auf dem 5%-Niveau signifikant.

Tafel II

t-Tabelle für ein- und zweiseitige Tests

Die Tabelle enthält die Signifikanzschranken von t mit df = f = (1) 30, 40, 60, 120, ∞ Freiheitsgraden und für Signifikanzniveaus von $\alpha = 0.5$ (50%) bis 0.001 (0.1%), wobei für zweiseitige Tests in der Kopfzeile und für einseitige Tests in der Fußzeile abzulesen ist.

Irrtumswahrscheinlichkeit α für zweiseitige Fragestellung (α in %)

f	α							
	50	25	10	5	2	1	0,2	0,1
1	1.00	2.41	6.31	12.7	31.82	63.7	318.3	637.0
2	.816	1.60	2.92	4.30	6.97	9.92	22.33	31.6
3	.765	1.42	2.35	3.18	4.54	5.84	10.22	12.9
4	.741	1.34	2.13	2.78	3.75	4.60	7.17	8.61
5	.727	1.30	2.01	2.57	3.37	4.03	5.89	6.86
6	.718	1.27	1.94	2.45	3.14	3.71	5.21	5.96
7	.711	1.25	1.89	2.36	3.00	3.50	4.79	5.40
8	.706	1.24	1.86	2.31	2.90	3.36	4.50	5.04
9	.703	1.23	1.83	2.26	2.82	3.25	4.30	4.78
10	.700	1.22	1.81	2.23	2.76	3.17	4.14	4.59
11	.697	1.21	1.80	2.20	2.72	3.11	4.03	4.44
12	.695	1.21	1.78	2.18	2.68	3.05	3.93	4.32
13	.694	1.20	1.77	2.16	2.65	3.01	3.85	4.22
14	.692	1.20	1.76	2.14	2.62	2.98	3.79	4.14
15	.691	1.20	1.75	2.13	2.60	2.95	3.73	4.07
16	.690	1.19	1.75	2.12	2.58	2.92	3.69	4.01
17	.689	1.19	1.74	2.11	2.57	2.90	3.65	3.96
18	.688	1.19	1.73	2.10	2.55	2.88	3.61	3.92
19	.688	1.19	1.73	2.09	2.54	2.86	3.58	3.88
20	.687	1.18	1.73	2.09	2.53	2.85	3.55	3.85
21	.686	1.18	1.72	2.08	2.52	2.83	3.53	3.82
22	.686	1.18	1.72	2.07	2.51	2.82	3.51	3.79
23	.685	1.18	1.71	2.07	2.50	2.81	3.49	3.77
24	.685	1.18	1.71	2.06	2.49	2.80	3.47	3.74
25	.684	1.18	1.71	2.06	2.49	2.79	3.45	3.72
26	.684	1.18	1.71	2.06	2.48	2.78	3.44	3.71
27	.684	1.18	1.71	2.05	2.47	2.77	3.42	3.69
28	.683	1.17	1.70	2.05	2.47	2.76	3.41	3.67
29	.683	1.17	1.70	2.05	2.46	2.76	3.40	3.66
30	.683	1.17	1.70	2.04	2.46	2.75	3.39	3.65
40	.681	1.17	1.68	2.02	2.42	2.70	3.31	3.95
60	.679	1.16	1.67	2.00	2.39	2.66	3.23	3.46
120	.677	1.16	1.66	1.98	2.36	2.62	3.17	3.37
∞	6.74	1.15	1.64	1.96	2.33	2.58	3.09	3.29
f	25	12.5	5	2.5	1	05	0.1	0.05
	α							

Irrtumswahrscheinlichkeit für einseitige Fragestellung (a in %)

zitiert nach: Clauß, G., & Ebner, H. (1992), S. 478

Ablesebeispiel: Ein t von 3,24 ist bei zweiseitiger Fragestellung und mit df = f = 3 Freiheitsgraden auf dem Niveau $\alpha = 5\%$ signifikant, da es die in Zeile 3 und Spalte 4 ($\alpha = 5\%$) verzeichnete Signifikanzschranke von 3.18 übersteigt.

Tafel III

Chi-Quadrat-Tabelle

Die Tabelle enthält die Chi-Quadrat-Werte mit df = f = 1 bis 30 Freiheitsgraden und für Signifikanzniveaus von α = 0.5 (50%) bis 0.001 (0.1%).

f	alpha (α)						
	50	30	10	5	2.5	1	0.1
1	.455	1.07	2.71	3.84	5.02	6.64	10.8
2	1.39	2.41	4.61	5.99	7.38	9.21	13.8
3	2.37	3.67	6.25	7.81	9.35	11.3	16.3
4	3.36	4.88	7.78	9.49	11.1	13.3	18.5
5	4.35	6.06	9.24	11.1	12.8	15.1	20.5
6	5.35	7.23	10.6	12.6	14.4	16.8	22.5
7	6.35	8.38	12.0	14.1	16.0	18.5	24.3
8	7.34	9.52	13.4	15.5	17.5	20.1	26.1
9	8.34	10.7	14.7	16.9	19.0	21.7	27.9
10	9.34	11.8	16.0	18.3	20.5	23.2	29.6
11	10.3	12.9	17.3	19.7	21.9	24.7	31.3
12	11.3	14.0	18.5	21.0	23.3	26.2	32.9
13	12.3	15.1	19.8	22.4	24.7	27.7	34.5
14	13.3	16.2	21.1	23.7	26.1	29.1	36.1
15	14.3	17.3	22.3	25.0	27.5	30.6	37.7
16	15.3	18.4	23.5	26.3	28.8	32.0	39.3
17	16.3	19.5	24.8	27.6	30.2	33.4	40.8
18	17.3	20.6	26.0	28.9	31.5	34.8	42.3
19	18.3	21.7	27.2	30.1	32.9	36.2	43.8
20	19.3	22.8	28.4	31.4	34.2	37.6	45.3
21	20.3	23.9	29.6	32.7	35.5	38.9	46.8
22	21.3	24.9	30.8	33.9	36.8	40.3	48.3
23	22.3	26.0	32.0	35.2	38.1	41.6	49.7
24	23.3	27.1	33.2	36.4	39.4	43.0	51.2
25	24.3	28.2	34.4	37.7	40.6	44.3	52.6
26	25.3	29.2	35.6	38.9	41.9	45.6	54.1
27	26.3	30.3	36.7	40.1	43.2	47.0	55.5
28	27.3	31.4	37.9	41.3	44.5	48.3	56.9
29	28.3	32.5	39.1	42.6	45.7	49.6	58.3
30	29.3	33.5	40.3	43.8	47.0	50.9	59.7

zitiert nach: Clauß, G. & Ebner, H. (1992), S. 484–485

Ablesebeispiel: Ein Chi-Quadrat-Wert von 14.3 ist auf dem Niveau von α = 5% mit df = f = 5 Freiheitsgraden signifikant, da es die in Zeile 5 und Spalte 4 verzeichnete Signifikanzschranke von 11.1 übersteigt.

Alle Chi-Quadrat-Schranken entsprechen einem zweiseitigen Test; nur mit df = f = 1 Freiheitsgrad darf auch einseitig getestet werden, wobei die 5%-Schranke unter α = 0.10 (= 10%) bei 2.71 abzulesen ist.

Tafel IV

z'-Transformationstabelle von Korrelationskoeffizienten r

Die Fisher z'-Werte sind für die Signifikanzprüfung von r (Kap. 6.6) zu den dreistelligen r-Werten aus der Tafel abzulesen. Für negative r-Werte sind negative z'-Werte einzusetzen.

r	z'	r	z'	r	z'	r	z'	r	z'
0.000	0.000	0.200	0.203	0.400	0.424	0.600	0.693	0.800	1.099
0.005	0.005	0.205	0.208	0.405	0.430	0.605	0.701	0.805	1.113
0.010	0.010	0.210	0.213	0.410	0.436	0.610	0.709	0.810	1.127
0.015	0.015	0.215	0.218	0.415	0.442	0.615	0.617	0.815	1.142
0.020	0.020	0.220	0.224	0.420	0.448	0.620	0.725	0.820	1.157
0.025	0.025	0.225	0.229	0.425	0.454	0.625	0.733	0.825	1.172
0.030	0.030	0.230	0.234	0.430	0.460	0.630	0.741	0.830	1.188
0.035	0.035	0.235	0.239	0.435	0.466	0.635	0.750	0.835	1.204
0.040	0.040	0.240	0.245	0.440	0.472	0.640	0.758	0.840	1.221
0.045	0.045	0.245	0.250	0.445	0.478	0.645	0.767	0.845	1.238
0.050	0.050	0.250	0.255	0.450	0.485	0.650	0.775	0.850	1.256
0.055	0.055	0.255	0.261	0.455	0.491	0.655	0.784	0.855	1.274
0.060	0.060	0.260	0.266	0.460	0.497	0.660	0.793	0.860	1.293
0.065	0.065	0.265	0.271	0.465	0.504	0.665	0.802	0.865	1.313
0.070	0.070	0.270	0.277	0.470	0.510	0.670	0.811	0.870	1.333
0.075	0.075	0.275	0.282	0.475	0.517	0.675	0.820	0.875	1.354
0.080	0.080	0.280	0.288	0.480	0.523	0.680	0.829	0.880	1.376
0.085	0.085	0.285	0.293	0.485	0.530	0.685	0.838	0.885	1.398
0.090	0.090	0.290	0.299	0.490	0.536	0.690	0.848	0.890	1.422
0.095	0.095	0.295	0.304	0.495	0.543	0.695	0.858	0.895	1.447
0.100	0.100	0.300	0.310	0.500	0.549	0.700	0.867	0.900	1.472
0.105	0.105	0.305	0.315	0.505	0.556	0.705	0.877	0.905	1.499
0.110	0.110	0.310	0.321	0.510	0.563	0.710	0.887	0.910	1.528
0.115	0.116	0.315	0.326	0.515	0.570	0.715	0.897	0.915	1.557
0.120	0.121	0.320	0.332	0.520	0.576	0.720	0.908	0.920	1.589
0.125	0.126	0.325	0.337	0.525	0.583	0.725	0.918	0.925	1.623
0.130	0.131	0.330	0.343	0.530	0.590	0.730	0.929	0.930	1.658
0.135	0.136	0.335	0.348	0.535	0.597	0.735	0.940	0.935	1.697
0.140	0.141	0.340	0.354	0.540	0.604	0.740	0.950	0.940	1.738
0.145	0.146	0.345	0.360	0.545	0.611	0.745	0.962	0.945	1.783
0.150	0.151	0.350	0.365	0.550	0.618	0.750	0.973	0.950	1.832
0.155	0.156	0.355	0.371	0.555	0.626	0.755	0.984	0.955	1.886
0.160	0.161	0.360	0.377	0.560	0.633	0.760	0.996	0.960	1.946
0.165	0.167	0.365	0.383	0.565	0.640	0.765	1.008	0.965	2.914
0.170	0.172	0.370	0.388	0.570	0.648	0.770	1.020	0.970	2.092
0.175	0.177	0.375	0.394	0.575	0.655	0.775	1.033	0.975	2.185
0.180	0.182	0.380	0.400	0.580	0.662	0.780	1.045	0.980	2.298
0.185	0.187	0.385	0.406	0.585	0.670	0.785	1.058	0.985	2.443
0.190	0.192	0.390	0.412	0.590	0.678	0.790	1.071	0.990	2.647
0.195	0.198	0.395	0.418	0.595	0.685	0.795	1.085	0.995	2.994

Zitiert nach: Glass, G. V. & Stanley, J. C. (1970), S. 534

Ablesebeispiel: Für r = 0.820 ist im Spaltenpaar 5 in Zeile 5 z' = 1.157 aufgelistet. Im Unterschied zu r ist z' über O genähert und normalverteilt.

Tafel V

Transformation von Testnormen

mit den Spalten:

PR = Prozentrang
klein z = Standardnormalvariable
Groß Z = 100 + 10 z

Intelligenzquotient (IQ) = 100 + 15 z
Standardschulnoten (SN) = 3 – z
Centilwerte C = 5 + 2 z

PR	z	Z	IQ	Schulnoten	C		PR	z	Z	IQ	SN	C
0	– 3.0	70	55				50	0.0	100	100	3	5
0	– 2.9	71					54	0.1	101			
0	– 2.8	72	58				58	0.2	102	103		
0	– 2.7	73					62	0.3	103			
0	– 2.6	74					66	0.4	104	106		
1	– 2.5	75			0		89	0.5	105			6
1	– 2.4	76	64				73	0.6	106	109		
1	– 2.3	77					76	0.7	107			
1	– 2.2	78	67				79	0.8	108	112		
2	– 2.1	79					82	0.9	109			
2	– 2.0	80	70	5	1		84	1.0	110	115	2	7
3	– 1.9	81					86	1.1	111			
3	– 1.8	82	73				88	1.2	112	118		
4	– 1.7	83					90	1.3	113			
5	– 1.6	84	76				92	1.4	114	121		
7	– 1.5	85			2		93	1.5	115			8
8	– 1.4	86	79				95	1.6	116	124		
10	– 1.3	87					96	1.7	117			
12	– 1.2	88	82				96	1.8	118	127		
13	– 1.1	89					97	1.9	119			
16	– 1.0	90	85	4	3		98	2.0	120	130	1	9
18	– 0.9	91					98	2.1	121			
21	– 0.8	92	83				99	2.2	122	133		
24	– 0.7	93					99	2.3	123			
27	– 0.6	94	91				99	2.4	124	136		
31	– 0.5	95			4		100	2.5	125			10
34	– 0.4	96	94				100	2.6	126	139		
38	– 0.3	97					100	2.7	127			
42	– 0.2	98	97				100	2.8	128	142		
46	– 0.1	99					100	2.9	129			
50	0.0	100	100	3	5		100	3.0	130	145		
dito	$\frac{X - M}{\sigma}$	100 + 10z	100 + 15z	3 – z	5 + 2z		dito	$\frac{X - M}{\sigma}$	100 + 10z	100 + 15z	3 – z	5 + 2z

zitiert nach: Lienert, G.A. (1989), S. 562

Ablesebeispiel: Einem (klein) z-Wert von –1.0 eines Testwertes X entspricht linksseitig ein PR von 16 und rechtsseitig ein (Groß) Z-Wert von 90, ein IQ von 85, ein SN von 4 und ein C von 3.

Tafel VI

Chi-Quadrat-Tabelle mit Bonferroni-Schranken

Die Tabelle enthält die Signifikanzschranken für Chi-Quadrate mit df = f = 1 Freiheitsgrad (4-Felder Chi-Quadrat)für R = 1 bis 60 simultane Tests und für ein Signifikanzniveau von $\alpha = 0.05$ (5%) bei einseitiger und zweiseitiger Fragestellung (vgl. Dunkl et al, 1990).

R	5%-Schranke		R	5%-Schranke	
	1seitig	2seitig		1seitig	2seitig
1	2.71	3.84	31	8.67	9.95
2	3.84	5.02	32	8.73	10.00
3	4.53	5.73	33	8.79	10.06
4	5.02	6.24	34	8.84	10.11
5	5.41	6.64	35	8.90	10.17
6	5.73	6.96	36	8.95	10.22
7	6.00	7.24	37	9.00	10.27
8	6.24	7.47	38	9.05	10.32
9	6.45	7.69	39	9.10	10.37
10	6.64	7.88	40	9.14	10.41
11	6.81	8.05	41	9.19	10.46
12	6.96	8.21	42	9.23	10.50
13	7.10	8.36	43	9.27	10.55
14	7.24	8.49	44	9.31	10.59
15	7.36	8.61	45	9.36	10.63
16	7.47	8.73	46	9.39	10.67
17	7.58	8.84	47	9.44	10.71
18	7.69	8.95	48	9.47	10.75
19	7.78	9.05	49	9.51	10.79
20	7.88	9.14	50	9.55	10.83
21	7.97	9.23	51	9.59	10.86
22	8.05	9.31	52	9.62	10.90
23	8.13	9.39	53	9.65	10.94
24	8.21	9.47	54	9.69	10.97
25	8.28	9.55	55	9.72	11.00
26	8.36	9.62	56	9.76	11.04
27	8.42	9.69	57	9.79	11.07
28	8.49	9.76	58	9.82	11.10
29	8.56	9.82	59	9.85	11.14
30	8.61	9.88	60	9.88	11.16

zitiert nach: Lienert, G.A. (1988), S. 422

Ablesebeispiel: Es wurden an ein- und demselben Datenmaterial 10 simultane 4-Felder Tests durchgeführt. Von diesen Tests sind nur jene auf dem 5%-Niveau signifikant, die den in Spalte 3 und Zeile 10 aufgelisteten Schrankenwert von 7.88 übersteigen.

Literaturverzeichnis

Amthauer, R. (1973). Intelligenz-Struktur-Test 70 (I-S-T 70). Göttingen: Hogrefe.

Barth, A.-R. & Lienert, G.A. (1986). Testkonstruktion: Aufgaben und Probandenanalyse (TC-Analyse) mittels Yule-Koeffizienten. Psychologische Beiträge, 28, 366–374.

Bortz, J. (1987). Lehrbuch der Statistik für Sozialwissenschaftler. 3. Aufl. Berlin: Springer.

Bortz, J., Lienert, G.A., & Boehnke, K. (1990). Verteilungsfreie Methoden in der Biostatistik. Berlin: Springer.

Bravais, A. (1846). Analyse mathématique sur les probabilités des erreurs de situation de point. Memoires presentés par divers savants a l'Académie des Sciences de l'Institut de France, 9, 255–332.

Brunner, E. & Neumann, N. (1984). Rank tests for the 2 x 2 – split plot design. Metrika, 31, 233–244.

Burt, C. (1949). The structure of the mind; a review of the results of factor analysis. British Journal of Educational Psychology, 19, 110–111, 176–199.

Burt, C. (1954). The differentiation of intellectual ability. British Journal of Educational Psychology, 24, 76–90.

Clauß, G. & Ebner, H. (1992). Statistik für Soziologen, Pädagogen, Psychologen und Mediziner. Band 1: Grundlagen. 7. Aufl. Thun und Frankfurt/Main: Harri Deutsch.

Dixon, W.D. (Ed.)(1981). BMDP statistical software. Berkeley: University of California Press.

Dorsch, F. (1991). Psychologisches Wörterbuch. 11. Aufl. Bern: Huber.

Dudewicz, E.J., & Ralley, T.G. (1981). The handbook of random number generation and testing with TESTRAND computer code. Columbus, OH: American Sciences Press.

Dunkl, E., Ludwig, O., & Lotz, R. (1990). Tables of Bonferroni-limits for simultaneous Chi-square tests. Biometrical Journal, 32, 555–574.

Ebel, R.L. (1972). Essentials of educational measurement. Englewood Cliffs: Prentice Hall.

Eysenck, H. J. (1950). Criterion analysis: an application of the hypothetico-deductive method to factor analysis. Psychological Review, 57, 38–53.

Fischer, G.H. (1974). Einführung in die Theorie psychologischer Tests. Bern: Huber.

Fisher, R.A. (1921). On the »probable error« of a coefficient of correlation deduced from a small sample. Metron, 1, 1–32.

Fisher, R.A. (1936). The use of multiple measurements in taxonomic problems. Ann. Eugen. (London) 7, 179–184.

Glass, G.V. & Stanley, J. C. (1970). Statistical methods in education and psychology. New Jersey: Prentice Hall, Englewood Cliffs.

Gottlieb, R., Lienert, G.A., Ludwig, O., & Rockenfeller, K. (1984). Tables and applications of the Bonferroni t-statistics: A revision of Dunn's simultaneous t-tests. Biometrical Journal, 26, 351–381.

Guilford, J.P. (1942). Fundamental Statistic in Psychology and Education. New York: McGraw Hill.

Guilford, J.P. (1954). Psychometric methods. 2. Aufl. New York: McGraw-Hill.

Guttman, L. (1944). A basis for scaling qualitative data. American Sociological Review, 9, 139–150.

Harms, V., & Ihm, P. (1981). A rapid estimation method for the parameters in a contingency table with structural zeros. EDV in Medizin und Biologie, 12, 75–80.

Havránek, T., & Lienert, G.A. (1984). Local and regional vs. global contingency testing. Biometrical Journal, 26, 483–494.

HAWIK-R Hamburg-Wechsler Intelligenztest für Kinder (1983). Bern: Huber.

Heckhausen, H. (1963). Hoffnung und Furcht in der Leistungsmotivation. Meisenheim am Glan: Hain.

Herrmann, Theo (1991). Lehrbuch der empirischen Persönlichkeitsforschung. 6. Aufl. Göttingen: Hogrefe.

Hofstätter, P., & Wendt, D. (1966). Quantitative Methoden in der Psychologie. München: Barth.

Horn, W. (1969). Prüfsystem für Schul- und Bildungsberatung. Göttingen: Hogrefe.

Immich, H. (1974). Medizinische Statistik. Stuttgart: Schattauer.

Jäger, A.O. (1967). Dimensionen der Intelligenz. Göttingen: Hogrefe.

Kimball, A.W. (1954). Short-cut formulas for the exact partition of X in contingency tables. Biometrics, 10, 453–458.

Klauer, K.J. (1972). Das Experiment in der pädagogischen Forschung. Düsseldorf: Schwann.

Klauer, K.J. (1987). Kriteriumsorientierte Tests. Göttingen: Hogrefe.

Klauer, K.J., Fricke, R., Herbig, M., Rupprecht, H. & Schott, F. (1972). Lehrzielorientierte Tests. Düsseldorf: Schwann.

Krauth, J. (1993). Einführung in die Konfigurationsfrequenzanalyse. Weinheim: Beltz.

Kriz, J., & Lisch, R. (1988). Methodenlexikon für Mediziner, Psychologen, Soziologen. München: Psychologie Verlags Union.

Krüger, H.-P., & Heller, D. (1976). Analyse dreistufig zu beantwortender Fragebogenitems. Psychologische Beiträge, 18, 33–38.

Krüger, H.-P., Lienert, G. A., Gebert, A. & von Eye, A. (1979). Eine inferentielle Clusteranalyse für Alternativdaten. Psychologische Beiträge, 21, 540–553.

Kubinger, K.D. (1986). A note on non-parametric tests for the interaction in two-way layouts. Biometrical Journal, 28, 67–72.

Lautsch, E. & von Weber, S. (1990). Die Konfigurationsfrequenzanalyse (KFA) – Methoden und Anwendungen. Berlin: Volk und Wissen.

Lienert, G.A. (Hrsg.) (1958). Mechanisch-Technischer Verständnistest (M-T-V-T). Göttingen: Hogrefe.

Lienert, G.A. (1975). Verteilungsfreie Methoden in der Biostatistik. Tafelband. Meisenheim: Hain.

Lienert, G.A. (1986). Verteilungsfreie Methoden in der Biostatistik. 3. Aufl. Meisenheim: Hain.

Lienert, G.A. (1987). Schulnoten-Evaluation. Frankfurt: Athenäum.
Lienert, G.A. (Hrsg.) (1988). Angewandte Konfigurationsfrequenzanalyse. Frankfurt: Athenäum.
Lienert, G.A. (1989). Testaufbau und Testanalyse. 4. Aufl. Weinheim: Beltz.
Lienert, G.A. & Raatz, U. (1982). Item homogeneity defined by multivariate symmetry. Applied Psychological Measurement, 5, 263–269.
Lienert, G.A., & Sporer, S.L. (1982). Interkorrelationen seltener Symptome mittels nullfeldkorrigierter Yule-Koeffizienten. Psychologische Beiträge, 24, 411–418.
Lückert, H.R. (1965). Stanford-Binet-Intelligenz-Test (S-I-T). Deutsche Bearbeitung. Göttingen: Hogrefe.
Maxwell, A.E. (1961). Canonical variate analysis when variables are dichotomous. Educational and Psychological Measurement, 21, 259–272.
McCall, W.A. (1922). How to measure in Education. New York: McMillan.
McNemar, Q. (1947). Note on the sampling error of the difference between correlated proportions or percentages. Psychometrika, 12, 153–157.
Meskaukas, J.A. (1976). Evaluation models for criterion-referenced testing: Views regarding mastery and standard-setting. Review of Educational Research, 46, 133–158.
Miller, R.G. (1981). Simultaneous statistical inference. 2. Aufl. New York: Springer.
Nedelsky, L. (1954). Absolute grading standards for objective tests. Educational and Psychological Measurement, 14, 3–19.
Neyman, J. (1937). Outline of a Theory of Statistical Estimation Based on the Classical Theory of Probability. Transactions of the Royal Society of London, Philosophical, Series A, Vol. 236, 333–380.
Pawlik, K. (1959). The maximum effect of contingency when the numbers of rows and columns are unequal. Metrika, 2, 150–166.
Pearson, K. (1904). On the theory of contingency and its relation to association and normal correlation. London: Draper's Co. Memoirs, Biometric Series, No. 1.
Pearson, K. (1923). On the Chi-square Test of Goodness of Fit. Biometrika, 14, 186–191.
Plackett, R.L. (1964). The continuity correction in 2 x 2 tables. Biometrika 51, 327–337.
Ramm, B., & Hoffmann, G. (1976). Biomathematik. Stuttgart: Enke.
SAS Institute, Inc. (1982). SAS User's guide: Statistics, 1982 edition. Cary, NC: SAS Institute.
Schubö, W., & Vehlinger, H.-M. (1986). SPSS-X: Handbuch der Programmierversion 2.2. Stuttgart: Fischer.
Spearman, C. (1906). A footnote for measuring correlation. British Journal of Psychology, 2, 89–108.
Spearman, C. (1927). The abilities of man. New York: Macmillan.
Stern, W. (1911). Die differentielle Psychologie in ihren methodischen Grundlagen. Leipzig: Barth.
Stevens, S.S. (1946). On the theory of scales of measurement. Science, 103, 677–680.
Student (1908). The probable error of a mean. Biometrika, 6, 1–25.
Terman, L.M. (1916). The measurement of intelligence. Boston: Houghton Mifflin.

Thurstone, L.L. (1931). Multiple factor analysis. Psychological Review, 38, 406–427.
Thurstone, L.L. (1938). Primary mental abilities. Psychometric Monographs, No. 1.
Thurstone, L.L. (1947). Multiple factor analysis. Chicago: University of Chicago Press.
Yule, G.U. (1900). On the association of attributes in statistics. Phil. Trans. A. 194, 257–310.
von Eye, A. (1990). Introduction to Configural Frequency Analysis: The search for types and antitypes in cross-classifications. Cambridge: Cambridge University Press.
Wall, K.-D. & Lienert, G.A. (1976). A test for point-symmetry in J-dimensional contingency tables. Biometrische Zeitschrift, 18, 259–264.
Welkowitz, J., Ewen, R.E., & Cohen, J. (1988). Introductory statistics for the behavioral sciences. Orlando, FL: Harcourt, Brace, Jovanovich (alternate third edition).
Wilkinson, L. (1988). systat: the system for statistics. Evanston, IL: SYSTAT Inc.

Autorenverzeichnis

Sachwortverzeichnis

REIHE »WERKSTATTBUCH GRUNDSCHULE«

Herausgegeben von Dieter Haarmann

Leonhard Blumenstock/Erich Renner (Hrsg.)
Freies und angeleitetes Schreiben
Beispiele aus dem Vor- und Grundschulalter
142 S. Br. DM 32,– / öS 250,– / sFr 33,20
ISBN 3-407-62131-0
Eine Fülle praktischer und von jedem nachvollziehbarer Beispiele zeigt, wie »freies und angeleitetes Schreiben« in konstruktivem Verbund sich stufenweise entfaltet.

Helmut Breuer/Maria Weuffen
Lernschwierigkeiten am Schulanfang
Schuleingangsdiagnostik zur Früherkennung und Frühförderung.
198 S. Br. DM 36,– / öS 281,– / sFr 37,20
ISBN 3-407-62170-1
Je früher Ursachen für Lernschwierigkeiten im Anfangsunterricht erkannt werden, desto besser gelingt individuelle Förderung. Das Buch bietet dafür konkrete Hinweise und Ratschläge.

Mechthild Dehn
Schlüsselszenen zum Schrifterwerb
Ca. 168 S. Br. Ca. DM 34,– / öS 265,– / sFr 35,20
ISBN 3-407-62181-7
Über die Analyse und Interpretation von Ausschnitten aus Unterrichtsprotokollen werden zentrale Aspekte des Schrifterwerbs zugänglich gemacht.

Maria Fölling-Albers
Schulkinder heute
Auswirkungen veränderter Kindheit auf Unterricht und Schulleben.
130 S. Br. DM 36,– / öS 281,– / sFr 37,20
ISBN 3-407-62160-4
Schulkinder wachsen heute unter anderen Bedingungen auf. Der Band beschreibt, wie die Grundschule auf die veränderten Erfordernisse der »Schulkinder heute« eingeht.

Irmintraut Hegele (Hrsg.)
Lernziel: Freie Arbeit
Unterrichtsbeispiele aus der Grundschule.
181 S. Br. DM 36,– / öS 281,– / sFr 37,20
ISBN 3-407-62105-1
Der Band enthält Unterrichtseinheiten für die Grundschule, die den Unterricht für die Erfahrungen und Handlungsmöglichkeiten von Kindern öffnen lernen.

Irmintraut Hegele
Lernziel: Offener Unterricht
Ca. 220 S. Br. Ca. DM 36,– / öS 281,– / sFr 37,20
ISBN 3-407-62184-1
Die Unterrichtsbeispiele geben Anregung und Hilfen, wie das Lernen in der Grundschule offener gestaltet werden kann.

Klaus-Dieter Lenzen
Erzähl' mir k(l)eine Märchen!
Literarische Ausflüge mit Schulkindern.
125 S. Br. DM 34,– / öS 265,– / sFr 35,20
Neue und alte Märchen – so kann eine lebendige Erzählkultur im Sachunterricht der Grundschule gefördert werden.

Christine Mann
Selbstbestimmtes Rechtschreiblernen
Rechtschreibunterricht als Strategievermittlung.
78 S. Br. DM 26,– / öS 203,– / sFr 27,30
ISBN 3-407-62134-5
Aus dem Inhalt: Lesevorgang beim kompetenten Leser und beim Leseanfänger; Arten von Legasthenie; Ursachen von Legasthenie; Laut-Buchstaben-Verbindungen; Erlernen der Synthese; Motivation zum Schriftspracherwerb.

BELTZ

Beltz Verlag · Postfach 10 01 54 · 69441 Weinheim

B_190